畜禽养殖场空间布局规划研究

阎波杰 著

图书在版编目(CIP)数据

畜禽养殖场空间布局规划研究 / 阎波杰著. —北京：气象出版社，2018.5

ISBN 978-7-5029-6774-1

Ⅰ.①畜… Ⅱ.①阎… Ⅲ.①畜禽-养殖场-建设规划-研究 Ⅳ.①TU264 ②S815.9

中国版本图书馆 CIP 数据核字(2018)第 104430 号

畜禽养殖场空间布局规划研究

阎波杰 著

出版发行：气象出版社

地　　址：北京市海淀区中关村南大街 46 号　　**邮政编码**：100081

电　　话：010-68407112(总编室)　010-68408042(发行部)

网　　址：http://www.qxcbs.com　　**E-mail**：qxcbs@cma.gov.cn

责任编辑：张盼娟　　**终　　审**：张　斌

责任校对：王丽梅　　**责任技编**：赵相宁

封面设计：博雅思企划

印　　刷：北京中石油彩色印刷有限责任公司

开　　本：787 mm×1092 mm　1/16　　**印　　张**：9.75

字　　数：250 千字

版　　次：2018 年 5 月第 1 版　　**印　　次**：2018 年 5 月第 1 次印刷

定　　价：30.00 元

目　录

第1章 绪 论

1.1 研究背景及意义

1980—2000年,我国肉类、奶类和禽蛋产量均以10%以上的速度递增,从1991年开始,我国肉、禽、蛋的总产量连续多年保持世界第一的水平(高定等,2006)。随着畜禽养殖业的发展,规模化畜禽饲养的比例也不断扩大,2002年,我国生猪的规模养殖(年出栏50头以上)占当年出栏数的23.2%,肉鸡和蛋鸡的规模养殖(年出栏2000只以上)占当年出栏数的48%和44.2%(中国农业年鉴编辑委员会,2003)。养殖业高速发展的同时,也产生了大量的畜禽养殖废弃物。据估算,2002年我国畜禽养殖废弃物产生量为27.5亿t,当年我国各行业产生的工业固体废弃物为9.45亿t,畜禽养殖废弃物的产生量为工业固体废弃物产生总量的2.91倍,河南、湖南等部分地区的比例还在5倍以上(中华人民共和国国家统计局,1986—2003;高定等,2006)。农业部发布的《关于推进农业废弃物资源化利用试点的方案》中估算,全国每年产生畜禽养殖废弃物38亿t(负天一,2018)。研究表明畜禽养殖废弃物的运输距离是有限的,粪便基本施用在养殖场附近,而局部区域施用的畜禽养殖废弃物量如果超出农田消纳容量,将造成水体和土壤污染等,引发严重的环境问题(曾悦等,2006a)。目前,一些地区养殖总量已经超过当地土地负荷警戒值,从畜禽养殖废弃物的土地负荷来看,我国总体的土地负荷警戒值已经达到0.49,部分地区已经呈现出严重或接近严重的环境压力水平,如北京、上海、山东、河南等地(黄爱霞等,2006)。养殖业的不合理布局也严重破坏了农村和城镇居民的生活环境。另外,规模化畜禽养殖场为便于运输,大多建在大中城市近郊,由于城市近郊没有足够的土地消纳大量畜禽养殖废弃物,给大中城市带来了巨大的环境压力,严重影响大中城市的环境质量(李远,2002)。随着经济的不断发展,我国居民消费能力增强,食物消费结构升级,对肉、蛋、奶等畜禽产品的需求迅速增长,畜禽饲养量必然迅速增长,相应的污染物排放量会快速增加。同时,畜禽养殖业向高度集约化、专业化、区域化方向发展,尤其是“公司加农户”的产业化模式在畜禽养殖业中被越来越多地采用,畜禽污染在许多地区出现了大点源污染与区域面源污染并存的特征(彭新宇,2007)。所以,我国畜禽养殖污染在未来一段时间里会进一步加剧,畜牧业产生的环境污染对人类、其他生物和畜禽自身生活所造成的威胁将越来越突出。

目前,政府已经开始意识到养殖业对环境的影响,许多城市先后提出禁养区和限养区。如,2006年北京市农委、市农业局联合发文,出台了《关于进一步调整郊区养殖业产业结构和布局的意见》,提出养殖业区域布局上要加快由近郊向远郊转移,五环路以内的城近郊区的规模化畜禽养殖场要陆续退出,逐步形成禁养区;五环路以外六环路以内的区域,原则上不再新建和扩建规模畜禽养殖场,对现有的进行环境综合治理并加强环境质量检测,逐步形成限养区;六环以外的远郊区要加快发展绿色养殖,逐步形成适度规模养殖区。广东省东莞市政府宣布2009年起全市范围内禁止养猪。在猪肉价格大幅上涨对群众生活造成明显影响的大环境下，“禁猪令”引起一场“城市化地区该不该养猪”的争论。养殖业在什么地方发展，不能简单地“一刀切”，需要依据当地自然、社会经济等实际状况，进行产业空间布局规划，科学合理地优化养殖业产业空间布局。畜禽养殖空间布局适宜性评价是进行畜禽养殖空间布局规划的基础，目前评价指标体系不健全、方法粗放和技术手段落后等致使评价结果与实际会产生很大区位误差，往往难以保证制定规划的合理性，而且对结果表达的手段落后，可视化程度低，影响数据的高效利用，很难为养殖业发展的管理决策提供科学高效的支持(阎波杰，2009)。

因此，本书具有一定的实际应用价值和理论创新意义，其结果可用于城郊养殖场布局规划，同时也能够为农业环境治理以及生物有机肥工程、新能源工程等畜禽养殖废弃物资源化利用等方面的管理决策提供理论和技术支持。

1.2 国内外研究进展

制约畜禽养殖场空间布局的因素除环境因素(如坡度、与水源的距离、与道路的距离、与居民地的距离等)、公共卫生与防疫安全因素、经济因素(如市场因素、运输成本、饲料生产等)外，还包括土地利用、法律、法规等因素(阎波杰，2009；Caldwell，2006；阎波杰等，2010a；唐春梅等，2007)。因此，畜禽养殖场空间布局研究是个复杂的问题，而养殖场选址或畜禽养殖场空间布局的影响因素和畜禽养殖场空间布局研究方法以及研究尺度是关键。

1.2.1 畜禽养殖场空间布局的影响因素研究

在畜禽养殖场空间布局的影响因素研究方面，国内外研究者主要集中在以环境、经济、公共卫生与防疫安全和法律法规等为主要影响因素开展了研究。

(1)环境因素：包括地形、坡度、土壤类型、土地利用状况、与水体的距离、与道路的距离、养殖规模、畜禽养殖场臭气污染、耕地畜禽养殖废弃物承载力(包括氮、磷负荷/污染潜势/风险评估)等因素。如Jain等(1995)以土壤类型、土地利用状况、与道路和水体的距离及地形因素进行了畜禽养殖场选址研究。Badri等(2002)以澳大利亚昆士兰东南部韦斯特布鲁克子流域为研究区，选取土地利用类型、与居民地的距离、与主河流的距离、土壤类型和质地、坡度、与道路的距离、与集约化养殖场的距离和土壤磷含量等8个指标构建了评价指标体系，开展了畜禽养殖土地适宜性评价。以上研究基本未考虑养殖场对环境污染的问题，更多强调畜禽养殖场空间布局的客观环境要素。由于畜禽养殖场产生的大量恶臭气体中含有大量的氨、硫化氢等有毒有害成分，严重影响了畜禽养殖场周围的空气质量，危害养殖人员及周围居民的身体健康，并且影响畜禽的生长，已受到相关学者的高度关注。如Chastain等(2000)、Jacobson等(2005)基于臭气扩散模型研究分析了养殖场臭气污染影响扩散范围及影响距离。以上研究成果为养殖场空间布局提供了畜禽养殖场臭气污染影响因素这一重要的量化指标。在此基础上，Sarr等(2010)结合GIS技术，充分考虑居民地、水道、道路和饮用水取水口的空间位置，确定了养殖场适宜的空间分布位置。在未考虑畜禽养殖场臭气污染影响因素情况下，Gerber等(2008)通过养殖场生产经济效益、环境影响最小化、公共和动物卫生保护、农村发展和减少贫困等四个指标,以行政区为单元对养殖场布局进行了评价研究。其中环境影响评价指标包括与居民地距离、与湿地距离、地表流失风险、行政区内养殖场个数、畜禽密度、与主要道路距离和土地利用现状等。阎波杰等(2010b)则重点考虑耕地土壤环境污染影响指标对北京市大兴区畜禽养殖场空间布局进行研究。该研究虽然考虑了以耕地为评价单元的畜禽养殖废弃物对耕地土壤环境污染的影响,但其以乡镇为单元将畜禽养殖废弃物统计数据总量按农用地面积的简单分配所获得的耕地土壤环境污染影响不足以评价地块尺度的畜禽养殖场空间布局。

(2)耕地畜禽养殖废弃物承载力/氮、磷负荷/污染潜势/风险评估等因素:早期相关学者从耕地畜禽养殖废弃物承载力出发进行了畜禽养殖废弃物对农用地环境污染的研究探讨,如王少平等(2001)研究了上海市耕地畜禽养殖废弃物承载力。在耕地畜禽养殖废弃物承载力研究基础上,刘忠等(2010)以单位耕地面积猪粪当量负荷为指标评价了中国畜禽养殖废弃物区域环境风险。随着对畜禽养殖废弃物对农用地环境污染研究的日益深入,学者们的研究焦点逐渐转移到畜禽养殖废弃物氮、磷营养元素对农用地环境的污染,如Provolo(2005)以单位面积氮负荷为指标实现了畜禽粪肥污染评估,但其不足以进行农场尺度的畜禽养殖对环境污染影响评估。阎波杰等(2010c)以耕地畜禽养殖废弃物氮养分负荷研究了大兴区规模化养殖畜禽养殖废弃物环境污染影响。以养分平衡理论为基础,Song等(2012)开展了以镇行政区域为单元的研究,评价了上海地区畜禽养殖废弃物中氮、磷养分对环境的影响。宋大平等(2012)采用畜禽养殖废弃物对水体等标污染负荷指数,并结合畜禽养殖废弃物耕地污染负荷对安徽各地区畜禽养殖废弃物对耕地的污染现状进行风险评价。以上结果为研究可持续发展的养殖场空间布局提供了畜禽养殖对环境污染影响这一重要指标。但评价畜禽养殖废弃物引起的环境污染影响要从系统角度考虑养分供给和消耗两个方面考虑。养分供给包括土壤的供肥能力、畜禽养殖废弃物产生的养分和其他施肥方式提供的养分;养分消耗包括农用地地块种植作物的消耗吸收和土壤本身的吸收转换能力。另外,以行政单元为单元将畜禽养殖统计数据总量按农用地面积的简单分配所获得的各类指标(畜禽养殖废弃物承载力/氮、磷负荷/污染潜势/风险评估等)往往忽略了行政区内部的区域差异性,不能准确反映畜禽养殖对农用地环境污染程度。虽然有部分学者考虑到了作物养分需求(以行政区为单元进行统计),并基于不同作物类别进行污染潜势分析评价,但没有考虑土壤对畜禽养殖废弃物产生的氮(N)、磷(P)、钾(K)的消纳能力。

(3)从经济因素角度,Weersink等(2006;2012)的研究结果表明相关经济因素决定了畜禽养殖场扩建及新畜禽养殖场选址,而不是养分管理法案。刘巧芹等(2009)发现离消费市场的距离是影响畜禽养殖场布局的一个重要因素,且畜禽养殖用地分布与居民点和道路的空间相关性都很强。侯麟科等(2011)则研究了环境污染税费征收对畜禽养殖场生产地选择及畜禽养殖业布局的影响。以经济利益最大化为目的,Libby等(2008)研究设计了牧草系统,考虑了养殖场的牧草因素、与草场距离、土壤环境因素、当地的气候环境因素来分析养殖场布局所应考虑的条件;Khaleda等(2013)采用GIS技术进行畜禽养殖小区适宜性划定研究,并利用实地调查数据和养殖小区地理集中分布结果进行了检验。以上研究主要出于对畜禽养殖产业经济利益的追求,因此在进行畜禽养殖场空间布局时往往将经济因素置于首位,忽视了畜禽养殖对环境的污染影响。而实际上经济效益最大化只是影响畜禽养殖场空间布局的一方面,还应综合考虑环境影响,以及法律法规、土地利用等限制性因素加以研究。

(4)以防疫安全为主要目标出发,张鹤平(2005)提出为防止各种疫情的扩散和传播,猪场和鸡场应布局在远离居民区 500 和 400 m 之外。任建存等(2007)指出奶牛场场区规划应从人畜保健和利于防疫的角度出发,将牛场分为奶牛饲养区、饲料生产区和饲养人员居住区,且三个区之间要有明确界限。Harun 等(2013)则从公共卫生、动物权利、社会经济和环境污染角度,研究了县域尺度上 2002 和 2007 年美国集约化畜禽养殖场的空间布局及其变化。从法律法规角度,Sullivan 等(2000)、周力(2011)研究分析了环境规章制度与养殖场空间分布位置的潜在联系及养殖污染的影响。虞祎(2012)从生产和消费两个角度进一步验证环境规制在生猪生产布局变动中的作用,并通过对江苏盐城、扬州两市养殖场的调查,从微观层面验证环境规制对养殖场空间布局及相关决策具有重要的影响。

有的学者则融合多个影响畜禽养殖场空间布局的因素,通过建立评价指标体系开展了畜禽养殖场空间布局相关问题的研究,如 Flamant 等(1999)建立了畜禽养殖场空间布局评价指标体系,并对不同地区的畜禽养殖场进行了评价。Gerber 等(2005)以行政区为单元,通过养殖场生产经济效益最大化、环境影响最小化、公共和动物卫生保护、农村发展和减少贫困等四个目标对养殖场布局进行规划评价,其中环境影响评价指标包括与居民地距离、与湿地距离、地表流失风险、地下淋失风险、行政区内养殖场个数、P_2O_5 养分平衡、畜禽密度、与主要道路距离和土地利用现状等。阎波杰等(2010b)则重点考虑耕地土壤环境污染影响指标,并通过建立畜禽养殖场适宜性评价指标体系对北京市大兴区的畜禽养殖场空间布局进行了研究。Peng 等(2013)基于土地适宜性理论,将社会、经济、环境因素有机结合,结合地理信息系统技术,建立了畜禽养殖业空间分布适宜性评价指标体系。阎波杰等(2016)以规模化畜禽养殖业可持续发展为目的,基于畜禽养殖多用途空间数据库及 GIS 空间分析技术,利用德尔菲法和层次分析法确定了规模化畜禽养殖场空间布局适宜性评价影响因子及权重,并以闽侯县为例实现了规模化畜禽养殖场空间布局适宜性评价。

1.2.2 畜禽养殖场空间布局研究方法和研究尺度

目前,国内外畜禽养殖场空间布局研究主要集中在调查方法、相关与回归分析方法、层次分析法(AHP)、因子分析法、多目标的选择标准和土地利用规划技术、空间自相关分析法、GIS 技术等,研究尺度主要为不同级别的行政单元(阎波杰,2009)。

Hodge(1978)以调查研究的方式提出一种可能的畜禽养殖场影响评估的有识别力的分析方法,以确定在某个地点能否建设养殖场。这种方法可以用来评价集约化畜禽养殖场潜在影响,为实现畜禽养殖场的合理规划提供一些帮助,但实际上畜禽养殖的规划不能仅仅以人为的判断来决定某个地点是否适合养殖场的建设,需要实际的定量化研究才能确定合理的养殖场址。Varburg 等(1999)基于大量的统计数据,用相关与回归分析方法分析了中国不同种类畜牧业空间布局的差异,表明社会经济因素和生物物种变化对畜禽养殖业的布局有着紧密的联系。

采用层次分析法(AHP),Vizzari 等(2013)构建了 EASE 模型,其可对不同处理养猪场粪便的方式所引起的环境污染影响进行快速评估,该结果为养猪场进行合理管理和布局提供重要依据。余国平(2005)利用层次分析法提出了义乌市畜牧生态养殖特色小区规划研究,邓先德等(2006)对奶牛养殖小区布局进行研究。层次分析法为畜禽养殖空间布局评价中因相互关联、相互制约的众多因素构成复杂而缺少定量数据的决策和排序提供了一种新的、简洁而实用的建模方法。但这种方法很大程度上依赖于人们的经验,主观因素的影响很大,且至多只能排除思维过程中的严重非一致性，无法排除决策者个人可能存在的严重片面性，其比较、判断过程较为粗糙，不能用于精度要求较高的决策问题。因此 AHP 至多只能算是一种半定量(或定性与定量结合)的方法，还无法满足当前县域畜禽养殖空间布局适宜性评价的需要。在层次分析法的基础上，结合因子分析法，周培培(2013)和赵佩佩(2015)分别研究分析了河北省畜牧产业布局和黑龙江省奶牛养殖产业的布局。

付强等(2012)、Fu 等(2012)以中国畜禽养殖的空间格局为研究目标，利用 2007 年分县的统计数据及农业调查数据，构建标准猪、地均猪、人均猪等指标，使用 GeoDa、ArcGIS 等软件，借助全局和局部空间自相关分析、空间分布图系、重心曲线等方法，对中国县域畜禽养殖空间分布规律、空间格局进行了分析。此外，借助空间自相关分析，Lenhardt 等(2013)、付强(2013)、Benson 等(2013)分别对州域、县域和县以下区域的畜禽养殖空间分布规律和空间格局进行了分析研究。以上研究虽然以畜禽养殖的空间格局为研究目标，但更多的是从现有畜禽养殖场空间布局展开的分析，揭示的是目前畜禽养殖空间布局存在的问题，这也正是空间自相关分析技术的特点。GIS 技术具有对空间数据的有效组织管理能力和强大的空间分析能力，以及高精度、高时效空间数据获取能力，因此，将 GIS 技术应用到畜禽养殖场空间布局研究中，已经成为发展趋势。如 Zeng 等(2008)利用 GIS 技术，结合土地利用状况、土壤类型、坡度、与道路的距离和与水体的距离，进行了厦门市新罗区养猪场选址研究。Planning(2009)将 GIS 技术和土地利用冲突识别策略模型(LUCIS)相结合，开展了畜禽养殖场和农村非养殖户居住地的最佳位置选择研究。李帷等(2010)在 GIS 技术支持下，采用缓冲区与分区统计等空间分析方法，探讨了区域畜禽养殖的空间分布特征及其影响因素。虽然部分研究应用了 GIS 技术，但基本上是基于行政区单元的社会经济统计数据和区域限养相结合实现的。实际上，畜禽养殖场空间布局受地形、土壤属性、土地利用、与水体和居民区的距离等区域性因素制约，即使在一个行政区内部也存在明显的区域差异性。利用多目标的选择标准和土地利用规划技术，赵小敏等(2006)以乡镇行政单元为单元进行了畜牧业生产建设区域规划研究，取得一些较好的研究成果。此外，一些研究者还以省、市等行政单元为单元进行了畜禽养殖空间布局相关研究，但由于以行政单元为单元的研究认为行政单元内的分布是均匀的，往往忽视了区域内的空间差异性，其分析结果必然与实际情况产生很大区位误差。目前鲜见有以地块或更精细单元为单元的相关研究(Roe et al，2002；Yan et al，2009；Karmakar et al，2010；Chaminuka et al，2014)。

综上所述，目前的研究基本都是以国家、省、市、县等宏观尺度区域居多，乡、村等微尺度研究还比较薄弱，由于以行政单元为单元的研究认为行政单元内的分布是均匀的，往往忽视了区域内的空间差异性，其分析结果必然与实际情况有很大区位误差。但城郊区域是属于城市的周边附近或者靠近城市的区域，区域范围小，需要在微观尺度下进行城郊畜禽养殖场(小区)的空间布局研究。

因此，本书从环境因素(包括自然和生态)、经济因素、卫生防疫、土地利用状况、法律法规和政策等方面提出畜禽养殖场空间布局适宜性评价指标体系，重点考虑区域作物养分需求，畜禽养殖废弃物养分空间分配问题和农用地畜禽养殖废弃物环境污染风险评价，在农用地畜禽养殖废弃物环境污染风险评价基础上，研究估算区域畜禽养殖容量，并结合 GIS 组件式技术、GIS 空间分析技术、数据库技术等构建畜禽养殖多用途空间数据库系统和畜禽养殖废弃物对农用地的污染决策支持系统，以期为城郊农业环境治理、养殖场空间布局规划，以及生物有机肥工程、新能源工程等畜禽养殖废弃物资源化利用等方面的管理决策提供理论和技术支持。

1.3 研究内容及技术路线

1.3.1 研究内容

以实现畜禽养殖场可持续发展为目标，通过建立畜禽养殖场空间布局适宜性评价体系、区域畜禽养殖容量估算、畜禽养殖废弃物对农用地的污染决策支持系统等研究服务于畜禽养殖决策的相关应用基础问题，为农业环境治理、养殖场规划布局，以及生物有机肥工程、新能源工程等畜禽养殖废弃物资源化利用等管理决策提供科学依据。各章主要内容如下：

第 1 章在大量文献的基础上，针对目前畜禽养殖场空间布局适宜性评价指标体系及评价方法研究的国内外进展情况进行分析，提出了研究意义、主要研究内容和研究技术路线及研究区概况等。

第 2 章参考国内外相关资料，从环境影响因素、经济影响因素、公共卫生与防疫安全因素及土地利用、法律法规和政策因素出发较系统全面地分析畜禽养殖场空间布局适宜性评价的影响因素。

第 3 章区域作物养分需求的计算方法。阐述影响区域作物养分需求的主要因素为作物类别及品种、农用地土壤供肥等级和农用地类别。分析相关特定作物在不同的农用地供肥等级下的目标产量，结合研究区实际各种作物的播种面积统计数据，并根据其具体的作物种类引入模拟作物作为各类农用地类别上的种植的农作物，利用作物栽培学知识确定作物在特定目标产量下所需的养分量，最后结合两者计算每个评估单元的作物养分需求量，并以北京市大兴区为例进行实际案例应用。

第 4 章区域畜禽养殖废弃物养分空间分配。主要阐述畜禽养殖废弃物养分空间分配重要性、目前畜禽养殖废弃物空间分配主要方法和畜禽养殖废弃物养分量计算方法，分析格网尺度畜禽养殖废弃物养分空间分配方法和畜禽养殖场——地块尺度畜禽养殖废弃物养分空间分配方法。重点研究畜禽养殖废弃物养分空间分配模型，最后以基于网格的中国耕地畜禽养殖废弃物氮负荷估算为例实现格网尺度畜禽养殖废弃物养分空间分配方法应用，并以福建省闽侯县上街镇为试验区域，实现畜禽养殖场——地块尺度畜禽养殖废弃物养分空间分配。

第 5 章农用地畜禽养殖废弃物环境污染风险评价。分析以畜禽养殖密度、农用地畜禽养殖废弃物氮(磷)负荷、畜禽养殖废弃物猪粪当量负荷和农用地畜禽养殖废弃物猪粪当量负荷警报值等单一指标的农用地畜禽养殖废弃物环境污染风险评价方法，农用地畜禽养殖废弃物氮、磷负荷相结合的双指标综合的农用地畜禽养殖废弃物环境污染风险评价方法，基于多指标融合的农用地畜禽养殖废弃物环境污染风险评价以及地块尺度的农用地畜禽养殖废弃物环境污染风险评价，最后以安徽省、福建省闽侯县上街镇为例进行农用地畜禽养殖废弃物环境污染风险评价实际应用。

第 6 章从经济适宜性指标、安全适宜性指标、环境适宜性指标和限制性因素分析畜禽养殖场空间布局适宜性评价相关因素，构建畜禽养殖场空间布局适宜性评价的综合指标体系，并以北京市大兴区、福州市闽侯县、闽侯县上街镇为应用案例进行畜禽养殖场空间布局适宜性评价应用。

第 7 章区域畜禽养殖容量估算研究。通过规模养殖场畜禽养殖废弃物养分估算、规模畜禽养殖废弃物养分空间分配和区域农用地养分负荷估算，以畜禽排泄系数、养分含量系数和农用地畜禽养殖废弃物磷养分最大负荷为指标进行行政尺度畜禽养殖适度规模及潜在规模估算和地块尺度畜禽养殖适度规模及潜在规模估算，最后以安徽省和福建省闽侯县上街镇为试验区进行实际应用。

第 8 章畜禽养殖废弃物对农用地的污染决策支持系统。综合区域作物养分需求、畜禽养殖废弃物养分空间分配模型、农用地畜禽养殖废弃物环境污染风险评价、畜禽养殖场空间布局适宜性评价的综合指标体系、畜禽养殖多用途空间数据库等，利用 SuperMap 软件将上述结果与 GIS、数据库技术、多媒体技术等技术相结合，设计实现畜禽养殖废弃物对农用地的污染决策支持系统，并以福建省闽侯县上街镇农用地为例进行以地块为单元的畜禽养殖废弃物氮负荷估算、污染潜势分析、预警分析、污染风险评价及养殖场空间布局规划等。该系统可以为农业环境治理、养殖场规划布局，以及生物有机肥工程、新能源工程等畜禽养殖废弃物资源化利用等管理决策提供科学依据。

第 9 章主要对全书的研究成果与创新点进行总结与讨论；对不足之处进行分析，并提出以后的研究设想。

1.3.2 技术路线

本书研究技术路线见图 1-1。

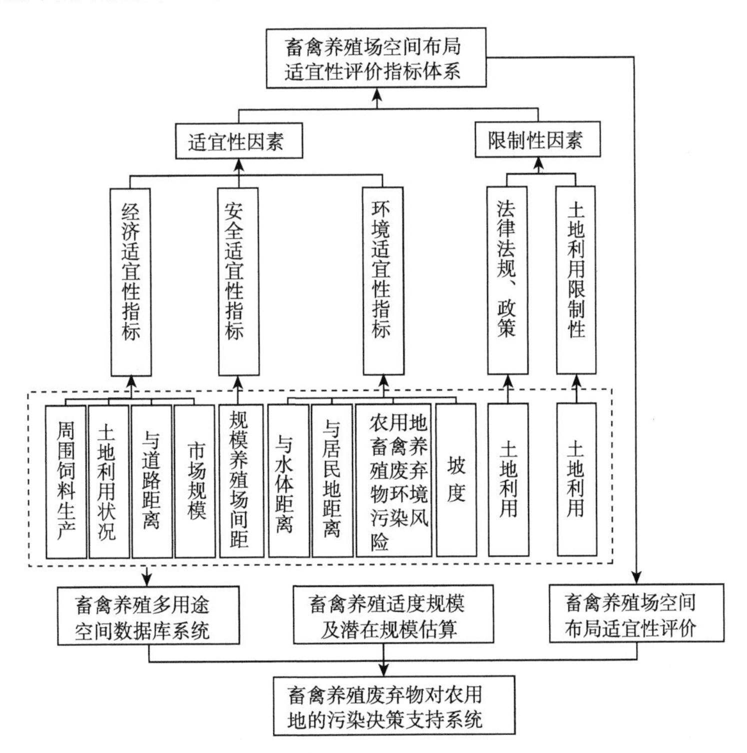

图 1-1 畜禽养殖场空间布局规划技术路线

第2章　畜禽养殖场空间布局适宜性评价因素分析

2.1　评价影响因素概述

畜禽养殖场的空间布局以获得经济效益、环境效益和社会效益这三者的统一为最佳，合理的布局规划，可以减少环境的污染，降低成本，有利于场址的安全管理等(阎波杰，2009c)。如一味地追求经济效益，势必对环境造成很大污染，给民众的生活带来不便；但如果只考虑环境效益，使经营者经济效益下降，也会对畜禽养殖业的发展造成阻碍。当前，畜禽养殖业多以市场为导向自由发展，畜禽养殖场多向靠近市场的区域空间转移，即城市周边和郊区，这些地区虽然有交通便捷的优势，但是越靠近城市的地区，城市化率越高，可消纳畜禽养殖废弃物的土地资源就越少，会进一步加剧环境污染问题(包从兴，2015；周力，2011；阎波杰，2009c)。

因此，畜禽养殖场空间布局的适应性是一个复杂问题，只用单一指标难以做出综合、系统、全面的评价，需考虑包括环境和经济在内的多种因素，涉及经济、交通、地理位置、气候、环境地质、地表水文条件及水文地质工程地质条件、环境污染、社会条件等因素(张庆东等，2006；阎晓东，2005)。我们一般可以从环境因素、经济因素、公共卫生与防疫安全影响分析及土地利用、法律法规和政策等方面来考虑畜禽养殖场空间布局适宜性评价的影响因素。它们相互影响，相互制约，又相互联系，是一项十分复杂的系统工程。

2.2　环境影响分析

环境影响因素已经成为当前畜禽养殖场空间布局适宜性评价研究中最主要的影响因素。近年来，随着经济的快速发展、居民生活水平的提高，人们对畜禽肉制品、奶制品和蛋类等产品的需求日益增加，畜禽养殖业也快速发展。目前我国畜禽养殖业正处于由传统向现代转型的重要时期，畜禽养殖向区域化、集约化、产业化和现代化不断推进，规模化发展已经成为我国畜禽养殖业不可扭转的趋势(崔小年，2014；阎波杰，2009c)。畜禽养殖量的增加也带来了养殖废水和污染物排放量急剧增长的问题。据了解，我国一年畜禽养殖业废水排放量超过100亿t。畜禽养殖行业在取得可观经济效益的同时，其产生的排泄物已经成为一个重大的污染源，畜禽养殖废弃物污染问题也日益突出(王星，2008)。

因此，畜禽养殖场空间布局应符合城乡建设总体规划，与当地环境污染防治、水资源保护、自然生态环境保护的目标相一致。畜禽养殖场场址为防止污染水源应远离水库、河流等水体，应位于夏季主导风向的下风向，排污口的位置位于居民取水点的下游，应选择合适的坡度，以便于排污(李国庆等，2005；方炎，2000)。此外，为减少养殖场畜禽养殖废弃物对环境的污染压力，畜禽养殖场应选择在养殖场附近内有尽可能多的农用地区域，以利于农用地对畜禽养殖废弃物的消纳。环境影响因素主要涉及：与水体的距离、与居民地的距离、坡度及畜禽养殖废弃物对农用地土壤的环境污染等。许多畜禽养殖场由于过多考虑运输、销售等经济因素而忽视其对生态环境的污染潜势，往往将畜禽养殖场场址选择在城郊、居民地或靠近公路、铁路、河流水库等环境敏感的区域，引发了较严重的生态环境问题，有些甚至危害到饮用水源的水质安全，最后不得不面临关闭和搬迁，造成很大的损失（阎波杰，2009c）。

2.2.1 与水体距离

畜禽养殖业的主要环境危害之一是水质污染。畜禽养殖需要大量的水，出于便利的考虑，养殖户往往首先考虑沿着水源地（如河流两岸、溪流河沟等）建立养殖场以节约成本，但是养殖场沿水源建立会造成严重的水污染。畜禽养殖场排放的污水中含有大量的污染物质，其污水生化指标极高，如猪粪尿混合排出物的COD（化学耗氧量）值最高可达81 g/L，BOD（生物耗氧量）为17～32 g/L，NH_4-N浓度为2.5～4.0 g/L，1个采用人工清粪的万头猪场每天产生的COD为16～18 g/L的污水达60多吨（黄宏坤等，2000；李安萍，2006）。第一次全国污染普查结果显示，2007年我国畜禽养殖业COD排放量达到1268.26万t，占农业源总量的96%，已超过全国工业废水和生活污水的COD排放量（苏文幸，2012）。根据江苏省环境状况公报，2011年江苏省畜禽养殖污染物COD和氨态氮排放量分别为34.33万t和2.44万t，已经成为除生活源外的第二大污染源，远高于工业污染（吴云波等，2013）。

高浓度畜禽养殖废水排入江河湖泊中会造成水质不断恶化，从而导致水体富营养化。吕川等（2013）对辽河源头区流域非电源污染负荷进行估算，得到畜禽养殖的污染负荷比为70.56%，是辽河源头区流域非点源污染的主要来源。罗运祥等（2012）对柴河水库流域的农业非点源污染的来源、结构和空间分布特征进行了研究，得出畜禽养殖污染对河流中氮、磷的贡献最大。此外，畜禽养殖废弃物中有毒、有害成分易渗入地下会污染地下水，从而使地下水溶解氧含量减少，水质中有毒成分增多，严重时会使水体发黑、变臭（郭艳红等，2008）。另外，被畜禽养殖废弃物污染的地下水极难治理恢复，将造成持久性的污染。因此为避免污染水源，畜禽养殖场应与水体（湖泊、大中型水库、水塘、河流等）有一定距离，距离这些地方至少应该在500 m以上（李远，2002）。此外，禁止将养殖场建设在饮水水源一级保护区范围内，有污染物排放的养殖场禁止建设在二级保护区范围内（徐宇鹏等，2017）。

2.2.2 与居民地距离

畜禽养殖业除了水质污染外，还有空气污染、传播病菌等不良影响，畜禽养殖产生大量恶臭气体。据分析，畜禽养殖废弃物中含有臭味化合物168种，其中含量最多的有硫化氢、二氧化碳、氨气、脂肪族的醛类、粪臭素、甲烷和硫醇类等有害成分（李安萍，2006；Kuhlmann et al，2001）。这些有害气体进入大气后，不仅会严重影响空气质量，人们长期生活在散发恶臭化合物的环境中，健康与生活将会受到严重威胁，严重的甚至可能出现呕吐、头痛、压抑等症状（黄志彭，2008）。畜禽养殖废弃物中含有大量的寄生虫卵、病原微生物以及滋生的蚊蝇，使人们生活环境中的病原种类增多、菌量增大，出现病原菌和寄生虫的大量繁殖，造成人、畜传染病的蔓延，尤其是人畜共患病时会发生疫情，给人畜带来灾难性危害(Monica et al,1998)。综上所述，畜禽养殖场选址时如果与周边居民距离过近，对周边地区环境就会构成威胁。为防止出现上述情况，养殖场与居民点之间应保持足够的距离，一般小型养殖场不小于 300～500 m，大型规模养殖场应不小于 1000 m。另外，在布局上，畜禽养殖场应处在居民点的下风向和地势较低处。

2.2.3 坡度

由于畜禽养殖场污水中含有大量的污染物质，因此，畜禽养殖场必须具有较好的排污能力，否则污水渗入地表会污染地表水及地下水。畜禽养殖场址应选择平坦而稍有坡度的地面。如果地面坡度过缓(如低于 3%)，则不利于畜禽养殖废弃物的排放及排水，造成水体和土壤污染，易造成畜禽养殖场洪涝和积水，影响畜禽养殖。地面坡度以 5%左右为宜，山区丘陵坡度则不应大于 25%，坡度过大，会给施工造成困难，土方开挖量大，增加成本，还会给运输造成不便，所以应选择坡度小且满足畜禽养殖场排放废弃物要求的区域(阎波杰，2009c)。平原地区宜建在地势较高、平坦而有一定坡度的地方，以便排水。山区宜选择向阳坡地，不但利于排水，而且阳光充足，可以减少人工光照的补充，降低成本(张庆东等，2006；唐春梅等，2007；Badri et al，2001)。

2.2.4 畜禽养殖废弃物对农用地土壤环境污染

规模养殖会产生大量畜禽养殖废弃物，是畜禽养殖业的主要污染源。据估算，2013 年我国畜禽养殖废弃物产生量超过了 20 亿 t，2020 年将超过 30 亿 t(林源等，2012)。畜禽养殖废弃物含有大量的 COD、氮、磷、钾、重金属和药物残留等。长期以来，畜禽养殖废弃物一直作为农业生产的肥料返田使用，而研究表明畜禽养殖废弃物的运输距离是有限的，粪便基本施用在养殖场附近，因此局部区域施用的畜禽养殖废弃物量如果超出农田消纳容量，便会出现降解不完全和厌氧腐解的情况，产生恶臭物质和亚硝酸盐等有害物质，引起土壤本身的组成和形状的改变，进一步造成农用地土壤、水体等污染，同时也不利于作物的生长(曾悦等，2006a；李庆康等，2000；柳建国，2009；邵芳，2002)。在某些情况下，过量畜禽养殖废弃物(尤其是新鲜的禽粪)导致氮浓度过高而烧坏作物，大量地使用粪便也会引起土壤中溶解盐的积累，植物生长受抑制(彭里，2005)。另一方面，土壤中过高的畜禽养殖废弃物也会随降水的冲刷等进入水体，增加了非点源污染物的来源量，使周边水体受到严重的污染威胁(王晓燕等，2005)。因此，在畜禽养殖场进行空间布局时应选择周围有足够农用地的区域，用以消纳畜禽养殖场产生的畜禽养殖废弃物。大量的研究表明(Beck et al，1998；Bernal et al，1992；Hooda et al，2000；Medoc et al，2004；张大弟等，1997；徐伟朴等，2004；张景书等，2006；刘梓函，2017；刘培芳等，2002)，随着畜禽养殖业的快速发展，当前畜禽养殖废弃物对农用地土壤环境的污染威胁越来越明显，因此在进行畜禽养殖空间布局时应该特别重视畜禽养殖废弃物对农用地土壤环境的污染影响，不能过多考虑运输、销售等经济因素，应充分重视畜禽养殖对环境生态的影响，大力发展可持续发展的畜禽养殖业。

2.3 经济影响分析

2.3.1 与道路距离

由于饲草饲料运进、各类畜禽产品运出、畜禽粪肥的处理运输等，畜禽养殖场每天运输量很大，来往频繁，有些运输甚至要求全天候畅通。因此，畜禽养殖场在满足畜禽防疫的前提下，应尽可能建在离公路或铁路较近，又符合防疫安全的地方，这样容易确保畜禽养殖快速地完成产品、饲料等运输，从而减少饲草料运输成本和畜禽养殖成本。此外，与道路越近，越能使畜禽养殖市场具有较强的吸引力、产业扩散力和辐射力，促进畜禽养殖业更好的发展。但应注意在高速公路、省道、县道、铁路等两侧 500 m 范围内禁止建设养殖场。

2.3.2 周围饲料生产

饲草饲料资源是影响畜禽养殖场饲养规模的重要制约因素。饲草饲料在畜禽养殖生产成本中约占70%～80%，畜禽养殖场距离饲草饲料生产地越远，饲草饲料运输成本和畜禽的养殖成本就越高。因此畜禽养殖场应尽量靠近饲草饲料产地，将畜禽养殖场场址选择在饲料生产地区及饲料厂附近可显著降低成本。如以奶牛饲养为例，奶牛所需的饲料有两大类。一类为粗饲料，有各类青草、玉米秸秆、玉米秸青贮、干草、优质苜蓿等，每头成母牛每天喂饲量大约 30～35 kg(含青贮料量)(钱淑凤等，2007)。另一类为精饲料，如玉米、豆粕、麸皮等，每天每头成母牛喂饲量为 5～6 kg。所需的饲料中粗饲料需要量大，且不易运输。因此，在奶牛场址选择时，须根据牛群的大小来计算饲料用量能否就近保证供应(廉亚平等，2001；乔绿等，2005)。如果有条件，在场址附近，最好自己有一定的饲料地用于种植青绿多汁饲料和精料，以确保供应，应距秸秆、青贮和干草饲料资源较近，以保证草料供应，减少运费，降低成本(朱有为等，1999；唐春梅等，2007)。在进行养殖场空间布局时应充分考虑周围饲料的生产，按饲料的生产潜力来确定畜禽养殖规模，不能盲目地扩大规模。

2.3.3 市场规模

规模越大经济效益越明显，这是市场经济条件下的一般规律。可以说，市场规模在一定程度上决定了畜禽养殖的规模，市场规模越大，畜禽养殖规模就越大。随着经济的不断发展，未来我国居民消费能力增强，食物消费结构升级，对肉、蛋、奶等畜禽产品的需求会迅速增长。在人们生活水平提高以后对高价值营养食品的需求不断增加的大背景下，畜禽养殖不能盲目地追求规模大，随处选址，选址时应充分考虑影响周围消费市场以及消费潜力的人群密度、收入水平等，而且畜禽养殖场离消费地越近，越能及时销售畜禽产品，降低交通运输费用(阎波杰，2009c)。

2.3.4 土地利用状况

土地利用现状综合反映区域的土地利用类型及空间分布状况，是最真实反映现实地表生态环境类型的因子。畜禽养殖场建设涉及土地征用，不同的土地利用类型其土地的征用费不同。原则上，畜禽养殖场最不适宜建在中心城市、城镇近郊区、独立的产业组团和工矿区用地。耕地虽然因地势平坦、坡度较小、交通方便等优势，是最适合进行畜禽养殖场建设的土地类型，但是，本着保护耕地、合理利用土地、减少征地费用等原则，畜禽养殖场建设应优先利用土地质量较差的各种未利用地、荒山、荒草地、荒坡、荒滩、工矿废弃地等(阎波杰，2009c)。而且畜禽养殖场址应避免位于各种自然地质现象、滑坡、活动的断层地带和不均匀沉降区等影响范围之内，不应将畜禽养殖场址选在大坡度丘陵地、河滩地、有大量回填土的地块上，这样在地基处理、平整场地、防水护坡等建设工程上投资过大，建设投资和运行成本会超出行业平均水平。

2.4 公共卫生与防疫安全影响分析

目前很多畜禽养殖场空间布局不科学，尤其是很多畜禽养殖小区，常常人畜混居，且生活区与生产区未采取隔离措施。此外，很多畜禽养殖场未设置消毒设施，也未采取消毒措施，甚至有的兽医家里也养殖畜禽，就在畜禽养殖区内设置兽医治疗室，病畜禽到他家治疗，使他家畜禽也感染了疾病，进而再传染给其他畜禽(冯英，2001；胡艳生，2007)。饲草料分户购进，运输饲草料及粪污的车辆随意进出，不分净道和污道，造成整个畜禽养殖小区消毒不严格，污染严重，为疫病的交叉感染创造了条件(余国平，2005；韦秀丽等，2007；常艳萍等，2007)。有的畜禽养殖场紧邻交通干线，各种车辆穿行，给防疫造成了很大难度。养殖小区场址的选择应遵循社会公共卫生准则，地势要低于村民居住区，一般位于下风口，背风向阳，地势高，空气流通，平坦宽阔(陈杰等，2007)。

畜禽养殖场之间的距离是影响畜禽养殖公共卫生与防疫安全的重要影响因素，各种畜禽疫病大多是通过畜禽直接接触和空气进行传播的，且一般没有天然隔离带，相对感染传播疫病的概率较高。在畜禽养殖场空间布局时，畜禽养殖场之间应保持一定的距离以防止口蹄疫、狂犬病、禽流感、山羊痘等畜禽疫病的爆发和蔓延，一般小型规模养殖场不小于300 m，大中型规模养殖场之间不小于1000 m，当然间距越大，相互干扰越小，安全系数也越大(阎波杰，2009c)。

2.5 土地利用、法律法规和政策影响分析

土地利用状况限制指畜禽养殖场不得占用农用地(包括水浇地、菜地、旱地、设施农业用地等)、生活饮用水水源保护区、风景名胜区、自然生态保护区的核心区及缓冲区、政府依法划定的禁限养区域、城市和城镇居民区域及其周边安全区域(主要防止畜禽养殖废弃物对居民生活区的污染)、各种主要水体(河流、水塘、湖泊、大中型水库等)及其周边安全区域(主要防止对水体地表水污染)等，应充分利用荒地、沙地和未利用土地等。

自20世纪50年代起，发达国家开始进行大量的规模化养殖，在城镇郊区建立了大量集约化畜禽养殖场，由于这些规模化养殖场每天产生的大量粪便及污染难以处理利用，造成了严重的环境污染(世国，2014)。60年代，日本用“畜产公害”概念高度概括了这一问题的严重性，并在立法管理上制定了《废弃物处理与消除法》《防止水污染法》和《恶臭防止法》等七

部法律,对畜禽污染管理作了明确的规定(刘培芳等,2002)。许多国家也迅速采取各种措施加以干预和限制,如美国《联邦水污染法》规定对畜禽养殖场建设进行管理,超过一定规模的畜禽场,建场必须通过环境许可,并制定了养殖场最小隔离距离。要求畜牧企业规模与土地面积相适应,即牲畜的饲养规模应该与农场主拥有的土地面积相适应,以保证生产者有足够的土地用于处理牲畜粪便,还规定了禁养区域和其他农业生产活动区域(武淑霞,2005)。英国立法规定对大型畜牧场采取限制措施,对各种养殖场畜禽养殖数目进行限制,并规定畜禽养殖废弃物废水最大用量(陈瑶等,2014)。德国对耕地使用的氮、磷、钾总量进行限制,并规定畜禽养殖废弃物不经处理不得排入地上或地下水源中,在城市或公用饮水区域每公顷土地上家畜的最大允许饲养量不得超过规定数量(周爱平,2013)。挪威为防止畜禽污水污染水资源,在1970年颁发《水污染防治法》,并相继发布了许多法规,规定在封冻和雪覆盖的土地上禁止倾倒任何牲畜粪肥。意大利则规定耕地上畜禽养殖废弃物最大用量为4 t/ha(李安萍,2006)。

此外,许多欧洲国家还规定单位面积土地畜禽动物的饲养量或者单位数量畜禽动物必须配备一定面积的土地,利用这些土地消纳畜禽动物产生的粪便和尿液(陈晓玲,2012)。

我国自20世纪70年代也先后颁布了《畜牧法》《大气污染防治法》《农业法》《环境保护法》《水污染防治法》等,2002年,国家环保总局又相继发布了《畜禽养殖污染防治管理办法》《畜禽养殖业污染防治技术规范》和《畜禽养殖业污染物排放标准》,这些法律法规和标准成为规范大中型养殖企业运作和畜禽养殖环境污染治理的依据(赵润等,2017;阎波杰,2009c)。一些地方也相继出台了关于畜禽养殖的一系列规定和政策,如2006年北京市农委、市农业局联合发文,出台了《关于进一步调整郊区养殖业产业结构和布局的意见》,提出养殖业区域布局上要加快由近郊向远郊转移,五环路以内的城近郊区的规模化畜禽养殖场要陆续退出,逐步形成禁养区;五环路以外六环路以内的区域,原则上不再新建和扩建规模畜禽养殖场,对现有的进行环境综合治理并加强环境质量检测,逐步形成限养区;六环以外的远郊区要加快发展绿色养殖,逐步形成适度规模养殖区。上海市政府出台了《上海市畜禽养殖业环境管理条例》,对畜禽养殖污染防治原则、畜禽养殖场选址、畜禽养殖废弃物处理、排污口设置、排污许可证、病死畜体处理等相关内容作了常规性规定,并细化了畜禽养殖废弃物排污标准。而广东省东莞市政府则宣布2009年起全市范围内禁止养猪(李安萍,2006)。

国内外的这些土地利用限制、法律法规、政策直接影响着畜禽养殖场的空间布局,应综合考虑国家或地方法律、法规规定需特殊保护的其他区域以及政府依法划定的禁养、限养区域,在符合当地养殖业空间布局规划的总体要求下,适当地发展畜禽养殖场建设。环境污染防治、环境保护以及畜禽养殖业的可持续发展问题,已经成为当前研究的热点,要做到畜禽养殖业的可持续发展,就必须与区域环境保护与防治相协调。畜禽养殖场空间布局是否适宜,关系到区域环境保护,进一步影响到畜禽养殖业的可持续发展。因此正确分析影响畜禽养殖场的空间布局适宜性的因子,建立相应的评价体系,通过模型对畜禽养殖场进行科学的空间分配,是该产业可持续发展的基础与保障,同时也为畜禽养殖区域环境污染的防治工作和环境保护做出贡献,促进畜禽养殖区域经济的发展,实现环境效益、经济效益和社会效益的统一。

第3章　区域作物养分需求计算

3.1　区域作物养分需求影响因素分析

作物养分需求与作物类别、品种密切相关。对于特定的作物品种，它还受相应作物的目标产量的影响，因此作物养分需求应该是特定作物品种在特定目标产量下的作物对养分的需求量。其中目标产量的确定与农用地供肥等级（土壤本身的肥力水平）、作物种植方式（大田和设施农业用地）等因子密切相关（阎波杰，2009c）。作物需肥吸收实质是区域作物养分需求（作物目标产量和养分）。作物的目标产量受很多因素的制约，一般除作物类别、农用地供肥等级、耕种方式、管理技术、气候条件外，与土壤的环境状态和质量关系密切，尤其是与土壤元素的全量及其有效态含量和土壤的有机质含量、酸碱度、含水量以及土壤的含盐量关系极为密切（曾昭华，2000）。综上所述，影响区域作物养分需求的最主要因素为作物类别及品种、农用地土壤供肥等级和农用地类别。

3.1.1　作物类别及品种

不同种类的农作物甚至是同一作物的不同品种，作物养分需求的程度存在较大的差异。如一般每生产 100 kg 稻谷和相应的茎叶，吸收氮肥（N）、磷肥（P_2O_5）、钾肥（K_2O）的量分别为 1.51～1.91 kg，0.81～1.02 kg，1.83～3.82 kg，三者的比例为 2：1：3（王荣栋，2005）。即使是同一种作物，不同的生长期对各种养分的需求程度差异也很大，尤其是作物在苗期，虽在养分数量方面要求不多，但要求养分必须速效和全面，且数量必须保证足够供应作物苗期的生长。甚至同一作物的不同品种，其所需养分也各不相同。如春玉米全生育周期每亩施肥量为农家肥 1500～2000 kg，氮肥（N）15～17 kg、磷肥（P_2O_5）4～5 kg、钾肥 8～9 kg；夏玉米全生育周期每亩施肥量为农家肥 1500～2000 kg，氮肥（N）14～16 kg、磷肥（P_2O_5）4～5 kg、钾肥 8～9 kg；鲜食玉米全生育周期每亩施肥量为农家肥 2000～2500 kg，氮肥（N）14～16 kg、磷肥（P_2O_5）4～5 kg、钾肥 9～10 kg（贺建德等，2006）。因此在确定农作物养分需求时，应确定特定作物特定品种的养分需求特性。作物类别及品种与区域作物养分需求是息息相关的。

3.1.2　农用地土壤供肥等级

作物养分需求应该是特定作物品种在特定目标产量下对养分的需求量，其中影响作物目标产量的土壤环境状态和质量主要通过农用地供肥等级来体现，不同供肥等级的农用地作物的目标产量是不同的。农用地供肥等级越高，作物的目标产量就越大，两者呈正相关关系。如黄瓜在低供肥、中供肥和高供肥等级下目标产量分别为 2500～3500 kg/亩

(1 亩≈666.67 m^2,后同)、3500～4500 kg/亩和 4500～5500 kg/亩;小麦在低供肥、中供肥和高供肥等级下目标产量分别为 300～350 kg/亩、350～400 kg/亩和 400～450 kg/亩(贺建德等,2006)。可见不同的供肥等级对目标产量的影响还是比较大的。而实际上,确定农用地供肥等级的目的是确定作物的目标产量,从而获得不同供肥等级对应的不同作物目标产量。

3.1.3 农用地类别

不同的农用地类别其作物所需的养分是不一样的,一般耕地、菜地、园地和设施农业用地等农用地类别,其所需要的养分存在较大的差异。如菜地每年每公顷施入氮、磷、钾肥料分别为 43.32、46.53、42.80 kg,比例为 1∶1.07∶0.99(吕烈武等,2006)。大田施肥状况每年每公顷施入肥料的有效成分,分别为氮肥 311.85 kg,磷肥 122.7 kg,钾肥 169.5 kg,比例为1∶0.39∶0.54(吕烈武等,2006)。而塑料大棚、日光温室等设施农业用地作物产量高,投入大,对温度、水等需求要求高,对养分的需求较其他农用地类别都要高。可见农用地类别是作物养分需求的重要影响因素。

3.2 区域作物养分需求计算方法

作物养分需求与作物类别、品种密切相关。对于特定的作物品种,它还受相应作物的目标产量影响,即作物养分需求应该是特定作物品种在特定目标产量下的作物对养分的需求量。其中目标产量的确定又与农用地供肥等级、农用地类别等因子密切相关。本章将地理信息技术和农户调查方式相结合,通过农用地供肥等级确定特定作物的目标产量,利用作物栽培学知识确定作物在特定目标产量下所需的作物养分需求,结合两者计算出每个评估单元的作物养分需求量。具体的解决方案如图 3-1 所示。

3.2.1 农用地供肥等级的确定

(1)农用地供肥分等单元的划分

单元划分的精度直接关系到农用地供肥等级的准确性,是做好农用地供肥等级确定的工作基础和先决条件。若研究区为平原,地势平坦且地形地貌单一,比较适宜采用地块法,即用明显的地物界线或权属界线叠加,将农用地主导特性相对均一的地块划分为农用地的分等单元(阎波杰,2009c)。

(2)农用地供肥分等定级原则

目前不同学者从不同角度对农用地分等定级的原则进行了阐述,借鉴农用地分等定级的原则,确定农用地供肥分等定级应遵循的原则包括区域分异原则、主导因素与综合分析相结合原则、宏观和微观可比性原则、定量分析和定性分析相结合的原则、科学性和可操作性原则等五大原则(单胜道,1997)。

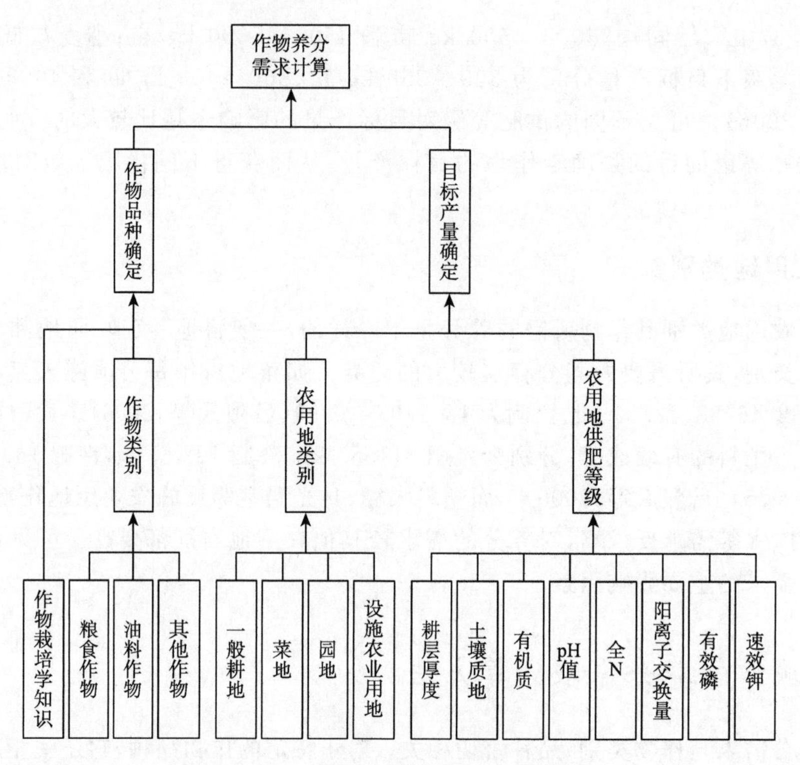

图 3-1　区域作物养分计算解决方案

(3)农用地供肥等级评定因子确定

结合研究区农用地实际情况，经过比较分析，与专家交流讨论，遵循主导因素原则、差异性原则、稳定性原则、敏感性原则，采用定量和定性方法结合，从影响农用地供肥等级的理化性质、剖面性状和养分状况筛选出农用地供肥等级评定因子，确定农用地中土壤质地、土壤有机质含量、耕层厚度、土壤酸碱度(pH 值)、全 N、阳离子交换量、有效磷、速效钾含量为参评因素，采用特尔菲法确定各因子不同级别分值。研究因子级别分值按 100 分制标准赋分，最高级别分值为 100 分，其余各级别分值则按其实际指标值对农用地保肥能力影响衰减程度赋予不同分值(表 3-1)。

表 3-1　农用地供肥等级评定因子

评价因子	描述	因子分值				
耕层厚度	指标/cm	≥20	15～20	10～15	5～10	≤5
有效磷	指标/(mg/kg)	≥50	40～50	30～40	20～30	≤20
土壤质地	指标	黏土	壤土	砂壤土	砂土	砾、砂质
有机质	指标/(mg/kg)	>25	20～25	10～20	6～10	≤6
pH 值	指标	7～8	8～9	>9	6～7	≤6
速效钾	指标/(mg/kg)	≥150	110～150	70～110	30～70	≤30
阳离子交换量	指标/(cmol/kg)	>20	15～20	10～15	5～10	≤5
全 N	指标/(mg/kg)	≥1.8	1.2～1.8	0.8～1.2	0.4～0.8	≤0.4
分值		100	80	60	40	20

(4)农用地供肥等级权重确定

农用地供肥等级各评价因素的权重反映了各因素对农用地供肥等级影响程度的大小，也是进行定量评价时必须采用的值。农用地供肥等级各评价因素的权重可采用层次分析法(AHP)来确定，其基本原理就是把所要研究的复杂问题看作一个系统，通过对系统的多个因素分析，划分出各因素间相互联系的有序层次；再请专家对每一层次的各因素进行较客观的判断后，相应给出相对重要性的定量表示；进而建立数学模型，计算出每一层次全部因素的相对重要性的权重值(Kim et al,2007；黄宇等,2008)。

(5)农用地供肥等级计算模型

根据以上建立的评定指标体系，应用以下模型计算各评价单元综合分值：

$$D = \sum_{i=1}^{n} F_i \times C_i \tag{3-1}$$

式中，D 为某农用地总得分，反映了农用地的优劣；C_i 为各参评因子权重系数；F_i 为各参评因子得分；n 为参评因子个数。

3.2.2 农用地类别分布

农用地类别分布涉及大量的地理空间信息，为获取准确的农用地类别需收集研究区行政区划图、高分辨率遥感影像/航空影像、土地利用图等数据进行一系列的处理，确定农用地不同类别及具体的空间位置，类别分为一般耕地(粮食作物、花生和瓜类)、菜地、园地、设施农业用地(日光温室、大棚等)，主要进行地图投影、影像校准、矢量化、属性数据的输入等操作。

3.2.3 农用地作物养分需求确定

农作物种植业一般分为粮食作物、经济作物、其他作物。粮食作物包括小麦、玉米、豆类、薯类；经济作物包括花生、药材、棉花、烟草等；其他作物包括蔬菜、瓜类、青饲、花卉等。由于农作物种类繁多，而不同种类的农作物达到一定的目标产量所需的养分是不同的，因此，要确定某个具体的农用地上具体的作物所需要具体的养分需求是很困难的，可行的办法是确定合理的养分需求，能够在一定程度上代表各种农作物目标产量所需的养分，实际上是获得对各种农作物目标产量养分需求的加权平均值(陈同斌等,1998)。因此，为便于计算，引入“模拟农作物”的概念。

根据研究区的农用地面积、粮食作物、油料作物、其他作物等的播种面积以及种植类别的统计数据，耕地、菜地、园地等可以确定为具体的作物代表。这些主要作物基本能代表各农用地类别的种植农作物，以各作物的播种面积确定各自的权重，确定一种模拟的农作物以代表对应农用地类别上的作物(阎波杰,2009c)。

模拟农作物的单位面积养分需求等于每种主要农作物的单位面积养分需求与各自占播种面积合计的比例之积的总和，其数学表达式为

$$M = \sum_{i=1}^{n} (m_i \times p_i) \tag{3-2}$$

式中，M 为“模拟农作物”的单位面积养分需求，kg/亩；m_i 为每种主要农作物的单位面积养

分需求，kg/亩；p_i为权重系数，此处等于每种农作物播种面积占农作物播种面积合计的比例；i为农用地农作物种类；n为农用地主要农作物种类数量。

不同农用地供肥等级下不同农用地类别所需要的养分需求计算公式：

$$N = \sum_{i=1}^{n} (M_i \times C_j) \tag{3-3}$$

式中，M_i为"模拟农作物"的单位面积养分需求；C_j为不同农用地供肥等级下所能达到的目标产量，kg/亩；i为农用地农作物种类；n为农用地主要农作物种类数量；$j=1,2,3$，表示农用地供肥等级。

依据以上计算公式可以参考研究区测土配方施肥技术指南中不同作物形成100 kg经济产量所吸收的养分量，如表3-2北京市测土配方施肥技术指南中不同作物形成100 kg经济产量所吸收的养分量(贺建德等，2006)，得到不同农用地类别形成目标产量所吸收的养分量(表3-3)。

表3-2 不同作物形成100 kg经济产量所吸收的养分量 单位：kg

农作物	形成100 kg经济产量所吸收的养分量		
	氮(N)	五氧化二磷(P_2O_5)	氧化钾(K_2O)
冬小麦	3.0	1.25	2.50
玉米	2.57	0.86	2.14
花生	6.80	1.30	3.80
西瓜	0.51	0.16	0.64
黄瓜	0.4	0.35	0.55
胡萝卜	0.31	0.10	0.40
茄子	0.30	0.10	0.40
菠菜	0.36	0.18	0.52
芹菜	0.16	0.08	0.42
生菜	0.37	0.15	0.33
大白菜	0.22	0.94	0.25
番茄	0.45	0.50	0.50
葡萄	0.60	0.30	0.72
桃	0.48	0.20	0.76
苹果	0.30	0.08	0.32
梨	0.47	0.23	0.48

表3-3 不同农用地类别上主要作物在不同目标产量下所需吸收的养分量 单位：kg/亩

农用地类别	作物类别	肥力等级	目标产量	形成目标产量所吸收的养分量		
				N	P_2O_5	K_2O
一般耕地	冬小麦	低肥力	300～350	9～10.5	3.75～4.4	7.5～8.8
		中肥力	350～400	10.5～12	4.4～5	8.8～10
		高肥力	400～500	12～15	5～6.25	10～12.5

续表

农用地类别	作物类别	肥力等级	目标产量	形成目标产量所吸收的养分量		
				N	P_2O_5	K_2O
一般耕地	玉米	低肥力	400～500	10.3～12.9	3.4～4.3	8.6～10.7
		中肥力	500～600	12.9～15.4	4.3～5.2	10.7～12.8
		高肥力	600～700	15.4～18	5.2～6	12.8～15
	西瓜	低肥力	3000～3500	15.3～17.9	4.8～5.6	19.2～22.4
		中肥力	3500～4000	17.9～20.4	5.6～6.4	22.4～25.6
		高肥力	4000～4500	20.4～23	6.4～7.2	25.6～28.8
	花生	低肥力	200～250	13.6～17	2.6～3.25	7.6～9.5
		中肥力	250～300	17～20.4	3.25～3.9	9.5～11.4
		高肥力	300～350	20.4～23.8	3.9～4.6	11.4～13.3
菜地	大白菜	低肥力	4000～5000	8.8～11	3.76～4.7	10～12.5
		中肥力	5000～6000	11～13.2	4.7～5.64	12.5～15
		高肥力	6000～7000	13.2～15.4	5.64～6.58	15～17.5
	黄瓜	低肥力	2500～3500	10～14	8.8～12.3	13.8～19.3
		中肥力	3500～4500	14～18	12.3～15.8	19.3～24.8
		高肥力	4500～5500	18～22	15.8～19.3	24.8～30.3
	胡萝卜	低肥力	2500～3000	7.8～9.3	2.5～3	10～12
		中肥力	3000～3500	9.3～10.9	3～3.5	12～14
		高肥力	3500～4000	10.9～12.4	3.5～4	14～16
	茄子	低肥力	2500～3500	7.5～10.5	2.5～3.5	10～14
		中肥力	3500～4500	10.5～13.5	3.5～4.5	14～18
		高肥力	4500～5500	13.5～16.5	4.5～5.5	18～22
	菠菜	低肥力	1500～2000	5.4～7.2	2.7～3.6	7.8～10.4
		中肥力	2000～2500	7.2～9	3.6～4.5	10.4～13
		高肥力	2500～3000	9～10.8	4.5～5.4	13～15.6
	芹菜	低肥力	3000～4000	4.8～6.4	2.4～3.2	12.6～16.8
		中肥力	4000～5000	6.4～8	3.2～4	16.8～21
		高肥力	5000～6000	8～9.6	4～4.8	21～25.2
	生菜	低肥力	2000～2500	7.4～9.3	3～3.8	6.6～8.3
		中肥力	2500～3000	9.3～11.1	3.8～4.5	8.3～9.9
		高肥力	3000～3500	11.1～13	4.5～5.3	9.9～11.6
	番茄	低肥力	3000～4000	13.5～18	15～20	15～20
		中肥力	4000～5000	18～22.5	20～25	20～25
		高肥力	5000～6000	22.5～27	25～30	25～30
园地	葡萄	低肥力	1000～1500	6～9	3～4.5	7.2～10.8
		中肥力	1500～2000	9～12	4.5～6	10.8～14.4
		高肥力	2000～2500	12～15	6～7.5	14.4～18

续表

农用地类别	作物类别	肥力等级	目标产量	形成目标产量所吸收的养分量		
				N	P_2O_5	K_2O
园地	桃	低肥力	2500～3000	12～14.4	5～6	19～22.8
		中肥力	3000～3500	14.4～16.8	6～7	22.8～26.6
		高肥力	3500～4000	16.8～19.2	7～8	26.6～30.4
	苹果	低肥力	3000～3500	9～10.5	2.4～2.8	9.6～11.2
		中肥力	3500～4000	10.5～12	2.8～3.2	11.2～12.8
		高肥力	4000～4500	12～13.5	3.2～3.6	12.8～14.4
	梨	低肥力	2000～2500	9.4～11.8	4.6～5.8	9.6～12
		中肥力	2500～3000	11.8～14.1	5.8～6.9	12～14.4
		高肥力	3000～3500	14.1～16.5	6.9～8.1	14.4～16.8
设施农业用地	瓜类	高肥力	5000～6000	24.2～29.1	7.9～9.5	32.3～38.8
	果类	高肥力	4000～5000	24～30	12～15	28.8～36
	蔬菜类	高肥力	6000～8000	19.65～26.2	25.2～33.5	25.2～33.6

3.2.4 区域作物养分需求计算模型

根据以上步骤，综合分析构建区域作物养分计算公式：

$$Q = \sum_{i=1}^{n} (N_i \times S_i) \tag{3-4}$$

式中，Q 指区域内作物养分需求，kg；N_i 指某农用地对应的农用地类别和等级所需的养分需求，kg/亩；S_i 指某农用地的面积，亩；n 表示区域内农用地数目。

3.3 区域作物养分需求计算应用案例

3.3.1 研究区概况

本节以北京市大兴区为研究区进行详述。大兴区地处北京南郊平原（东经 116°13′～116°43′，北纬 39°26′～39°51′），区位优势得天独厚。全境属永定河冲积平原，地势自西向东南缓倾，海拔 14～52 m，土壤类型以砂性土、砂壤土为主。属暖温带半湿润大陆季风气候。年平均气温为 11.6℃，年平均降水量 556.4 mm。辖区总面积约 1036 km^2，辖 14 个镇，526 个行政村，总人口约 57.6 万人，农用地面积约 102.42 万亩。由于区域优势明显，养殖业发展较快，主要养殖生猪、肉牛、奶牛、羊和各类家禽，2005 年养殖业已占到农业总产值一半以上。

3.3.2 资料收集处理

本节的农作物种植相关信息主要来源于 2006 年《北京市大兴区统计年鉴》和《北京市统计年鉴》。利用 ArcGIS 9.3 软件和搜狗地图中的遥感影像，通过目视解译采用直接在高分辨率遥感影像上进行勾画，实现 2005 年大兴区土地利用状况、农用地空间信息的采集。通过屏幕数字化、编辑和拼接完成大兴区行政区划图、农用地空间分布图(共获取了 8481 个农用地地块,主要包括耕地、菜地、园地和设施农业用地)、土地利用状况图等的制作。

3.3.3 农用地作物养分需求估算

3.3.3.1 农用地类别分布

由于农用地类别分布含有大量的地理空间信息,因此,确定农用地不同类别及具体的空间位置需依据资料收集处理中的结果。大兴区的畜禽养殖废弃物施用处主要为耕地、菜地、园地及设施农业用地,牧草有机肥的施用量相对较少,多施用牧草专用肥。尽管北京市林地量逐年增加,但因施肥习惯和经济问题,有机肥均无投入,因此,将农用地类别分为耕地(主要种植粮食作物、花生和瓜类)、菜地、园地、设施农业用地(包括日光温室、大棚等)。相关的数据处理与分析主要通过投影变换、地图矢量化、属性数据的输入等过程实现。

3.3.3.2 作物类别分布

大兴区农作物种植业主要分为粮食作物、经济作物、其他作物,其中粮食作物主要包括玉米、小麦、豆类、薯类;经济作物主要包括花生、棉花、药材、烟草等;其他作物包括蔬菜、青饲、瓜类、花卉等。由于农用地种植的作物品种多,而不同品种的作物养分需求不同,因此,要准确确定农用地上具体的作物养分需求量是很难实现的。可行的解决办法是确定相对合理的作物养分需求,在一定程度上代表各种作物目标产量所需的养分,其实质是对各种作物目标产量养分需求的加权平均值,因此,为便于估算作物养分需求,引入“模拟农作物”的概念(陈同斌,1998;阎波杰等,2015a)。

根据 2005 年大兴区统计年鉴中的信息,冬小麦和玉米种植面积占粮食作物播种面积的 91.5%,花生占油料作物的 98.7%,番茄、黄瓜、胡萝卜、菠菜、茄子、生菜、芹菜和大白菜等占全区蔬菜生产面积的 80%以上,西瓜占瓜类种植面积的 92.06%,果树种植主要以梨、桃、苹果和葡萄为主。基于上述分析,耕地确定以玉米、冬小麦、西瓜和花生为耕地模拟农作物的典型作物,菜地则以番茄、黄瓜、胡萝卜、菠菜、茄子、生菜、芹菜和大白菜等八种蔬菜为菜地模拟农作物的典型作物,园地则确定以梨、桃、苹果和葡萄为园地模拟农作物的典型作物。设施农业用地主要种植瓜类和蔬菜,以西瓜和甜瓜为瓜类模拟农作物的典型作物,而设施农业用地中的蔬菜种植参考菜地模拟农作物的典型作物。根据统计信息,这些典型作物基本能代表各农用地类别的农作物,以各种作物的播种面积占其所属农用地类别总面积的比例为各自的权重,确定一种模拟的农作物以代表对应农用地类别上的作物(阎波杰等,2015a)。

“模拟农作物”的单位面积养分需求等于每种主要农作物的单位面积养分需求与各自占总播种面积的比例之积的总和,其计算公式为:

$$M_{Crop} = \sum_{i=1}^{n}(M_i \times R_i) \tag{3-5}$$

式中:M_{Crop} 为“模拟农作物”的单位面积养分需求,kg/亩;M_i 为每种主要农作物的单位面积养分需求,kg/亩;R_i 为权重系数,表示每种农作物播种面积占所属农作物种类中总播种面积的比例;i 为农用地农作物种类;n 为农用地主要农作物种类数。

根据各农用地类别所选择的代表性农作物，参考《北京市测土配方施肥技术指南》中不同农作物在不同肥力等级下所能达到的目标产量和不同作物形成 100 kg 经济产量所需吸收的养分量（贺建德等，2006），按照式（3-5）可估算得到不同农用地类别形成目标产量所需吸收的养分量（表 3-4）。

表 3-4　不同农用地类别形成目标产量所需吸收的养分量　　单位：kg/hm²

农用地类别	氮养分范围	平均氮养分	磷养分范围	平均磷养分
耕地	161.70～271.50	216.60	54.60～91.50	73.05
菜地	136.65～270.00	203.33	97.50～195.75	146.63
园地	147.75～255.00	201.38	66.00～115.50	90.75
设施农业用地	323.25～411.00	367.13	269.10～352.50	310.80

3.3.3.3　农用地作物养分需求

农用地作物养分需求与“模拟农作物”的单位面积养分需求及农用地面积息息相关，其计算公式为

$$N_{nutrient} = M_{Crop} \times S_{farmland} \tag{3-6}$$

式中：$N_{nutrient}$ 为某农用地作物养分需求，kg；M_{Crop} 为“模拟农作物”的单位面积养分需求，kg/亩；$S_{farmland}$ 为某农用地面积，亩。

3.3.4　空间关联分析方法

利用空间关联指数可以揭示区域农用地作物养分需求的空间集聚现象。Global Moran's I 和 Getis-Ord Gi* 可分别测度全局的和局域的空间聚簇特征，前者用于探测整个研究区的空间关联结构模式，后者用于识别不同的空间位置上的高值簇与低值簇，即热点区（hot spots）与冷点区（cold spots）的空间分布（Anselin，1995；马晓冬等，2008；车前进等，2011）。本节基于农用地作物磷养分需求估算结果，利用空间关联指数分析大兴区农用地作物养分需求的空间集聚现象。

（1）Global Moran's I（靳诚等，2009）

$$I = \frac{\sum_{i=1}^{n}\sum_{j=1}^{n} W_{ij}(X_i - \overline{X})(X_j - \overline{X})}{\frac{1}{n}\sum_{i=1}^{n}(X_i - \overline{X})^2 \sum_{i=1}^{n}\sum_{j=1}^{n} W_{ij}} \tag{3-7}$$

式中：W_{ij} 为空间权重矩阵，同样空间范围相邻为 1，不相邻为 0；X_i 和 X_j 是在空间单元 i 和 j 的观测值；$\overline{X}$ 为观测量平均值。

Global Moran's I 的期望值为（Haining et al，2009；陈培阳等，2012）

$$E(I) = \frac{1}{(1-n)} \tag{3-8}$$

采用 Z 检验对 Global Moran's I 结果进行统计检验（靳诚等，2009；杨宇等，2012）：

$$Z(I) = \frac{I - E(I)}{\sqrt{\mathrm{Var}(I)}} \tag{3-9}$$

其中 Var(I)为变异数。在给定显著性水平时，若 Global Moran's I 显著为正，则表示农用地养分需求量较大的区域在空间上显著集聚。反之，若 Global Moran's I 显著为负，则表明区域与其周边区域的农用地养分需求量具有显著的空间差异。仅当 Global Moran's I 接近期望值 $1/(1-n)$时，观测值之间才相互独立，在空间上随机分布。

(2)Getis-Ord Gi*（方叶林等，2013；石培基等，2012）

$$G_i^* = \frac{\sum_{j=1}^{n} W_{ij}(d) X_j}{\sum_{j=1}^{n} X_j} \tag{3-10}$$

为了便于解释和比较，需要对 G_i^* 进行标准化处理：

$$Z(G_i^*) = \frac{G_i^* - E(G_i^*)}{\sqrt{Var(G_i^*)}} \tag{3-11}$$

式中：$Z(G_i^*)$为 G_i^* 的标准化值；$E(G_i^*)$为 G_i^* 的数学期望；Var(G_i^*)为方差；$W_{ij}(d)$是空间权重。若 $Z(G_i^*)$为正且显著，表明位置 i 周围的值相对于均值较高，属高值空间集聚（热点区域）；反之，若 $Z(G_i^*)$为负且显著，则表明位置 i 周围的值相对于均值较低，属低值空间集聚（冷点区域）。

3.3.5 大兴区农用地作物磷养分需求空间分布特征

表 3-4 中氮、磷养分是不同农用地类别从低肥力等级到高肥力等级的一个范围值，由于农用地在不同肥力等级下作物的目标产量存在一定的差异，参考全国耕地质量数据和相关研究文献（张正峰等，2006；潘瑜春等，2009），大兴区除了农业设施农业用地，其他农用地基本都属于中等肥力耕地，因此本节农用地的种植作物的目标产量普遍以中等肥力为估算标准，以表 3-4 中单位面积所需吸收的氮、磷养分量的均值计算。由于畜禽养殖废弃物作为有机肥返田施用时，氮养分和磷养分是最受关注的，而畜禽养殖废弃物中的氮养分和磷养分含量存在差异，但作物的氮养分的需求量一般是磷养分的 3～5 倍，因此为避免引起磷养分的过量，畜禽养殖废弃物的施用量应以磷养分为标准（阎波杰等，2010d）。其次，为验证本节中的方法在畜禽养殖废弃物消纳区域空间划分的有效性，此处仅选择农用地作物磷养分为参考值开展相关研究。按照式(3-5)结合 2005 年大兴区耕地面积，可获得大兴区农用地作物磷养分需求的估算结果（图 3-2）。

图 3-2 显示，农用地作物磷养分需求较大的农用地空间分布基本与设施农业用地空间分布情况相一致，如庞各庄镇、瀛海镇、旧宫镇和黄村镇等农用地区域，源于这些区域的农业设施用地所占比例较大。从统计结果分析，大兴区农用地作物磷养分 2005 年共需 5725446.46 kg，其中平均值为 675.17 kg，最低值为 0.53 kg，最高值为 15722.64 kg。大部分的农用地作物磷养分需求低于平均值，约占总农用地数目的 65.38%。受限于具体的农用地肥力数据，对农用地不同肥力等级下作物的目标产量所需吸收的养分量以均值代替与实际具体的农用地空间分布会存在一定的误差，但基本满足进行畜禽养殖废弃物消纳区域划分研究的需要。

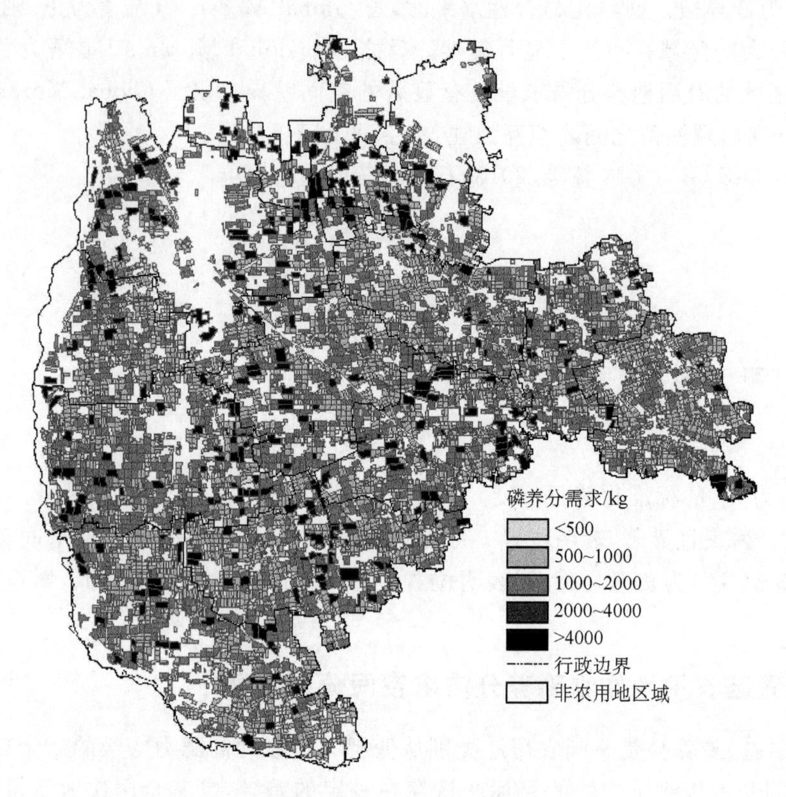

图 3-2 大兴区农用地作物磷养分需求空间分布

3.3.6 农用地作物磷养分需求空间聚类分析

本节主要利用 ArcGIS 9.3 对农用地空间数据进行可视化处理,并通过该软件的空间统计工具进行 Moran's I 指数和 Getis-Ord Gi* 指数计算。Moran's I 指数主要分析整个大兴区的农用地作物养分需求的空间关联结构模式。结果显示 2005 年大兴区农用地作物磷养分需求的 Moran's I 指数为 0.15,Z 得分为 18.05,通过 1%显著水平检验,表明大兴区农用地作物磷养分需求的空间分布在整体上具有显著的空间正相关性、非随机分布,即表现为农用地作物磷养分需求量大的区域与需求量大的区域相互邻接,需求量小的区域与需求量小的区域相互邻接的趋势。

另外,利用 Getis-Ord Gi* 指数分析不同农用地的作物磷养分需求的高值簇与低值簇。根据式(3-10)和(3-11)计算大兴区农用地作物磷养分需求的 Gi* 指数,并将指数值用自然断裂点法由低到高分别划分 5 类:磷养分需求低区域(<-2.58)、磷养分需求次低区域(-2.58~-1.65)、磷养分需求一般区域(-1.65~1.65)、磷养分需求次高区域(<1.65~2.58)和磷养分需求高区域(>2.58)(图 3-3)。该结果可作为畜禽养殖废弃物消纳区域空间分布的参考依据。

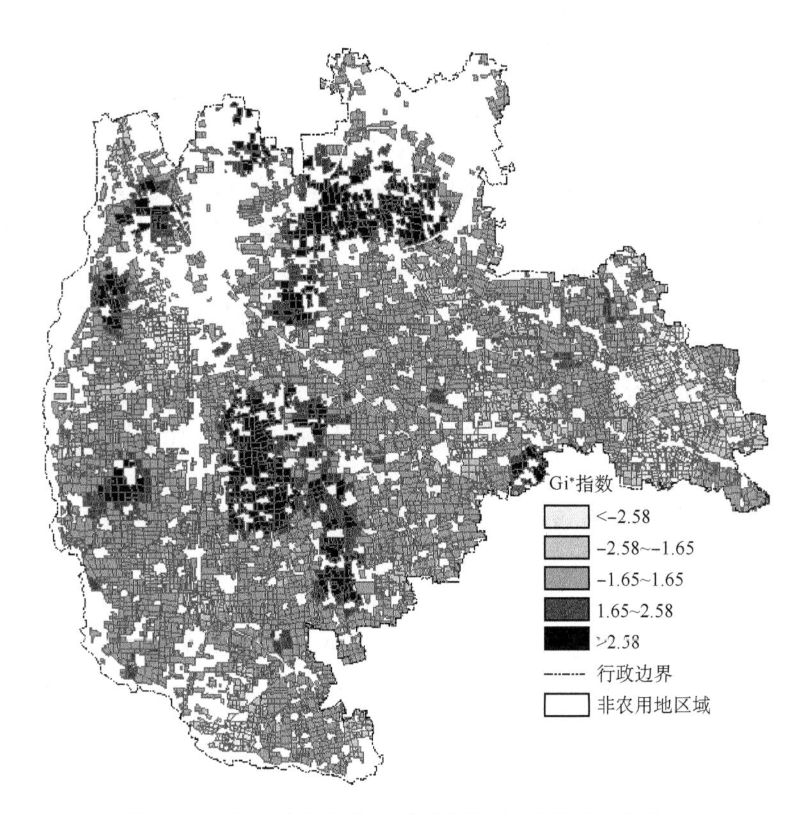

图 3-3 大兴区农用地作物磷养分需求 G* 指数空间分布

3.3.7 畜禽养殖废弃物消纳区域划分

由于目前畜禽养殖废弃物的主要出路是作为有机肥还田使用，且从环境保护的角度，畜禽养殖场周边必须有与之配套的农田来进行畜禽养殖废弃物的消纳，而农用地作物养分需求一定程度上决定了畜禽养殖废弃物消纳量。因此，农用地作物养分需求空间分布区域的确定是划分畜禽养殖废弃物消纳区域的重要依据。研究表明畜禽养殖废弃物的运输距离是有限的，畜禽养殖废弃物基本施用在养殖场附近（曾悦等，2006a），因此，畜禽养殖废弃物消纳区域划定直接影响区域畜禽养殖场的空间布局。

依据农用地作物磷养分需求的空间聚类分析结果，将大兴区按农用地平均消纳畜禽养殖废弃物量划分为五类（图 3-4）：高区域（农用地平均消纳磷养分为 1218.19 kg）、较高区域（农用地平均消纳磷养分为 908.86 kg）、一般区域（农用地平均消纳磷养分为 648.74 kg）、较低区域（农用地平均消纳磷养分为 489.00 kg）和低区域（农用地平均消纳磷养分为 415.03 kg），其中各类型区域对应的总面积依次为 7990.49、3145.09、44819.96、6874.95 和 4171.56 hm^2。

结果表明大兴区的农用地区域大部分属于畜禽养殖废弃物消纳一般区域，高区域主要集中于大兴区北部的城乡接合带和中部区域（主要包括魏善庄镇和庞各庄镇），而城乡接合带由于距离市场较近往往也是畜禽养殖用地集中分布区域。阎波杰等（2010c）的研究表明，大兴区北部靠近北京市市郊区域、魏善庄镇等的农用地畜禽养殖废弃物氮负荷量都明显高于其他乡镇。较低区域和低区域主要分布在大兴区的东部，尤其是采育镇，几乎全镇都属于畜禽养殖废弃物消纳量较低区域和低区域。借鉴欧盟标准，农田最大磷养分施用量一般不得超过 35 kg/hm²，因此，在该地区需要严格控制农用地畜禽养殖废弃物平均施用量，否则易引起环境污染问题。根据以上研究结果，将大兴区 8481 个农用地地块划分成 83 个区域，并计算每个区域可消纳畜禽养殖废弃物磷养分量(图 3-5)，其中 83 个区域中可消纳畜禽养殖废弃物磷养分的平均量、最大量和最小量分别为 109567.94、974569.81 和 2384.28 kg。

上述获得的 83 个区域可消纳畜禽养殖废弃物磷养分量是基于区域农用地消纳畜禽养殖的能力计算的，而不是基于各行政区域，但畜禽养殖量的统计几乎都是基于行政区域开展的。因此，利用 GIS 空间分析技术将镇级行政单元与该结果进行叠加分析可获得大兴区各镇可消纳畜禽养殖废弃物磷养分量。结果表明庞各庄镇可消纳畜禽养殖废弃物磷养分的最多，达到了 0.134 亿 kg，可消纳畜禽养殖废弃物磷养分最少的是亦庄镇，只有 949384.72 kg。关于养分平衡，参照 Gerber 等(2005)和李帷等(2007)的研究，低于 10 kg/hm² 的养分平衡水平表示农用地养分未剩余；超过 10 kg/hm²，养分开始盈余，且盈余的养分有可能通过地表径流、挥发等形式间接流失而对环境产生影响。因此基于上述分析，大兴区各镇最大可消纳的畜禽养殖废弃物磷养分量除农用地作物磷养分需求计算的数值外，还可消纳基于农用地面积和 10 kg/hm² 的养分平衡水平的磷养分量，因此，各镇最大可消纳的畜禽养殖废弃物磷养分量是上述两者之和(图 3-6)，结果显示可消纳的畜禽养殖废弃物磷养分量最多和最少的仍是庞各庄镇和亦庄镇，分别为 0.135 亿和 954910.85 kg。

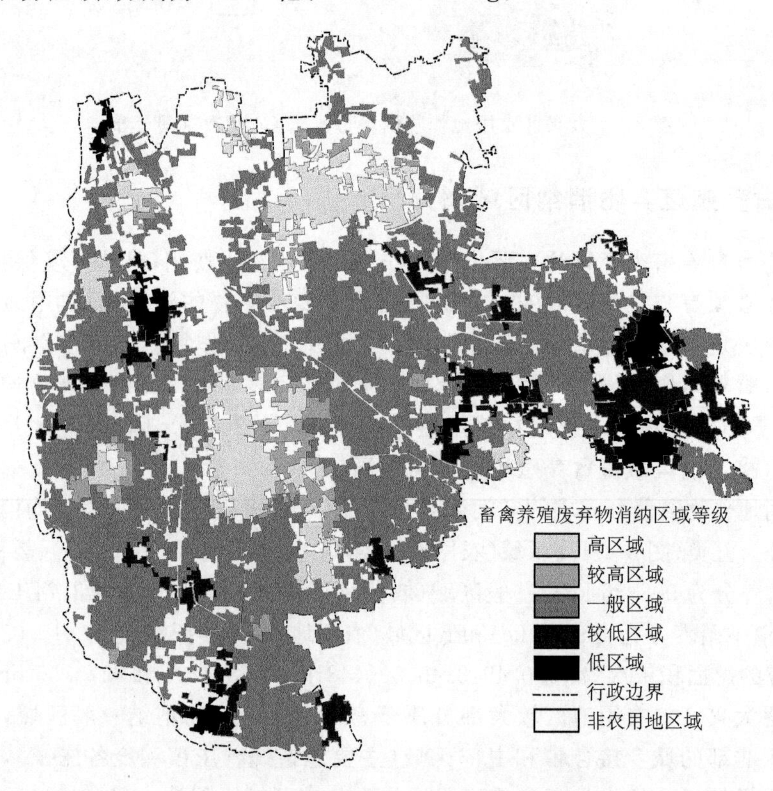

图 3-4 大兴区畜禽养殖废弃物消纳区域空间划分结果

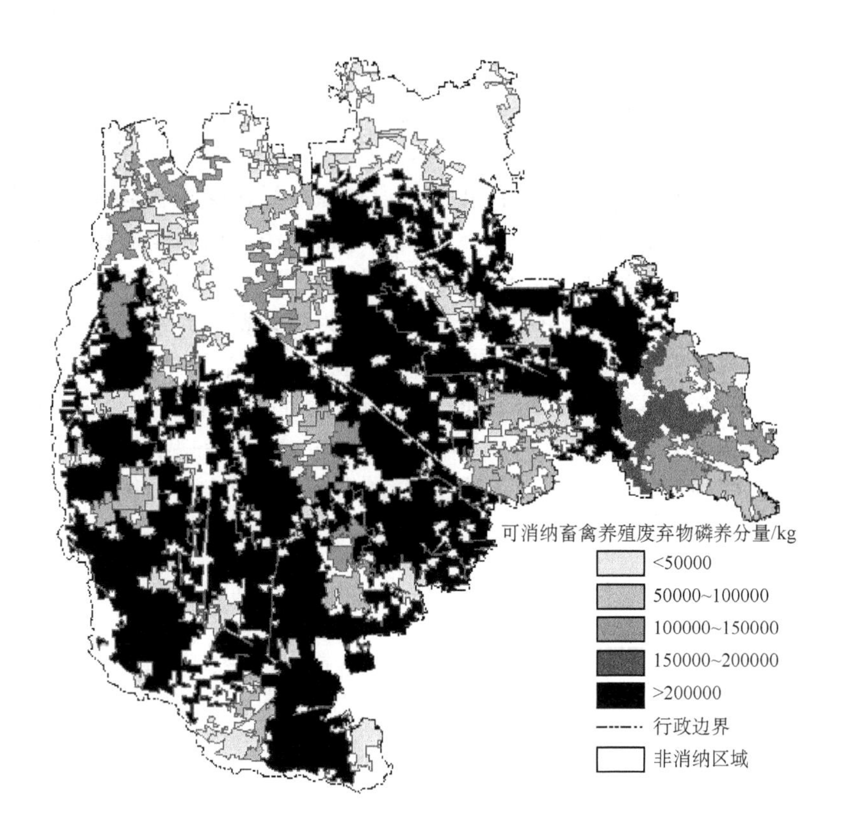

图 3-5　大兴区各划分区域可消纳的畜禽养殖废弃物磷养分消纳量

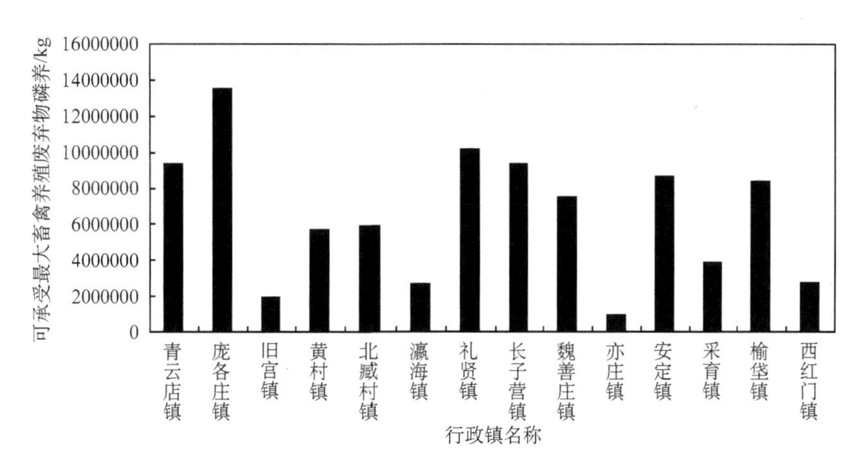

图 3-6　大兴区各镇最大可消纳的畜禽养殖废弃物磷养分量

在最大可消纳畜禽养殖废弃物磷养分量结果的基础上，利用畜禽养殖排泄系数法可进行各镇畜禽养殖废弃物可消纳量及不同品种、规模的畜禽养殖量估算，从畜禽养殖的源头控制由于畜禽养殖的过度集中或缺乏足够的农用地进行消纳畜禽养殖废弃物所引起的一系列环境污染问题。

目前，出于降低养殖、运输和销售成本以及便于加工的需要，畜禽养殖不断向交通发达、市场便利的大中城市周边集中。有研究表明畜禽养殖的70%以上分布在对畜禽产品需求较大的东部地区及大中城市的城郊(黄德林等,2008;侯麟科等,2011)。因此,城市郊区环境承受压力将越来越大,而本结果可作为这些区域快速确定畜禽养殖废弃物消纳处理的一个重要依据。尤其随着遥感影像产品越来越多,如 Quick bird、WorldView、GeoEye 等高分辨率的遥感影像及多时相遥感影像的出现,使我们可通过遥感影像快速获取研究区域农用地种类空间分布图,并依据研究区域的测土配方施肥技术指南中不同农作物在不同肥力等级下所能达到的目标产量和不同作物形成 100 kg 经济产量所需吸收的养分量,快速确定农用地的作物养分需求量,并以农用地的作物养分需求量作为消纳畜禽养殖废弃物的空间区域划分及相关行政区域畜禽养殖废弃物产生量及养殖规模控制的重要参照依据。因此,本方法在不同区域可以进一步地推广应用,除了如本章一样计算可消纳畜禽养殖废弃物磷养分量,同样也可计算消纳畜禽养殖废弃物氮、钾养分量。但该方法存在一定的限制性因素,譬如未考虑农用地不同作物的复种指数,复种指数越高,对结果的估算会更加偏小。

第4章　区域畜禽养殖废弃物养分空间分配

随着我国国民经济与人民生活水平的不断提高，畜禽养殖业得到了持续快速发展，肉、蛋、奶类等主要畜禽产品均以每年10%以上的速度增长。但畜禽养殖业在高速发展的同时也产生了大量的畜禽养殖废弃物。有研究表明，2009年全国畜禽养殖废弃物为32.64亿t，为同期工业固体废弃物产生总量的1.6倍（张田等，2012）。Fischer等（2006）预测2020年我国畜禽污染排放将会比2007年增加37%。如果不能对畜禽养殖废弃物进行科学严格的管理和处理，畜禽养殖废弃物可演化为水体富营养化及土壤、大气环境污染的重要来源。而另一方面，当对畜禽养殖废弃物进行科学、合理的处理及管理时，畜禽养殖废弃物又是一种宝贵的资源，可以进行肥料化、能源化和饲料化等一系列资源化利用（Gordon，2007；Donald et al，1979）。由于畜禽养殖废弃物存在含水量高、恶臭等缺点，其运输成本较高，畜禽养殖废弃物的运输距离是有限的，废弃物基本施用在养殖场附近，可见畜禽养殖废弃物还田消纳具有明显的地域局部化特征，因此局部区域施用的畜禽养殖废弃物量如果超出农田承载容量将会引起氮磷养分损失，导致包括温室气体排放、污染水体以及土壤质量退化等问题（Oenema，2004；Petersen et al，2007；Rufino et al，2011；Steinfeld et al，2007）。

出于降低养殖、运输和销售成本以及便于加工的需要，畜禽养殖业不断向交通发达、市场便利的大中城市周边集中。有研究表明70%以上的畜禽养殖分布在畜禽产品需求较大的东部地区及耕地占用、人地矛盾突出的大中城市城郊（Fischer et al，2006）。而当前城郊区域已普遍呈现种养分离和畜禽养殖废弃物还田过量施用并存的现象，二次污染问题突出，给大中城市带来了巨大的环境压力，严重影响了大中城市的环境质量。同时，《中国中长期食物发展战略》《全国节粮型畜牧业发展规划（2010—2020年）》等都要求畜禽养殖业仍要继续增长以满足更多的需求，这必然会加剧畜禽养殖业区域发展不平衡的状况，给我国环境安全带来更大的威胁。

为了控制畜禽养殖废弃物带来的污染，国内外广泛采用了种养结合的方法，将畜禽养殖废弃物直接施用还田，或者经过沼气工程、堆肥处理等措施后将其还田（Lemaire et al，2014；Nicholson et al，2013）。而在中国由于受运行成本和设备成本的限制，常常选择直接施用的方法（Yan et al，2016；贾伟，2014）。由于畜禽养殖业日益增长和消纳畜禽养殖废弃物的农用地面积有限，畜禽养殖废弃物空间分配已成为当今畜禽养殖业对环境污染影响及畜禽养殖废弃物资源化利用研究的热点问题。

4.1　畜禽养殖废弃物养分空间分配国内外进展

目前畜禽养殖废弃物空间分配主要方法有以下三种：

一是基于农用地面积的畜禽养殖废弃物空间分配研究（Vu et al，2012；耿维等，2013；沈根祥等，2006；Yang et al，2016）。耿维等（2013）假设区域畜禽养殖废弃物全部均匀施用于耕地和牧草地的基础上，研究了国家和省级尺度的畜禽养殖废弃物空间分配，获得了中国农地最大年均畜禽养殖废弃物氮磷承载量为6520.37和1342.43万t。Yang等（2015）将美国各县由畜禽养殖统计数据计算的畜禽养殖废弃物总量按各县农用地面积进行了畜禽养殖废弃物空间分配研究。上述研究认为行政区内所有的农用地畜禽养殖废弃物承载力空间分布都是均匀的，而未考虑地块之间的空间异质性，适合于大中尺度上畜禽养殖业对环境的影响评价研究，但显然无法满足基于农用地养分收支的畜禽养殖废弃物空间分配研究。

二是基于农用地畜禽养殖废弃物当量/养分施用限量标准的畜禽养殖废弃物空间分配（Andersen，2013；阎波杰等，2015a；潘瑜春等，2015；陈微等，2009；段勇等，2007；沈根祥等，1994；Velthof et al，2015）。潘瑜春等（2015）以耕地年施氮、磷的限量标准（畜禽养殖废弃物承载力分别为200和40 kg/hm^2）和果园年施氮、磷的限量标准（畜禽养殖废弃物承载力分别为250和55 kg/hm^2）为畜禽养殖废弃物承载力，研究了乡镇尺度上北京市平谷区畜禽养殖废弃物空间分配及农用地的畜禽养殖承载力。阎波杰等（2015a）从区域空间集聚角度，利用空间关联分析方法划分了北京市大兴区畜禽养殖废弃物消纳区域，基于欧盟的农用地磷养分施用标准进行畜禽养殖废弃物分配，计算了各消纳区域的畜禽养殖废弃物消纳量。上述畜禽养殖废弃物空间分配方法快速简便，但忽视了农用地地块之间的空间差异，其分析结果必然与实际情况产生一定的误差。

三是基于农用地养分收支平衡（主要包括氮、磷养分及综合考虑氮磷养分收支平衡等）的畜禽养殖废弃物空间分配研究。如，基于氮养分收支平衡，Teira等（2003）、Ahn等（2008）、Yang等（2011）和周天墨（2014）分别研究了西班牙加泰罗尼亚地区、韩国京畿道地区、加拿大和中国黑龙江省的畜禽养殖废弃物空间分配及耕地畜禽养殖废弃物承载量。兰勇等（2015）计算了单位耕地面积畜禽养殖废弃物环境适宜承载量，在此基础上，将畜禽养殖废弃物按适宜承载量进行空间分配后估算了湖南省各地单位耕地面积畜禽养殖废弃物当量负荷量及警报值。基于磷养分收支平衡，Gerber等（2005）根据畜禽养殖密度空间模型、畜禽养殖废弃物量及作物养分需求量，结合GIS技术，研究了亚洲地区畜禽养殖废弃物空间分配、承载量及畜禽养殖废弃物磷养分负荷空间分布特征。贾伟等（2014）通过分析京郊畜禽粪尿空间分配养分数量，估算了京郊固液废弃物养分资源现状及其替代化肥的潜力，结果表明按照磷养分收支平衡原则京郊地区所能消纳的畜禽养殖废弃物氮、磷和钾养分数量分别为1.83万、0.99万和1.03万t。综合考虑氮磷养分收支平衡，武兰芳等（2009）、Qian等（2012）、Peng等（2014）和Ouyang等（2013）分别研究了山东省禹城市、福建省莆田市和中国区域耕地畜禽养殖废弃物空间分配。另外还有些学者采用钾养分平衡、重金属累积等对畜禽养殖废弃物空间分配进行了研究（Bhattacharyya et al，2006；柳开楼等，2014）。

以上研究在畜禽养殖废弃物空间分配方面已取得了大量成果，但较少考虑土壤对氮磷养分的保肥吸收能力，农用地养分收支平衡理应包含农用地地块种植作物的消耗吸收和土壤本身的吸收转换能力。另外，由于地形和区位等不同导致区域农用地资源在数量和结构上具有强空间差异性，因此需要明确地块或村等小尺度单元的畜禽养殖废弃物空间分配结果，才能为区域畜禽养殖废弃物资源化利用、畜禽养殖产业布局等提供可靠数据基础。由于精细尺度多源数据融合及相关空间分析方法等限制，目前的研究以国家、省、市、流域等宏观尺度区域研究居多，县、镇（乡）、村等微尺度研究还比较薄弱，地块尺度或更精细尺度上的农用地空间分配有待于进一步研究。

有学者结合地块作物养分需求，从地块尺度开展了2002—2008年中国各省的畜禽养殖废弃物空间分配研究（Song et al，2012）。该研究考虑了作物养分需求，但把中国各省区域内所有种植作物的耕地看作是一整块大的"农田"，忽视了农田之间的空间差异。阎波杰等（2010c；2014）考虑了作物养分需求、农用地面积及农用地类型等因素，从地块尺度对北京市大兴区规模化畜禽养殖场产生的畜禽养殖废弃物空间分配进行了有益的探讨研究。该研究在一定程度上可避免行政尺度所带来的区域农用地畜禽养殖废弃物承载力均一性问题，但承载力计算理应包含农用地地块种植作物的消耗吸收和土壤本身的吸收转换能力。因此，该研究以作物养分需求为依据进行畜禽养殖废弃物空间分配研究，其准确性和科学性有待进一步提高。

综上所述，畜禽养殖废弃物空间分配显然要从系统角度考虑养分供给和消纳两个方面。养分供给应包括土壤的供肥能力、畜禽养殖废弃物产生的养分和其他施肥方式（与农户施肥管理习惯密切相关）提供的养分；消纳能力应包括地块种植作物的消耗吸收和土壤本身的吸收转换能力。单一的单位面积畜禽养殖废弃物承载量并不能作为畜禽养殖废弃物空间分配的依据。虽然有部分学者考虑到了作物养分需求，但较少考虑土壤对畜禽养殖废弃物的消纳能力。此外，目前行政尺度畜禽养殖废弃物空间分配研究因忽视行政区内部农用地空间差异，其结果必然与实际情况产生一定的误差。虽然也有学者从地块尺度的角度研究了畜禽养殖废弃物空间分配，但大多以作物养分需求代替农用地畜禽养殖废弃物承载力，往往难以保证畜禽养殖废弃物空间分配的科学性和准确性。另外，目前尚缺乏基于农用地养分收支的畜禽养殖废弃物空间分配研究。

4.2　畜禽养殖废弃物量计算

4.2.1　畜禽饲养期及排泄系数的确定

不同的畜禽养殖种类的饲养期差异较大，本书涉及的畜禽养殖种类包括牛（役用牛、奶牛和肉牛）、猪、羊、禽和兔，其中，奶牛、肉牛、役用牛和羊，取年末存栏量；猪、禽和兔，取出栏量；畜禽养殖废弃物的日排泄量与品种、体重、生理状态、饲料组成和饲喂方式等均相关（王新谋，1997；彭里等，2004）。我国目前尚没有相应的畜禽养殖废弃物排泄系数国家标准，本书参考国内外相关文献（国家环境保护总局自然生态保护司，2002；朱建春等，2014；耿维等，2013；Yan et al，2016）确定各类畜禽排泄系数。畜禽种类的饲养周期、畜禽粪尿产排污系数及其养分含量，见表4-1。表中的畜禽单元换算系数来源于Kellogg等（2000）和孟岑等（2013）的文献，将畜禽数量换算成国际通用的标准畜禽单元来表示，1个畜禽单元等于454 kg畜禽活体重量，即1个畜禽单元等于1头役用牛、1.14头肉牛、0.74头奶牛、9.09头猪、6.98头羊和250只禽。由于文献中未列出兔的参数，因此本书假定兔子等于3 kg活体重量，并以此为依据计算了兔的单元畜禽系数为151.30。以畜禽养殖废弃物氮（磷）含量系数除以粪尿产排污系数来计算表中不同畜禽养殖废弃物的猪粪当量（氮或磷）系数。

表 4-1　畜禽粪尿产排污系数、养分含量、畜禽单元及猪粪当量换算系数

畜禽种类	畜禽单元换算系数	饲养周期/d	粪尿产排污系数/(kg/d)	氮/(g/d)	磷/(g/d)	猪粪当量(氮)换算系数	猪粪当量(磷)换算系数
猪	9.09	199	2.97	20.76	2.63	1	1
役用牛	1	365	21.90	107.77	12.48	0.70	0.64
肉牛	1.14	365	23.71	153.47	19.85	0.93	0.95
奶牛	0.74	365	46.84	214.51	38.47	0.66	0.93
羊	6.98	365	0.87	2.15	0.46	0.35	0.60
禽	250	210	0.22	1.02	0.50	0.66	2.57
兔	151.30	90	0.15	1.16	0.24	1.11	1.81

4.2.2　畜禽养殖废弃物养分计算

本书采用排泄系数法计算畜禽养殖废弃物养分，但畜禽养殖废弃物养分在收集、储存、处理、运输和施用过程中养分会产生损失，如氮的挥发、飞溅以及雨水冲刷、地表径流等。不同畜种废弃物中养分的损失率不同，其中，废弃物氮的损失率估计从蛋鸡的32%到猪的75%，磷的损失率远低于氮的损失，所有畜种废弃物磷的损失率约为15%～16%(Kellogg et al,2000;李帷等,2007)。因此，实际可以施用于农用地的畜禽养殖废弃物有效养分量计算公式为

$$W = \sum_{i=1}^{n}(N_i \times T_i \times R_i \times K_i \times L_i) \tag{4-1}$$

式中：W 为畜禽养殖废弃物纯养分总量，kg；N_i为某畜禽种类 i 的饲养量；T_i为某畜禽种类的饲养期，天；R_i为某畜禽种类的日排泄系数，%；K_i为某种畜禽养殖废弃物养分含量系数，%；L_i为某种畜禽养殖废弃物养分的损失率，%；n 为畜禽种类数目。

4.3　格网尺度畜禽养殖废弃物养分空间分配

4.3.1　格网尺度畜禽养殖废弃物养分空间分配方法

行政区尺度畜禽养殖废弃物养分空间分配是按农用地面积的畜禽养殖废弃物空间分配，因此，本书基于面积权重方法(闫庆武等,2005;闫庆武等,2011;张镱锂等,2005)进行行政区尺度畜禽养殖废弃物养分空间分配，通过在源数据区域叠加目标数据区域，根据每个源数据区域落在某一目标区域的面积比例来分配畜禽养殖废弃物养分。具体的畜禽养殖废弃物养分空间分配方法为

$$Q_{target} = \frac{\sum_{i=1}^{n}(Q_i \times S_i)}{\sum_{i=1}^{n} S_i} \tag{4-2}$$

式中：Q_{target}表示目标区域畜禽养殖废弃物养分；Q_i表示各源区域畜禽养殖废弃物养分；S_i表示各源区域的面积；n 表示目标区域涉及的源区域数。

4.3.2 格网大小确定

设 S_i 为各省、区、市的面积，定义空间化应用中最小的地理单元的面积为 S_{min}，则最小格网大小面积对应的图斑面积 $S_{min}=\min(S_i)$，为确保任一研究的地理单元不会完全落入一个格网，格网大小计算公式为(阎波杰等,2011)

$$g = \mathrm{INT}\left(\sqrt{\frac{S_{min}}{\pi}}\right) \quad (4\text{-}3)$$

式中：g 表示格网大小；S_{min}表示空间化应用中最小的地理单元的面积。

4.3.3 格网尺度畜禽养殖废弃物养分空间分配步骤

格网尺度畜禽养殖废弃物养分空间分配的具体计算步骤如下(阎波杰等,2015b)：

(1)网格大小的确定：格网越小精度越高，也越逼近实际情况，但实际上只要达到一定大小就可满足实际的需要。

(2)网格创建：利用 ArcGIS 9.3 软件中 Create Fishnet 功能创建上一步确定的边长。产生的格网是 Polyline 类型(线状)，将其转换为 Polygen 类型(面状)，并计算每个网格的面积。

(3)GIS 叠加分析：将生成的面状网格与研究区行政区域空间数据(包含畜禽养殖废弃物氮养分量、耕地面积、耕地畜禽养殖废弃物氮负荷量、行政区域面积等属性)进行叠加分析，进而拓扑重建后获得研究区行政区域空间数据网格化要素图层，并计算每个网格要素的面积。

(4)行政区尺度畜禽养殖废弃物养分空间分配：利用行政区尺度畜禽养殖废弃物养分空间分配计算每个网格要素的畜禽养殖废弃物养分空间分配量。

(5)将网格要素的畜禽养殖废弃物养分空间分配量的结果与行政区域空间数据网格化图层通过关键字段利用 ArcGIS 9.3 软件的 Join 操作，实现将格网之间畜禽养殖废弃物养分空间分配量的连接，可得到每个网格的畜禽养殖废弃物养分空间分配量。

4.3.4 格网尺度畜禽养殖废弃物养分空间分配应用实例

4.3.4.1 中国畜禽养殖废弃物氮养分产生量

按照畜禽养殖废弃物养分量计算公式，结合 2010 年中国畜禽养殖统计数据，获得 2010 年中国畜禽养殖废弃物氮养分产生量。从全国总体来看，2010 年我国畜禽养殖废弃物氮养分比较多，全国畜禽养殖废弃物氮总产生量已经达 121 亿 kg。其中猪粪氮 24 亿 kg；奶牛粪氮 5 亿 kg；肉牛粪氮 10 亿 kg；黄水牛粪氮 6 亿 kg；羊粪氮 27 亿 kg；马粪氮 1 亿 kg；驴粪氮 1 亿 kg；骡粪氮 0.25 亿 kg；兔粪氮 1 亿 kg；家禽粪氮 23 亿 kg；猪尿氮 12 亿 kg；奶牛尿氮 3 亿 kg；肉牛尿氮 7 亿 kg；黄水牛尿氮 45031 kg；马尿氮 0.85 亿 kg。从畜禽养殖废弃物氮养分产生量分析，产生畜禽养殖废弃物氮养分较多的分别为羊粪、猪粪和家禽粪，约占总数的 60.59%，源于全国范围内这三种畜禽养殖品种最普遍且数量大，而家禽和羊的废弃物中氮的含量普遍比较高。

2010 年，我国各省、区、市(不含台湾、香港和澳门)的畜禽养殖废弃物氮养分具体产生量见表 4-2。从中国各省、区、市分析，山东、河南、四川和内蒙古所占份额较大，上述四个省份总额占全国总畜禽养殖废弃物氮养分产生量的32.09%。但畜禽养殖废弃物氮养分产生量估算结果受饲养周期、日排泄量及畜禽养殖废弃物中的各种养分含量存在一定的差异，因此同样数目的畜禽养殖量可能计算的畜禽养殖废弃物氮养分不一致，尤其是日排泄量和畜禽养殖废弃物养分含量跟畜禽个体大小、饲料成分、气候、管理水平等因素密切相关（王新谋，1997；王方浩等，2006；阎波杰等，2010c）。因此，畜禽养殖废弃物养分量估算结果与实际情况可能会存在一定的偏差。

表4-2　2010年中国各省、区、市（不含台湾、香港和澳门）的主要畜禽养殖废弃物的氮负荷量

省区	畜禽养殖废弃物氮养分量/kg	百分比/%	耕地面积/（万 hm^2）	耕地畜禽养殖废弃物氮负荷量/（kg/hm^2）
北京	59785545.29	0.49	231.70	258.03
天津	52997173.69	0.44	441.10	120.15
上海	28934099.88	0.24	244.00	118.58
重庆	204186831.34	1.69	2235.90	91.32
新疆	545895495.65	4.51	10407282.11	0.05
黑龙江	431759681.50	3.56	11830.10	36.50
吉林	332508352.99	2.74	5534.60	60.08
河北	682935308.16	5.64	6317.30	108.11
内蒙古	900891481.65	7.44	204434699.30	0.004
辽宁	510849922.93	4.22	4085.30	125.05
宁夏	90533439.34	0.75	1107.10	81.78
山东	1031927215.88	8.52	7515.30	137.31
陕西	176233342.15	1.45	4050.30	43.51
山西	161783738.07	1.34	4055.80	39.89
青海	237940365.46	1.96	361600.02	0.66
甘肃	285034164.64	2.35	4658.80	61.18
河南	988348039.32	8.16	7926.40	124.69
江苏	389069106.16	3.21	4763.80	81.67
西藏	270334389.27	2.23	6605311.47	0.041
安徽	394274039.48	3.25	5730.20	68.81
湖北	420595861.34	3.47	4664.10	90.18
浙江	175937828.27	1.45	1920.90	91.59
四川	966040060.07	7.97	5947.40	162.43
江西	306375105.12	2.53	2827.10	108.37
贵州	250633458.09	2.07	4485.30	55.88
湖南	535521054.63	4.42	3789.40	141.32
福建	180375603.72	1.49	1330.10	135.61
云南	436474356.65	3.61	6072.10	71.88
广西	506117168.66	4.18	4217.50	120.00
广东	491143457.838	4.06	2830.70	173.51
海南	69340348.96	0.57	727.50	95.31
全国	12114776036.78	1	221918432.70	

注：新疆、内蒙古、西藏和青海统计耕地面积加上了牧草地的面积。

4.3.4.2　网格化的畜禽养殖废弃物氮分配

考虑到目前我国对畜禽养殖废弃物处理的主要方式是作为肥料还田(张绪美等,2007a;仇焕广等,2013),因此单位面积耕地畜禽养殖废弃物负荷量可以反映该地区耕地承担畜禽养殖废弃物的水平。假设畜禽养殖废弃物全部均匀施用于耕地,按照畜禽养殖废弃物养分量计算方式可得到2010年中国各省、区、市畜禽养殖废弃物氮负荷量。

2010年全国的平均单位耕地面积畜禽养殖废弃物氮负荷量已达到90.44 kg/hm^2,但低于欧盟的限量标准(单位面积耕地氮负荷为170 kg/hm^2)(Oenema,2004;武兰芳等,2013)。从全国各省、区、市看,有17个省份耕地单位面积畜禽养殖废弃物氮负荷量超过全国平均值。其中北京市和广东省分别达到了258.03和173.51 kg/hm^2,超过了限量标准,四川省也已接近限量标准,其耕地畜禽养殖废弃物氮负荷量达到162.43 kg/hm^2。但中国与欧盟等国家的耕作制度和种植方式存在很大的差异,且中国很多区域耕地的复种指数较高,各种农作物从耕地土壤中吸收养分量也较大,因此用欧盟的标准可能会导致与实际情况存在一定的偏差,但可在一定程度上反映畜禽养殖废弃物对耕地土壤的影响程度(耿维等,2013)。以2010年中国各省、区、市畜禽养殖废弃物氮负荷量分布图为基础,利用面积权重内插法进行中国畜禽养殖氮养分负荷网格化研究,结果见图4-1。

从图4-1可见,经网格化的畜禽养殖废弃物氮负荷量基本保持了基于各省、区、市为单元数据的空间特征,并以网格为单位形成畜禽养殖废弃物氮负荷空间梯度,不再是以省、区、市界为划分不同畜禽养殖废弃物氮负荷值的边界,使得从一个省、区、市变换到另一个省、区、市不至于都是突变,尤其是畜禽养殖废弃物氮负荷从高值省、区、市向低值省、区、市的过渡优于基于行政单元的表征结果。

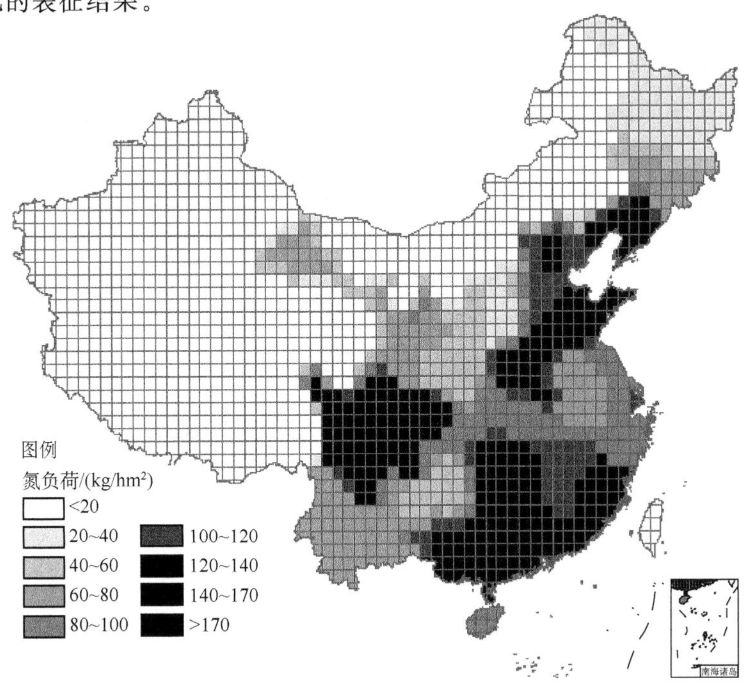

图4-1　中国各省、区、市畜禽养殖废弃物氮负荷网格化结果

从空间的角度分析，整体上，2010 年中国畜禽养殖废弃物氮负荷量空间分布其高值范围与低值范围的界线近似于中国 400 mm 等降水量线。从大区域看，西北地区氮负荷量普遍较小，华南地区氮负荷量总体偏高，华中区域的氮负荷量总体也较高，华北地区除山西和内蒙古外，氮负荷量总体也偏高。西南地区除贵州和西藏外，其氮负荷量也较高。华东地区，除上海和福建区域的氮负荷量较高外，其他区域相对较低。东北区域除辽宁外，其他省域范围也较低。从各省域空间分布范围分析，氮负荷量高的主要集中在广东省、北京市、四川省及湖南省范围，其值都超过了 140 kg/hm^2，而北京市和广东省的氮负荷量甚至都超过了 170 kg/hm^2，福建、广西、辽宁、上海、河南及山东这些省、区、市也较高，氮负荷量范围在 120～140 kg/hm^2，尤其是山东和河南，网格化后的氮负荷量在空间分布上已经过渡成一个整体区域；内蒙古、新疆、西藏及青海这四个省区范围内氮负荷量都较低，整体范围内氮负荷量未超过 20 kg/hm^2；除上述省区范围外，其余省份范围氮负荷量处于中间范围，其值都处于 20～120 kg/hm^2。

除上述空间分布特征以外，沿海地区的各省市范围的氮负荷量普遍较高，究其原因，可能与社会经济发展有关。随着经济水平的提高，沿海地区的居民消费能力进一步增强，其食物消费结构升级，对肉、蛋、奶等畜禽产品的需求快速增长，导致畜禽饲养量快速增长，相应的畜禽养殖废弃物排放量增加。

4.3.4.3 网格化精度检验

由于对中国各省、区、市的畜禽养殖废弃物氮负荷量网格化研究是基于各行政区域的畜禽养殖统计数据的，因此网格化前后的畜禽养殖统计量应该是一致的。本节将各网格的氮养分量以各省、区、市为单位进行汇总，并将汇总结果跟基于各省、区、市的统计数据进行比较，结果完全一致，说明网格化后的畜禽养殖废弃物氮养分量能准确地还原原始数据。

为了进一步验证基于网格化的中国各省、区、市的畜禽养殖废弃物氮负荷量的精度及探讨其在不同尺度上的可应用性，选择典型的畜禽养殖区域且在畜禽养殖统计口径与基于各省、区、市的基本一致的区域为例分析网格化结果在地级市域上的精度和应用性。2010 年河南省各地级市统计的畜禽品种与 2010 年中国畜禽养殖统计的畜禽品种大部分数据基本一致，两种统计源中的驴、骡、马、羊、奶牛、猪（出栏）、肉牛（出栏）的数据基本一致，而兔、役牛和家禽的统计数据有差异。相比于中国畜禽养殖统计量，河南省各地级市畜禽养殖统计量中兔的养殖量少了 1295.3 万只，家禽的养殖量少了 22997.26 万只，役牛的养殖量少了 90.47 万头（其中前者不仅包含役牛，也包括部分水牛和黄牛，但后者没细分水牛和黄牛）。但在省域尺度上，这些差异不会影响最终的结果，因此选择河南省为典型的省域进行检验。

其具体的检验步骤如下：首先基于网格化的 2010 年中国各省、区、市的畜禽养殖废弃物氮负荷量的结果，进行 2010 年河南省各地级市畜禽养殖废弃物氮养分量汇总统计，获得河南省 18 个地级市的畜禽养殖废弃物氮养分量。其次，以河南省 2010 年各地级市畜禽养殖统计数据为基础，按照本章的计算方法获得 2010 年河南省 18 个地级市畜禽养殖废弃物氮养分量。以上两种不同方式计算河南 18 个地级市畜禽养殖废弃物氮养分量时各种参考系数都一致（包括统计的畜禽养殖种类，畜禽养殖排泄系数、畜禽养殖周期等）。最后，以畜禽养殖统计数据的河南省各地级市氮养分量为横坐标，以网格化统计的河南省各地级市氮养分量为纵坐标绘制散点图（图 4-2）。从图中可以看出，网格化统计的河南省各地级市畜禽养殖废弃物氮养分量较好地反映了以地级市进行畜禽养殖统计数据的分布规律，二者呈现较明显的线性关系。通过相关分析得到其相关系数达到0.82，为显著相关。表明网格化的中国各省、区、市的畜禽养殖废弃物氮负荷量能在地级市域尺度上较好地重现原始地级市的畜禽养殖统计数据的分布规律。

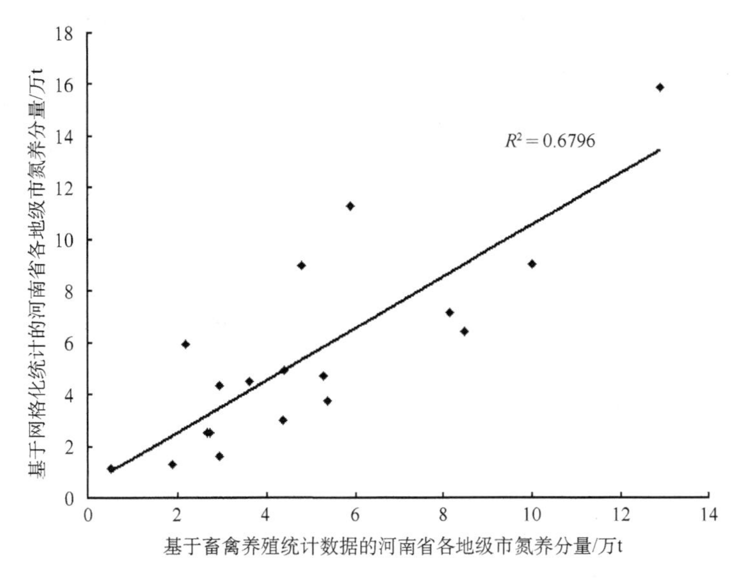

图4-2　基于网格化统计和畜禽养殖统计数据的河南省各地级市氮养分量散点图

但受限于畜禽养殖统计数据，尤其是小尺度单元的畜禽养殖统计数据，本节对畜禽养殖废弃物氮负荷量网格化研究使用的行政单元数据的空间尺度基于省域尺度，该数据尺度分辨率不够高，若提高网格单元的分辨率和行政单元数据的空间尺度，如镇、村域尺度，畜禽养殖废弃物氮负荷量网格化的结果可获得更令人满意的效果。

4.4　地块尺度畜禽养殖废弃物养分空间分配

4.4.1　畜禽养殖废弃物养分空间分配影响分析

畜禽养殖废弃物养分施用到农用地的过程中，由于其特殊性，必须考虑以下几个因素：

(1)畜禽养殖废弃物运输距离的有限性。畜禽养殖废弃物由于具有含水量高、恶臭等缺点，不易运输，大量的研究也表明畜禽养殖废弃物的运输距离是有限的，废弃物基本施用在养殖场附近，其一般的运输距离大致为5～40 km(曾悦等，2004；Dagnall et al，2000；张克强等，2004)。

(2)运输距离大小与畜禽养殖废弃物种类密切相关。湿的畜禽养殖废弃物和干的畜禽养殖废弃物运输距离不同，湿的畜禽养殖废弃物，含水量高的运输距离短，如牛粪、牛尿、猪粪猪尿等；含水量低的运输距离远，如鸡粪、鸭粪等，因此不同的畜禽品种需区别处理。本节以湿的畜禽养殖废弃物为研究对象，参考国内外相关文献中的最经济运输距离(Teira et al，2003；曾悦等，2004；Araji et al，2001；Provolo，2005)，并结合大兴区实际情况将畜禽养殖废弃物氮养分运输距离分为禽类养分(鸡粪(包括蛋鸡、肉鸡和乌鸡)、鸭粪、鹅粪、鸽子粪)

43.99 km、牛粪养分(包括肉牛、奶牛和役用牛)14 km、猪粪养分(包括种猪、母猪和生猪)8 km、羊粪养分 22 km、兔粪养分 30 km 及尿类养分(牛尿和猪尿)5 km。

(3)不同类型的农用地养分需求不同。不同的农用地类别其作物的所需养分是不同的，因此不同类型的农用地类型须区别对待(卢善玲等，1994)。事实上，农用地养分和农用地上的作物息息相关，而在现有的研究条件下小尺度上的作物类别确定比较容易实现，如，选择一定的作物品种确定某一农用地的养分需求。而要实现区域农用地作物类别的准确分类是非常困难的，现有的高光谱、高分辨率影像还难以满足准确确定区域内农用地的作物的要求。

(4)不同面积的农用地养分需求不同。不同面积的农用地能消纳的养分不一样，面积越大消纳养分总量越多，在畜禽养殖废弃物养分有效距离内，不同面积农用地养分需求及施用的养分是不同的，在其他影响因素不变的情况下，面积与获得的养分成线性相关。

(5)畜禽养殖废弃物养分施用至其周围农用地的总量是固定的。理论上，区域内的畜禽养殖废弃物养分向农用地养分的转化前后总量保持不变，且每一处畜禽养殖废弃物养分源施用至其有效距离内的农用地养分总量亦是不变的，某些农用地施用得多了，其他的农用地自然就少了。

(6)在施用到农用地的畜禽养殖废弃物养分中最受关注的是养分 N 和养分 P，因为 N 会以硝态氮形式渗漏到地下水中，P 则会随着径流而导致地表水富营养化。另一方面，畜禽养殖废弃物中的养分 P 和养分 N 含量不同，尤其是禽类废弃物中有较高的 P∶N 比例，而作物对养分 N 的需求量一般是养分 P 的 3～5 倍，因此在施用畜禽养殖废弃物时如果以养分 N 为指标就会导致 P 的累积，导致养分 P 的流失，形成很严重的环境污染问题(Israel et al，2007；Vu et al，2008；Stanford et al，1973；Sørensen et al，2012)，因此为确保畜禽养殖废弃物养分的安全施用，在施用养分时应以 P 为指标，即根据农用地中 P 的含量来确定畜禽养殖废弃物养分施用，将农用地土壤中 P 含量分成低、较低、一般、较高、高 5 个等级，不同的等级分配的养分 N 不同，P 含量等级越高，获得的养分就越少。

4.4.2 畜禽养殖废弃物养分空间分配模型

根据以上对畜禽养殖废弃物养分空间分配的影响因素，结合研究区的自然气候特点并经过比较分析，利用德尔菲法确定畜禽养殖废弃物养分空间分配中各影响因素并利用层次分析法确定其权重。

根据畜禽养殖废弃物养分空间化的原则和方法构建畜禽养殖废弃物养分空间化模型(阎波杰等，2010d)：

$$z_i = \left(\frac{\lambda_1}{d_i \sum_{i=1}^{n}(1/d_i)} + \frac{\lambda_2\, s_i}{\sum_{i=1}^{n} s_i} + \lambda_3 p_j + \lambda_4 q_k\right) \times N \tag{4-4}$$

$$Z = \sum_{i=1}^{m} z_i \tag{4-5}$$

为保证畜禽养殖废弃物养分农用地养分的转化的养分总量与畜禽养殖废弃物养分总量的一致性，还必须满足以下条件：

$$\lambda_1 + \lambda_2 + \lambda_3 + \lambda_4 = 1 \tag{4-6}$$

为防止养分空间分配过量导致环境污染，农用地最大养分负荷不能超过一定的阈值。由于国内还未有这样的标准，本节参考欧盟的标准(单位面积农用地氮负荷和磷负荷分别为

170 和 35 kg/hm^2)(Oenema,2004;耿维等,2013),具体需满足的条件如下:

$$\frac{Z}{S} \leqslant f_{\max}(X) = \begin{cases} 35 \text{ kg/hm}^2, X = P \\ 170 \text{ kg/hm}^2, X = N \end{cases} \tag{4-7}$$

式(4-4)到式(4-6)中:z_i为某农用地从某畜禽养殖废弃物养分源得到的养分;N 为某畜禽养殖废弃物养分源总养分;d_i为某畜禽养殖废弃物养分源与其有效距离内某农用地之间的距离;s_i为某农用地面积;p_j为某农用地类型对应的权重值;Z 为某农用地得到的畜禽养殖废弃物养分总量;λ_1为距离对畜禽养殖废弃物养分施用的影响权重;λ_2为农用地面积对畜禽养殖废弃物养分施用的影响权重;λ_3为农用地类型对畜禽养殖废弃物养分施用的影响权重;λ_4为某农用地中 P 含量对畜禽养殖废弃物养分施用的影响权重;n 为某畜禽养殖废弃物养分源有效距离内农用地数目;m 为某农用地获得养分的畜禽养殖废弃物养分源个数;$f_{\max}(X)$为单位面积农用地氮、磷负荷限量值。

4.4.3 地理单元的确定

由于畜禽养殖废弃物基本是返田使用,因此区域畜禽养殖废弃物养分空间分配的研究对象为区域内农用地,即以农用地地块为地理单元进行畜禽养殖废弃物养分空间分配。由于地块间的空间差异,区域内农用地地块空间位置、形状及类别要求准确确定才能保证畜禽养殖废弃物养分空间分配的准确合理性。本节利用地理信息技术、遥感技术将收集的研究区行政区划图、高分辨率遥感影像/航空影像、土地利用图等数据进行一系列的处理,勾画出农用地地块的空间位置和形状大小,并确定不同的农用地类别,如一般耕地(粮食作物、花生和瓜类)、菜地、园地、林地、设施农业用地(日光温室、大棚等)等,经过地图投影、影像校准、矢量化、属性数据的输入等一系列处理后,这些农用地地块可构成区域畜禽养殖废弃物养分空间分配的地理单元数据集。由于此次采用高分辨率遥感影像/航空影像方法成图,高分辨率遥感影像/航空影像上包含了大量地表目标丰富的形状结构和纹理信息,保证了确定的地理单元具有较高的精度,如农用地类别、边界等要素,进而保证了畜禽养殖废物养分空间分配准确的实现。

4.4.4 空间分配相关算法

(1)空间实际自然距离计算算法

$$D = \sum_{i=0}^{c}\left[\sqrt{(x_i - x_{i+1})^2 + (y_i - y_{i+1})^2}\right] \tag{4-8}$$

式中:D 为指畜禽养殖场到某农用地之间的实际自然距离;c 为畜禽养殖场到某农用地之间可近似被分成的直线段数目;(x_i, y_i)和,(x_{i+1}, y_{i+1})为每条直线段的前后两个端点。该计算方法主要解决某规模养殖场到某农用地之间各条道路的实际自然距离。

(2)Dijkstra 最短路径算法(郭仁忠,2001;张锦明等,2009;王华,2011;刘俊玮等,2014;樊守伟等,2014)

Dijkstra 算法的基本思路是:假设网络 $W(V,U)$每个结点 v_i都有一对标号 d_i,p_i,其中 d_i是从起点 v_a到点 v_i的最短路径的长度(结点到其本身的长度为 0,结点间不连通的长度为 $+\infty$);p_i则是从起点 v_a到点 v_i的最短路径中点 v_i的前一结点。则求解从起点 v_s到点 v_i的最短路径算法的基本过程如下:

①初始化:起点 a 设置为:$d_a=0$,$p_a=\text{null}$;所有其他点设置为 i:$d_i=+\infty$,$p_i=\text{null}$;标记起点$k=a$,其他所有点设为未标记。

②距离计算:计算从所有已标记的点 k 到与其直接连接的所有其他未标记的点 i 的距离 d_{ki} 并令

$$d_i = \min[d_i, d_k + d_{ki}] \tag{4-9}$$

③选取下一点:从上述结点集中,选取 d_i 最小所对应的点为最短路径中的下一结点 j,并作标记。

④找到 j 的前一点:从已标记的点中找到直接连接到点 j 的点 x,作为前一点,设置为:$j=x$。

⑤标记点 j:如果所有的点均已标记,则最短路径寻找结束;否则,记 $k=j$,转第②步继续。

Dijkstra 算法基于畜禽养殖废弃物的最大经济运输距离的范围内,结合上述空间实际自然距离计算结果,确定某畜禽养殖场到某可施用畜禽养殖废弃物的农用地之间的最短距离。

(3)缓冲区分析算法(崔爽等,2011)

$$H = \{x \mid d(x,a) \leqslant r\} \tag{4-10}$$

式中:H 为缓冲区分析的范围;r 为缓冲区半径(这里的取值是畜禽养殖废弃物最经济运输距离,该值与畜禽养殖废弃物种类密切相关);d 为某规模化畜禽养殖场与其最经济运输距离范围内某农用地之间的距离。缓冲区算法主要是确定规模养殖场基于最经济运输距离所能将畜禽养殖废弃物所能运输到达的耕地的范围,并提取范围内所有的农用地。

4.4.5 畜禽养殖废弃物养分空间分配流程实现

畜禽养殖废弃物养分源是以点数据结构存放,确定畜禽养殖废弃物养分有效距离,需要针对畜禽养殖废弃物养分源,以养分源为中心,以畜禽养殖废弃物养分的运输距离为半径进行缓冲分析。由于不同的畜禽养殖废弃物种类运输距离不同,进行缓冲分析的半径亦不同。根据畜禽养殖废弃物养分施用的实际情况,当畜禽养殖废弃物养分源缓冲区边缘与某块农用地地块覆盖或者相交时,必须将整个农用地地块纳入该畜禽养殖废弃物养分源施用的影响范围内。此外,畜禽养殖废弃物养分源施用必须以农用地地块为单位进行空间分析和统计,因此畜禽养殖废弃物养分源施用的影响范围应为畜禽养殖废弃物养分源有效影响范围内由农用地地块组成的不规则形状,不同的畜禽养殖废弃物养分运输距离不同,形成的不规则形状大小也不同。基于上述分析,畜禽废物养分空间化必须实现不规则多边形的缓冲分析,从而达到不同畜禽养殖废弃物养分在不同影响范围的空间分析结果。

本书利用 GIS 强大的空间分析能力并结合编写的程序实现以畜禽养殖废弃物养分源为中心的不规则多边形多重缓冲分析,并在此基础上结合畜禽养殖废弃物养分空间分配模型将畜禽废物养分施用到其影响范围内的农用地地块中,如以猪尿养分和猪粪养分为例,其运输距离分别为 5 和 8 km,则分别以 5 和 8 km 为半径,以该畜禽养殖废弃物养分源为中心作不规则多边形双重缓冲分析,同理可得该畜禽养殖废弃物养分源上其他畜禽养殖废弃物种类的不规则多边形缓冲分析,以此类推,可以实现所有畜禽废物养分源的养分施用,最后汇总累加各农用地地块得到的养分,从而实现将畜禽养殖废弃物养分向农用地养分的转换,其具体的实现流程如图 4-3 和图 4-4 所示。

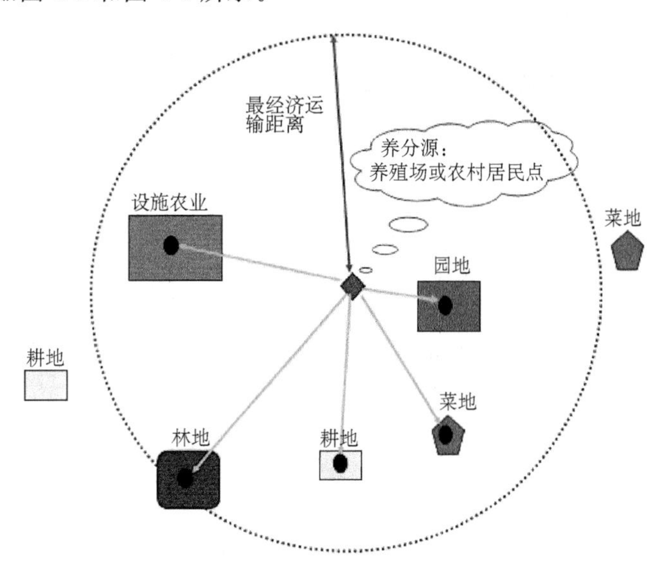

图 4-3 畜禽养殖统计数据空间分配示意图

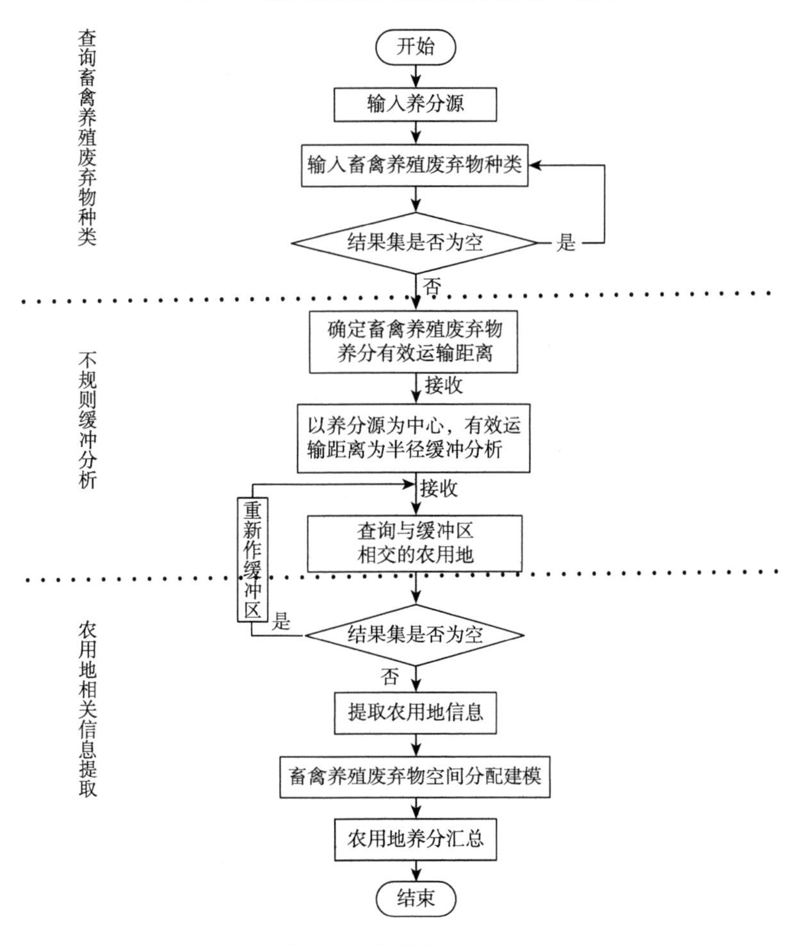

图 4-4 畜禽养殖废弃物养分空间分配实现流程图

4.4.6 畜禽养殖废弃物养分空间分配应用实例

4.4.6.1 县域畜禽养殖废弃物养分空间分配应用实例

(1)研究区概况

大兴区处在北京市南郊平原区，位于东经116°13′～116°43′，北纬39°26′～39°51′，属温带半干旱大陆性季风气候，年均温12℃，年平均降水量566.7 mm，多集中在6—8月。该区位于永定河下游东岸，全境为平原，地势自西向东南缓倾，大部分地区海拔在14～52 m之间。县境内有永定河、凉水河、凤河等14条河流，自西北向东南流经全境。全区土地总面积1039 km²，农用地面积102.42万亩，其中：耕地面积57.86万亩，园地21.85万亩（含果园21.1万亩），林地10.92万亩，其他农用地11.79万亩。

(2)基础数据及预处理

收集大兴区行政区划图、水系图、高分辨率遥感影像、土地利用图、养殖状况数据（规模养殖和散养）等；收集不同畜禽养殖废弃物排放的数据、各畜禽养殖废弃物中养分N含量系数数据、规模养殖场的精确空间位置（GPS数据）等；对以上各种数据进行分析、分类汇总、匹配等。为实现畜畜禽养殖废弃物养分空间分配，主要进行以下数据预处理：①统计规模养殖场和散养的各品种畜禽的养殖规模；②按各畜禽的废弃物排放量系数计算各畜禽养殖废弃物排放量；③各种畜禽养殖废弃物排放量按各畜禽养殖废弃物养分资源N系数含量计算规模养殖场和散养产生的年畜禽养殖废弃物养分资源N量，实现各种畜禽数据的标准化；④计算各行政村中各居民地面积以及各行政村的面积；⑤大兴区所有农用地的矢量化及各农用地地块面积计算。

(3)畜禽养殖废弃物养分资源计算

畜禽养殖废弃物有效养分产生量计算公式（阎波杰等，2010c）：

$$W = \sum_{i=1}^{n}(N_i \times T_i \times R_i \times Q_i \times L_i) \tag{4-11}$$

式中：W为畜禽养殖废弃物纯养分总量，kg；N_i为某畜禽种类的饲养量；T_i为某畜禽种类的饲养期，天；R_i为某畜禽种类的日排泄系数，%；Q_i为某种畜禽养殖废弃物养分含量系数，%；L_i为某种畜禽养殖废弃物养分的损失率，%，粪便氮的损失率估计从蛋鸡的32%到猪的75%（李帷等，2007）；n为畜禽种类数目。

畜禽养殖主要包含散养和集约化规模养殖两部分，两者的饲养期和单头日产粪量都有较大差异，因此必须分别进行计算。在估算各种畜禽平均饲养期时，存栏头数的饲养期按全年计算；出栏头数的饲养期参考国内外资料和调查情况，确定不同种类的存栏畜禽饲养期（张绪美等，2007b；彭里等，2006；耿维等，2013）：

畜禽养殖废弃物的日排泄量和养分含量与品种、体重、生理状态、饲料组成和饲喂方式等均相关（国家环境保护总局，2003；刘忠等，2010；李帷等，2010）。我国目前尚没有相应的畜禽养殖废弃物排泄系数和养分含量系数国家标准，本章参考国内外相关文献（国家环境保护总局，2003；王方浩等，2006；李帷等，2010；朱建春等，2014），并调查大兴区的各类畜禽养殖场和散养农户，确定各类畜禽日产粪尿量。

(4)畜禽养殖废弃物养分资源空间离散化

由于畜禽散养的范围基本限制在居民区,因此借助居民地面积与整个行政村面积的比值可得到该居民地在该行政村的散养比重。结合各行政村的面积、各居民地的面积以及各行政村畜禽养殖废弃物养分 N 量,根据面积权重法获得各居民地的畜禽养殖废弃物养分 N 量。以大兴区礼贤镇小马坊村为例,如图 4-5 所示,A、B、C 和 D 为小马坊村的各居民地,面积 S_A、S_B、S_C和 S_D分别为 266495.83、13186.23、11821.05 和 9021.43 m^2;H 为小马坊村,其散养的畜禽养殖废弃物养分 N 量 Y 为 20077.95 kg/a;E 和 G 是小马坊村内的两个规模养殖场。根据面积权重法可得计算公式:

$$Y_i = \frac{YS_i}{\sum_{i=1}^{n} S_i} \tag{4-12}$$

式中:Y 指小马坊村的总畜禽养殖废弃物养分 N(不包括规模养殖场);Y_i指某一块居民地的畜禽养殖废弃物养分 N 量;S_i指小马坊村某一块居民地的面积;i 指村内居民地的个数。

根据面积权重法经计算获得小马坊村各居民地的畜禽养殖废弃物养分 N 量 Y_A、Y_B、Y_C 和 Y_D分别为 17804.5、880.97、789.76 和 602.72 kg/a。

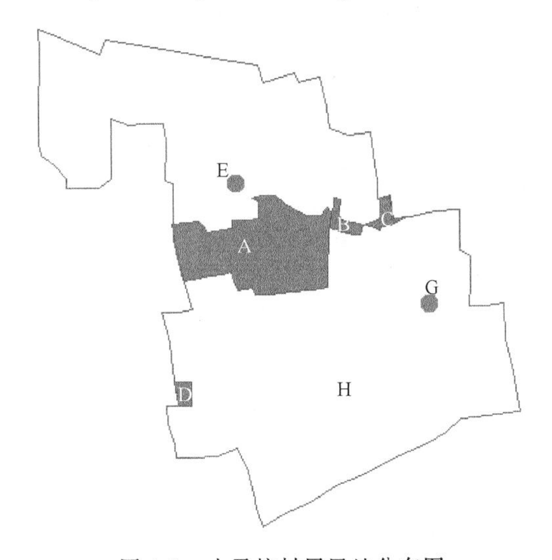

图 4-5 小马坊村居民地分布图

该区域是一个不规则多边形,中心点可借助有关 GIS 软件进行计算,例如 ArcGIS 等软件都提供有专门获得中心点的模块。利用 ArcGIS 软件获取该行政村内五个居民点的质心,此时小马坊村内就有多个质心。小马坊村内还包括两个规模养殖场,构成了更多的质心,同理获得其他各个行政村中各居民地的几何中心点,建立点图层,得到离散的不规则分布的散养畜禽养殖废弃物养分资源 N 数据。大兴区共有 533 个行政村,1370 块居民地,因此共获得 1370 个离散化的散养畜禽养殖废弃物养分资源 N 数据点,1370 个离散点分布在 533 个行政村内。规模养殖场则本身就是以离散化的点形式存在,大兴区共有 271 个规模养殖场,根据前面预处理获得的各规模养殖场畜禽养殖废弃物含 N 量,因此共得到 271 个规模养殖的离散点。规模养殖场数据和散养借助空间分析进行合并后共得到 1641 个离散点,这些规模养殖场离散点和畜禽散养离散点构成畜禽养殖废弃物养分空间分配所需的所有离散点

(图 4-6)。其中离散点的畜禽养殖废弃物养分资源 N 总量为 4595819.788 kg,最小值 0.01958 kg,最大值 112785 kg,平均值 2800.621 kg。

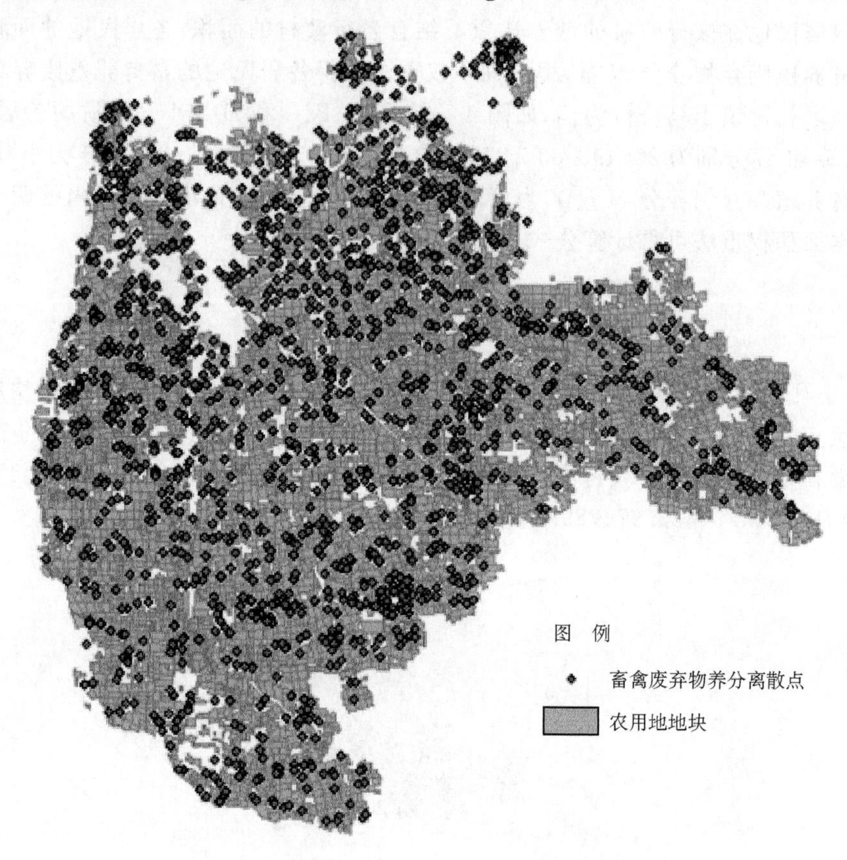

图 4-6 畜禽养殖废弃物养分资源空间离散化分布

大兴区 2005 年实际耕地实际面积为 57.5 万亩,结合欧盟规定土壤的粪肥年施氮(N)量的限量标准为 170 kg/hm^2,计算得到 2005 年大兴区实际可承受的畜禽养殖废弃物最大氮养分量为 6528000 kg,远大于此次进行畜禽养殖废弃物养分资源分配的量,因此此次进行畜禽养殖废弃物氮养分资源分配不会引起严重的环境污染问题。

基于上述研究,将畜禽养殖废弃物养分资源分配后,畜禽养殖废弃物氮养分资源全部施用至大兴区 8481 个农用地,其中农用地中畜禽养殖废弃物氮养分资源含量平均值为 541.896 kg,最大值 2511.705 kg,最小值 66.698 kg,总量 4595819.788 kg。农用地获得的畜禽养殖废弃物养分资源总量与空间插值之前的畜禽养殖废弃物养分资源总量保持一致,而其他的空间插值方法,如反距离插值、样条插值、克里格插值法等仅考虑某一些因素或某一方面因素,且空间插值后的总量与空间插值前相比存在很大的误差,以反距离插值为例,对本章中的畜禽养殖废弃物养分资源进行空间插值后,畜禽养殖废弃物养分资源含量平均值 16648.941 kg,最大值 319936 kg,最小值 96.524 kg,总量达到 1.41 亿 kg,是原畜禽养殖废弃物养分资源的 30.72 倍,且其总量随着网格精度的改变而改变。造成这种现象的原因是反距离插值方法仅以距离作为影响畜禽养殖废弃物养分资源空间插值的唯一依据,且未考虑畜禽养殖废弃物养分资源总量的空间插值前后的一致性。本节的研究方法能使畜禽养殖废弃物养分资源总量的空间插值前后保持不变，并根据农用地的不同类型、不同面积及与畜禽养殖废弃物养分源的距离远近决定畜禽养殖废弃物的养分施用，比较符合实际情况。

大兴区的农用地畜禽养殖废弃物养分资源表现为南北中线向东西两边逐渐递减的趋势，获得畜禽养殖废弃物养分资源比较多的农用地主要位于旧宫、亦庄、瀛海、魏善庄、礼贤和庞各庄这六个乡镇区域。由于这些乡镇区域规模养殖场较多，因此畜禽养殖废弃物养分源较多，而畜禽的运输距离有限，距离越近，养分施用越多，故其周围的农用地施用的畜禽养殖废弃物养分资源就多。此外该区域设施农业用地比重较大，设施农业用地养分需求量相比于其他农用地类型，养分需求最多，使得其获得畜禽养殖废弃物养分资源也较大，其具体的空间分布结果如图 4-7 所示。

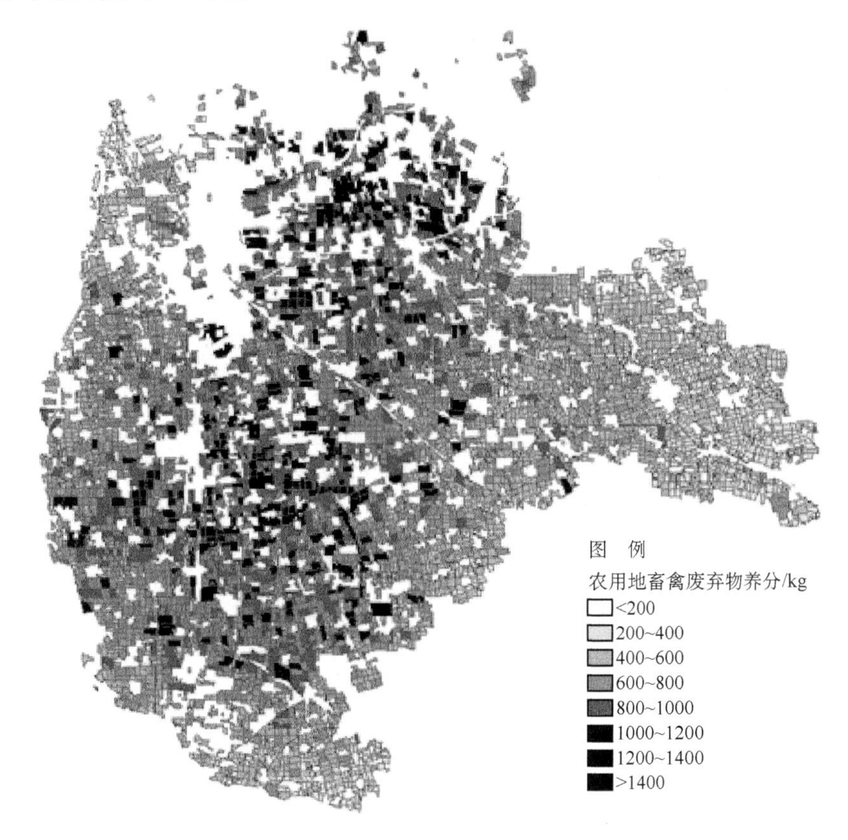

图 4-7　畜禽养殖废弃物养分资源分配结果

本节利用空间分析和地统计分析技术并结合建立的畜禽养殖废弃物养分资源分配模型探讨了畜禽养殖废弃物养分资源分配问题，即进行了从区域畜禽养殖废弃物养分资源到区域农用地畜禽养殖废弃物养分资源的转换，并将研究方法在大兴区进行了应用，结果表明该方法比较符合畜禽养殖废弃物养分资源施用的实际情况，较好地将区域畜禽养殖废弃物养分资源施用到区域农用地上。畜禽养殖废弃物养分空间分配为实现畜禽养殖废弃物无污染应用研究及养殖业的管理决策提供科学依据。

4.4.6.2 镇域畜禽养殖废弃物养分空间分配应用实例

本节选择闽侯县上街镇为试验区域。该区域地处福州市城郊区域，交通方便，紧靠消费市场，各类不同规模的养殖场较多。区域内采用 Q5GIS 采集器及实地调查获得 58 个不同类型和规模的规模养殖场，其中以猪和鸭为主要畜禽养殖品种。参考相关文献利用排泄系数法及畜禽养殖废弃物养分含量系数估算规模养殖场的畜禽养殖养分（全国农业技术推广服务中心，1999；彭里等，2004；杨飞等，2013），以这些规模畜禽养殖场为畜禽养殖废弃物养分源并根据规模化畜禽养殖统计数据空间化算法，进行规模养殖场畜禽养殖废弃物养分的空间化。本节共采集了 1096 块农用地地块，地块类型结合上街镇畜禽养殖场废弃物作为有机肥的施肥习惯，主要采集耕地、菜地、园地和农业设施用地四种类型。

其中 58 个规模养殖场畜禽养殖废弃物氮养分的计算主要经过以下几个步骤：①通过 Q5GIS 采集器获取实际规模畜禽养殖场的空间面积；②由于大部分规模化养殖地按照一定的畜禽养殖行业标准进行设计，因此，利用规模化养殖的空间面积，结合面积比例法，可获得规模畜禽养殖场的畜禽养殖统计数据（阎波杰等，2009）；③基于上述畜禽养殖统计数据，利用排泄系数法可获得 58 个规模养殖场畜禽养殖氮养分量。由于不是所有规模化养殖地都按照一定的畜禽养殖行业标准进行设计，因此估算的规模养殖场畜禽养殖氮养分量与实际的统计数据或多或少存在一定的偏差，但该偏差基本不影响算法验证。

本书假设前提是规模养殖场废弃物全部直接用于还田，根据规模化畜禽养殖统计数据空间化算法将 58 个不同类型和规模的规模养殖场畜禽养殖废弃物进行空间化分配，具体的计算结果见图 4-8 与图 4-9。农用地中畜禽养殖废弃物氮养分含量平均值为 22.727 kg，最大值 90.187 kg，最小值 3.665 kg，农用地氮最大养分负荷为 169.994 kg/hm^2。其中农用地

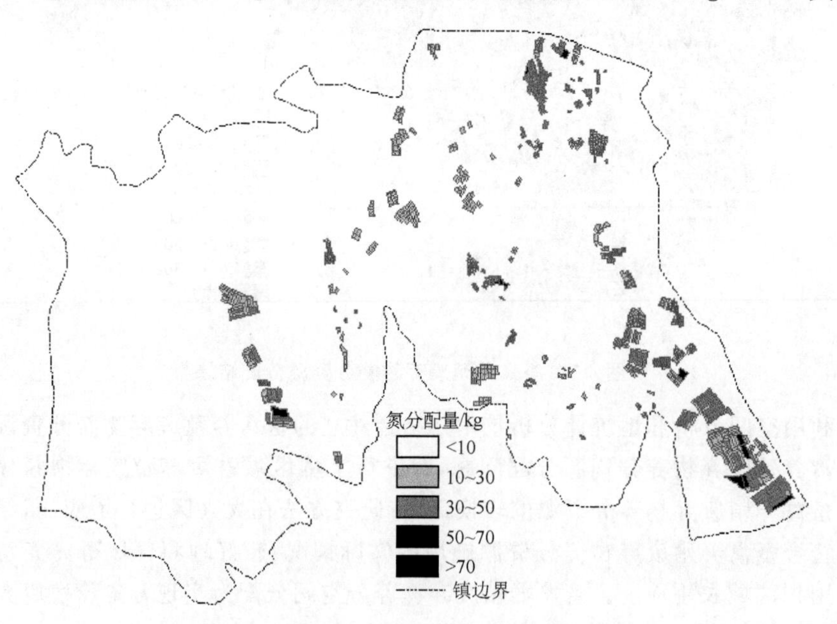

图 4-8　畜禽养殖场废弃物氮空间化分配结果图

中畜禽养殖废弃物磷养分含量平均值为15.861 kg，最大值119.755 kg，最小值0.753 kg，农用地磷最大养分负荷为34.973 kg/hm²。无论是畜禽养殖废弃物氮养分，还是磷养分都未超过算法设定的阈值。因此，通过该算法可确认规模养殖场畜禽养殖废弃物养分可无污染地施用于其最大经济运输距离范围内的农用地，且任一块农用地接收到的畜禽养殖废弃物未超过其最大畜禽养殖废弃物养分负荷，且可刻画区域内农用地之间的接收畜禽养殖废弃物养分存在的空间差异性。

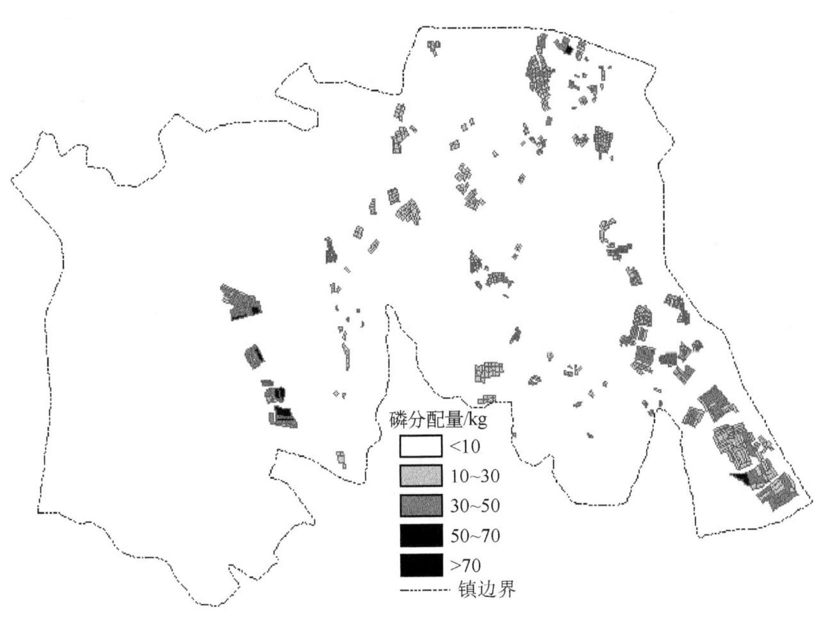

图4-9　畜禽养殖场废弃物磷空间化分配结果图

第5章　农用地畜禽养殖废弃物环境污染风险评价

5.1　单一指标的农用地畜禽养殖废弃物环境污染风险评价

5.1.1　评价方法

农用地畜禽养殖废弃物负荷是指单位种植面积畜禽养殖废弃物的承载量，由于畜禽养殖废弃物基本上是还田使用，因此以区域内农用地为畜禽养殖废弃物的负载面积计算。计算的主要方法包括：畜禽养殖密度、农用地畜禽养殖废弃物氮（磷）负荷、畜禽养殖废弃物猪粪当量负荷和农用地畜禽养殖废弃物猪粪当量负荷警报值。

（1）畜禽养殖密度计算

畜禽养殖密度是单位耕地面积的畜禽单元数量，常被国内外研究用作指示农业氮、磷流失风险的指标之一（李帷等，2007；Saam et al，2005）。由于不同畜种排泄量和粪尿养分含量差异很大，为了便于统一计算，参考有关文献，将畜禽数量换算成国际通用的标准畜禽单元（AU）（Kellogg et al，2000；李帷等，2007；孟岑等，2013），其具体的计算公式为

$$M = W_{num}/S \tag{5-1}$$

式中：M 为畜禽养殖密度，AU・hm^{-2}・a^{-1}；W_{num} 为畜禽单元数量，AU；S 为耕地面积，hm^2。

（2）农用地畜禽养殖废弃物养分负荷量计算

目前，作为有机肥料还田施用是畜禽养殖废弃物处理的主要途径，因此，农用地畜禽养殖废弃物养分负荷量计算以农用地面积作为实际的负载面积，其计算公式（阎波杰等，2010c；宋大平等，2012；Smith et al，2000，2000b；阎波杰等，2010d）为

$$F_{单位耕地} = Num \times D \times f \times Nutri/S \tag{5-2}$$

式中：$F_{单位耕地}$ 为单位农用地畜禽粪尿养分负荷量，kg/(hm^2・a)；Num 为畜禽饲养量；D 为饲养期，d；f 为日排泄系数，kg/d；$Nutri$ 为畜禽粪尿养分含量系数，g/kg；S 为农用地面积，hm^2。

（3）畜禽养殖废弃物猪粪当量负荷计算

农用地畜禽养殖废弃物猪粪当量负荷是指单位农用地面积猪粪当量的承载量。由于畜禽养殖废弃物基本上是还田使用，因此以区域内有效农用地为畜禽养殖废弃物的负载面积计算。其计算公式为（刘忠等，2010；耿维等，2013）

$$P = T/S \tag{5-3}$$

式中：P 为农用地畜禽养殖废弃物猪粪当量负荷，t/hm^2；S 为有效农用地面积，hm^2。

（4）耕地畜禽养殖废弃物猪粪当量负荷警报值计算

由于不同畜禽品种之间的粪便肥效差异较大，因此，常将不同畜禽品种统一换算成猪粪

当量后，以耕地畜禽养殖废弃物猪粪当量负荷及将耕地畜禽养殖废弃物猪粪当量负荷与农田有机肥理论最大适宜施肥量的比值作为警报值来表征畜禽养殖潜在环境污染风险（张玉珍等，2003）。具体的计算公式为

$$Z = Y_{num}/S \tag{5-4}$$

$$R = Z/Z_{max} \tag{5-5}$$

式中：Z 为畜禽养殖废弃物猪粪当量负荷，$kg/(hm^2 \cdot a)$；Y_{num} 为各类畜禽粪尿相当猪粪总量，kg；S 为耕地面积，hm^2；R 为耕地畜禽养殖废弃物猪粪当量负荷警报值，kg；Z_{max} 为以猪粪当量计的有机肥最大适宜施用量，$kg/(hm^2 \cdot a)$，根据国家环境保护总局自然生态保护司推荐值确定（国家环境保护总局自然生态保护司，2002）。

5.1.2　评价方法的案例应用——耕地畜禽养殖废弃物氮养分负荷量

5.1.2.1　数据收集与处理

本节中安徽省各县（市）的畜禽养殖统计数量、耕地数据主要来源于2004—2013年的安徽省统计年鉴。由于年鉴中未对各类畜禽养殖种类加以细分，所以本节也未对各畜禽养殖不同种类的养殖量进行划分，将牛、猪、羊和家禽的出栏量看作1年中相对稳定的饲养量。参考相关文献（张克强等，2004）确定猪的饲养期为199天，牛的饲养期为300天，羊的饲养期为180天，家禽的饲养期为210天（国家环境保护总局，2003）。由于国内还未制定标准的畜禽粪尿污染物排放系数，因此主要参考国内外相关文献的研究结果（全国农业技术推广服务中心，1999；彭里等，2004；马林等，2006）（表5-1），其中家禽主要统计鸡、鸭和鹅的排泄量，并取其平均值。以安徽省行政区划图为底图，采用ArcGIS 9.3软件，通过屏幕数字化完成地图数字化录入、编辑、拼接、投影变换等，绘制基于各区县的安徽省行政区划分布图，并基于安徽省统计年鉴，将对应的畜禽养殖统计数量、耕地数据等属性数据与安徽省行政区划分布图中的各区县实现关联，以备后续进一步处理。

表5-1　畜禽养殖废弃物日排泄系数及其中氮含量

畜禽品种	畜禽养殖废弃物种类	饲养期/d	日排泄系数/(kg/d)	畜禽养殖废弃物养分含量系数/(g/kg)
猪	猪粪	199	3.58	5.47
牛	牛粪	300	23.80	3.50
羊	羊粪	180	2.60	10.14
家禽	家禽粪	210	0.13	7.61
猪	猪尿	199	5.80	1.70
牛	牛尿	300	10.00	5.01

5.1.2.2　耕地畜禽养殖废弃物养分负荷量计算

目前，作为有机肥料还田是畜禽养殖废弃物处理的主要出路（张绪美等，2007b；曾悦等，2005a）。因此，耕地畜禽养殖废弃物养分负荷量计算以耕地面积作为实际的负载面积，其计算公式如下（王晓燕等，2005；阎波杰等，2010c）：

$$Load = Num \times Date \times Coe \times Nutri_{Coe} \times Loss/Area \tag{5-6}$$

式中：$Load$ 为耕地畜禽养殖废弃物养分负荷量，kg/(hm² · a)；$Area$ 为耕地面积，hm²；Num 为饲养量；$Date$ 为饲养期，d；Coe 为日排泄系数，kg/d；$Nutri_{Coe}$ 为畜禽养殖废弃物养分含量系数，g/kg；$Loss$ 为禽粪养殖废弃物中各种方式的氮损失率（阎波杰等，2009；李帷等，2007），%，畜禽养殖废弃物日排泄系数及其中氮含量见表 5-1。

5.1.2.3 空间自相关分析方法

(1)Global Moran's I 指数

Global Moran's I 指数反映空间邻接或空间邻近的区域单元属性值的相似程度，其计算公式（张松林等，2007）为

$$I = \frac{n\sum_{i=1}^{n}\sum_{j=1}^{n}C_{ij}(X_i - \overline{X})(X_j - \overline{X})}{\sum_{i=1}^{n}(X_i - \overline{X})^2\sum_{i=1}^{n}\sum_{j=1}^{n}C_{ij}} \tag{5-7}$$

式中：C_{ij} 为空间权矩阵；X_i 是在空间单元 i 的属性值；X_j 是在空间单元 j 的属性值；$\overline{X}$ 为平均属性值。采用标准化统计量 $Z(I)$ 检验空间自相关的显著性水平（靳诚等，2009；杨宇等，2012）：

$$Z(I) = \frac{I - E(I)}{\sqrt{\mathrm{Var}(I)}} \tag{5-8}$$

式中：$\mathrm{Var}(I)$ 为变异数；$E(I)$ 为 Moran's I 的理论期望值（陈培阳等，2012）：

$$E(I) = \frac{1}{(1-n)} \tag{5-9}$$

在给定显著性水平时，若 Moran's I 指数大于 0 时，表示正相关，即属性值高的区域与属性值高的区域聚集在一起，属性值低的区域与属性值低的区域聚集在一起；反之，Moran's I 指数小于 0 时，表示负相关。当 I 接近于 $1/(1-n)$ 时，观测值之间相互独立，即属性的分布呈无规律的随机分布状态（赵安周等，2011）。

(2)Getis-Ord Gi* 指数

由于 Moran's I 指数不能判断空间数据是高值聚集还是低值聚集，因此还需要引入 Getis-Ord Gi* 指数。Getis-Ord Gi* 指数可识别不同的空间位置上的高值簇与低值簇，即热点区与冷点区的空间分布（马晓冬等，2008；车前进等，2011），其计算公式（关伟等，2011；吴涛，2012；石培基等，2012）为

$$G_i^* = \frac{\sum_{j=1}^{n}W_{ij}(d)X_j}{\sum_{j=1}^{n}X_j} \tag{5-10}$$

为了比较和分析的方便，一般需要对 G_i^* 进行标准化处理：

$$Z(G_i^*) = \frac{G_i^* - E(G_i^*)}{\sqrt{\mathrm{Var}(G_i^*)}} \tag{5-11}$$

式中：$E(G_i^*)$ 为 G_i^* 的数学期望；$Z(G_i^*)$ 为 G_i^* 的标准化值；$\mathrm{Var}(G_i^*)$ 为变异系数；$W_{ij}(d)$ 为空间权重。若 $Z(G_i^*)$ 为显著正相关，属高值空间集聚（热点区域）；反之，若 $Z(G_i^*)$ 为显著负相

关，属低值空间集聚（冷点区域）。

5.1.2.4 安徽省耕地畜禽养殖废弃物氮负荷估算

目前，安徽省畜禽养殖废弃物处理的基本出路一般是沼气发酵或堆沤后还田，因此，将畜禽养殖废弃物量除以当地实际耕地面积，得到每单位耕地面积上畜禽养殖废弃物养分负荷量这一量化指标，可以间接衡量当地畜禽养殖导致的污染状况（马林等，2006；张绪美等，2007b）。研究表明，综合考虑土壤质地、肥力和气候等因素的影响，欧盟的农业政策规定，单位面积农地总施氮量的限量标准为 170 kg/hm^2，超过这个限量标准将极易会对农田和水环境造成污染（Oenema，2004；侯彦林等，2009；柳建国，2009；Jordan et al，2007）。由于欧洲与中国的耕作制度和种植方式差异较大，用欧洲的标准可能会导致与实际情况存在一定的差异，但在一定程度上还是可反映畜禽养殖废弃物对耕地土壤的影响程度（耿维等，2013）。根据公式（5-6）可计算出 2004—2012 年安徽省各县市耕地畜禽养殖废弃物平均氮负荷量变化（图 5-1）及 2004—2012 年安徽省各县市耕地畜禽养殖废弃物氮负荷量空间分布特征（图 5-2）。

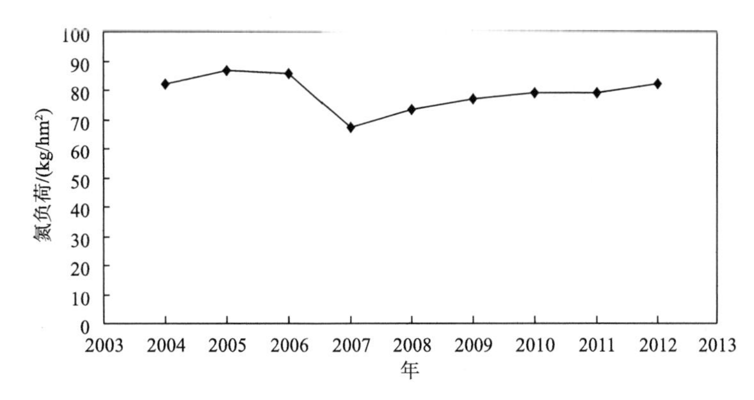

图 5-1 2004—2012 年安徽省县域耕地畜禽养殖废弃物平均氮负荷变化

由图 5-1 可见，2004—2012 年安徽省耕地畜禽养殖废弃物平均氮负荷量变化不均匀，从 2004 年的 82.24 kg/hm^2 到 2005 年的 86.87 kg/hm^2，有了一定的增长量；到 2006 年，氮负荷量开始减少，到 2007 年达到所有年份的最小值（67.28 kg/hm^2）；然后从 2008 年开始又逐步增加，到 2012 年重新达到高值（81.99 kg/hm^2）。但无论是哪个年份，安徽省耕地畜禽养殖废弃物平均氮负荷量都未超过 170 kg/hm^2。

由图 5-2 可知，2004—2012 年安徽省各县市畜禽养殖废弃物氮负荷分布也不均匀，在空间上和时间上都存在不同程度的差异。2004 年，安徽省绝大部分市县都未超过粪肥年施氮量的限量标准，但宣州市的宁国市和安庆市太湖县分别达到了 184.78 和 182.99 kg/hm^2，而淮北市市辖区也达到了 166.56 kg/hm^2，接近临界点。到 2005 年，淮北市市辖区首次超过了限量标准，达到 191.83 kg/hm^2，增幅 15.17%。宣州市的宁国市和安庆市太湖县依旧超过限量标准，分别达到了 201.12 和 199.62 kg/hm^2，增幅分别达到 8.84%和 9.09%。此外，芜湖市市辖区首次超过限量标准，达到 173.20 kg/hm^2。亳州市的利辛县和黄山市歙县分别达到 169.92 和 165.67 kg/hm^2，逼近限量标准。

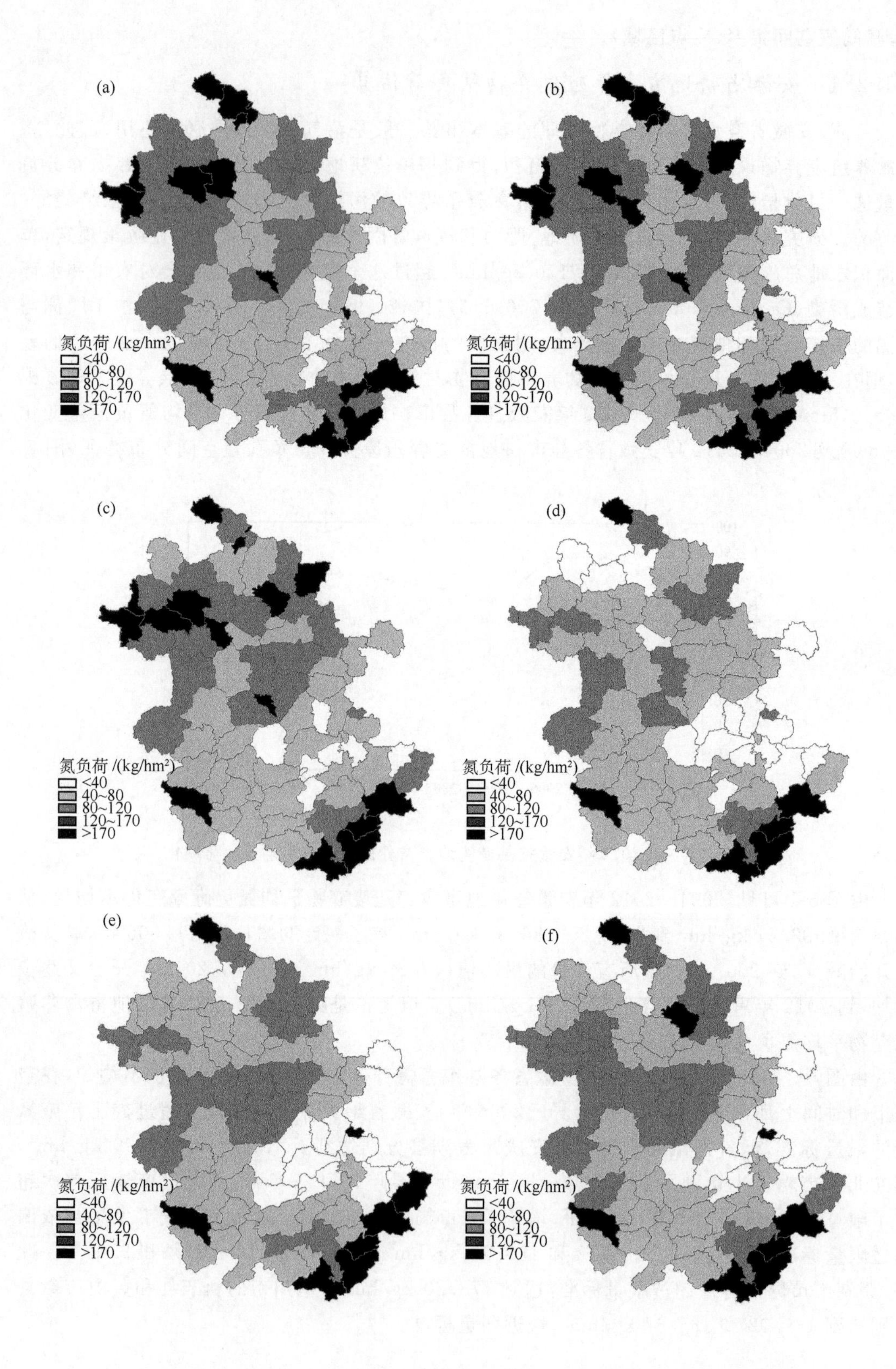
(a)
氮负荷 /(kg/hm²)
<40
40~80
80~120
120~170
>170
(b)
氮负荷 /(kg/hm²)
<40
40~80
80~120
120~170
>170
(c)
氮负荷 /(kg/hm²)
<40
40~80
80~120
120~170
>170
(d)
氮负荷 /(kg/hm²)
<40
40~80
80~120
120~170
>170
(e)
氮负荷 /(kg/hm²)
<40
40~80
80~120
120~170
>170
(f)
氮负荷 /(kg/hm²)
<40
40~80
80~120
120~170
>170

续图

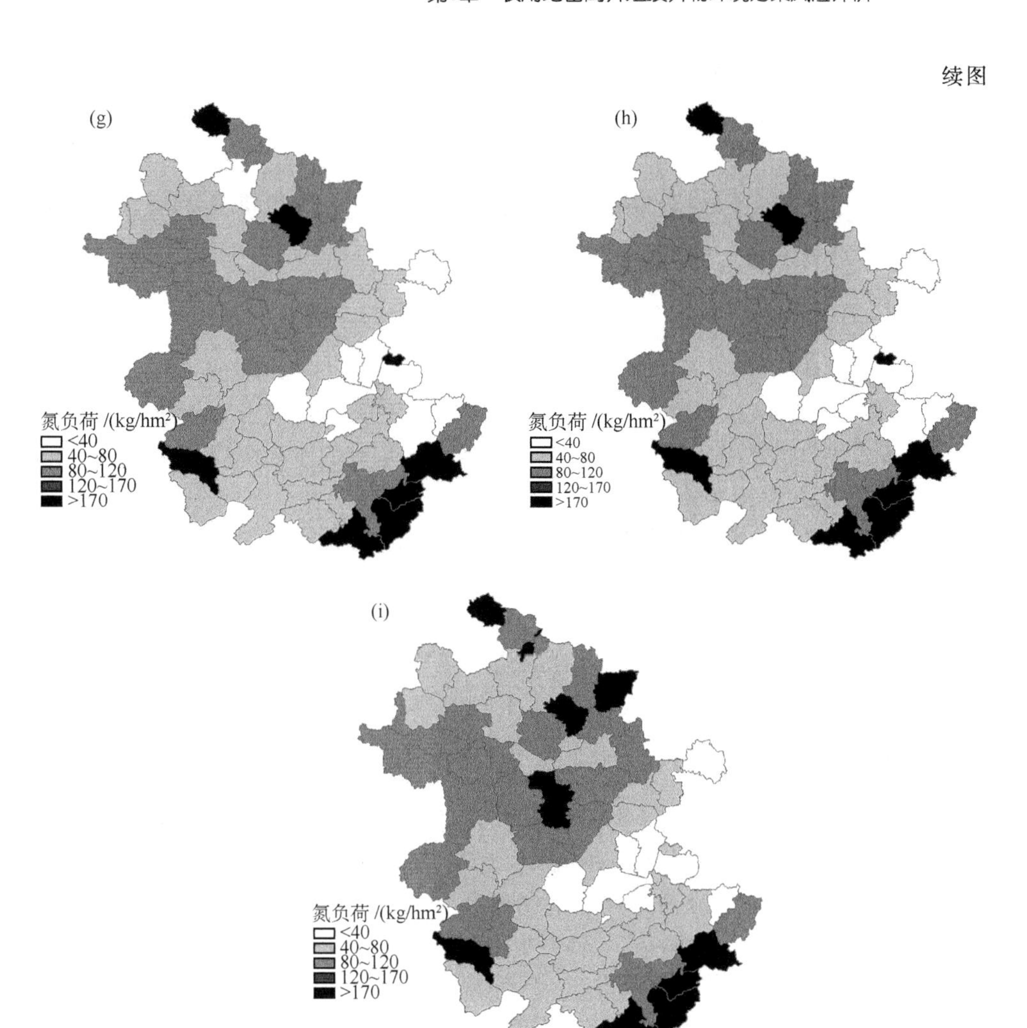

图 5-2 2004—2012 年安徽省各县市耕地畜禽养殖废弃物氮负荷量空间分布特征

(a)2004 年;(b)2005 年;(c)2006 年;(d)2007 年;(e)2008 年;(f)2009 年;(g)2010 年;(h)2011 年;(i)2012 年

2006 年的空间分布格局基本与 2005 年一致,芜湖市市辖区畜禽养殖废弃物氮负荷降低到 61.07 kg/hm²,减幅达 64.74%。究其原因,主要在于耕地面积的大幅度增加,虽然 2006 年畜禽养殖废弃物氮相较于 2005 年增加了 137388.68 kg,增幅达 36.15%,但 2006 年芜湖市市辖区新增了耕地面积 6278 hm²,增幅达 286.14%,耕地面积的增幅远远大于畜禽养殖废弃物氮养分的增幅。该年度淮北市市辖区达到 247.99 kg/hm²,增幅 15.17%,大量的畜禽养殖量和有限的耕地资源是导致氮负荷如此之高的最主要原因。宣州市的宁国市为 217.85 kg/hm²,相较于 2005 年,增幅不大;安庆市太湖县为 191.56 kg/hm²,反而有所减少。亳州市的利辛县和黄山市歙县分别减少到 154.82 和 161.98 kg/hm²。

相比于前三年,2007 年超过限量标准的只有安庆市太湖县的 184.78 kg/hm²,黄山市歙县的 169.60 kg/hm²和宣州市的宁国市的 164.68 kg/hm²,临近限量标准。尤其是宣州市的宁国市,减幅达到了 24.41%。减幅最大的是淮北市市辖区,减幅为 66.56%,氮养分负荷减为 82.92 kg/hm²,主要原因是该区 2007 年新增耕地面积 10285 hm²,增幅达

71.59%，而畜禽养殖废弃物氮养分减少了1518792.99 kg，减幅为42.63%，致使氮负荷大幅度减少。另外，畜禽养殖废弃物氮养分的减少与全国范围内的各市区设立禁、限养区也息息相关。

2008年，安庆市太湖县继续超限量标准为203.16 kg/hm²，增幅9.95%。超过限量标准的市县数量又开始增加，宿州市砀山县达到174.18 kg/hm²。宣州市的宁国市和黄山市歙县分别达到177.74和179.73 kg/hm²，尤其是宣州市的宁国市，经2007年大幅减少后又超过了限量标准。2009年，总体格局变化不大，宣州市的宁国市为167.21 kg/hm²，低于限量标准。黄山市歙县、宿州市砀山县和安庆市太湖县依旧超过限量标准，而安庆市太湖县达到新高为228.26 kg/hm²。2010—2012年间格局基本保持一致，黄山市歙县、宿州市砀山县和安庆市太湖县依旧超过限量标准，相比于2009年，宣州市的宁国市为181.83 kg/hm²，又重新超过限量标准，并保持增长，2012年达到192.95 kg/hm²。

从各县市畜禽养殖废弃物氮负荷角度分析，安庆市太湖县从2004—2012年始终超过限量标准，最小值为2004年的182.99 kg/hm²，最大值为2009年的228.26 kg/hm²，平均值为205.46 kg/hm²。宣州市的宁国市除了2007年和2009年，其余年份也都是超过限量标准的，最大值为2006年的217.86 kg/hm²，最小值为2007年的164.68 kg/hm²，平均值为185.96 kg/hm²。此外，黄山市歙县和宿州市砀山县自2008年到2012年一直超过限量标准。

5.1.2.5 安徽省耕地畜禽养殖废弃物氮负荷时空格局演化

由表5-2可知，Global Moran's I指数的值范围为0.24～0.37，且都通过1%的显著性检验，表明2004—2012年安徽省耕地畜禽养殖废弃物氮负荷具有显著的空间正相关性和潜在的空间依赖性，即表现为耕地畜禽养殖废弃物氮负荷高的县市相互邻接，耕地畜禽养殖废弃物氮负荷低的县市相互邻接的趋势。从时间上看，2004—2012年聚集效应一直比较明显，最低的Global Moran's I指数指出现在2005年(Global Moran's I=0.24)，2012年集聚态势达到最高点(Global Moran's I=0.37)，说明安徽省耕地畜禽养殖废弃物氮负荷一直处在相对集聚的发展阶段。

表5-2 2004—2012年安徽省耕地畜禽养殖废弃物氮负荷Global Moran's I估计值

年份	2004	2005	2006	2007	2008	2009	2010	2011	2012
Global Moran's I	0.27	0.24	0.34	0.31	0.31	0.29	0.28	0.32	0.37
$Z(I)$	3.33	2.99	4.14	3.85	3.80	3.60	3.50	3.94	4.48
Sig	0.01	0.01	0.01	0.01	0.01	0.01	0.01	0.01	0.01

Global Moran's I指数在一定程度上掩盖了局部异质性，因此，为更深入地掌握安徽省各县市的内部空间演化，计算2004—2012年安徽省各县市耕地畜禽养殖废弃物氮负荷局域空间关联Getis-Ord Gi* 指数，并利用ArcGIS 10.0软件，通过Natural Breaks(Jenks)法，对2004—2012年每个年份的Getis-Ord Gi* 指数从高到低分成五类，获得安徽省县市耕地畜禽养殖废弃物氮负荷的热点演化图(图5-3)。

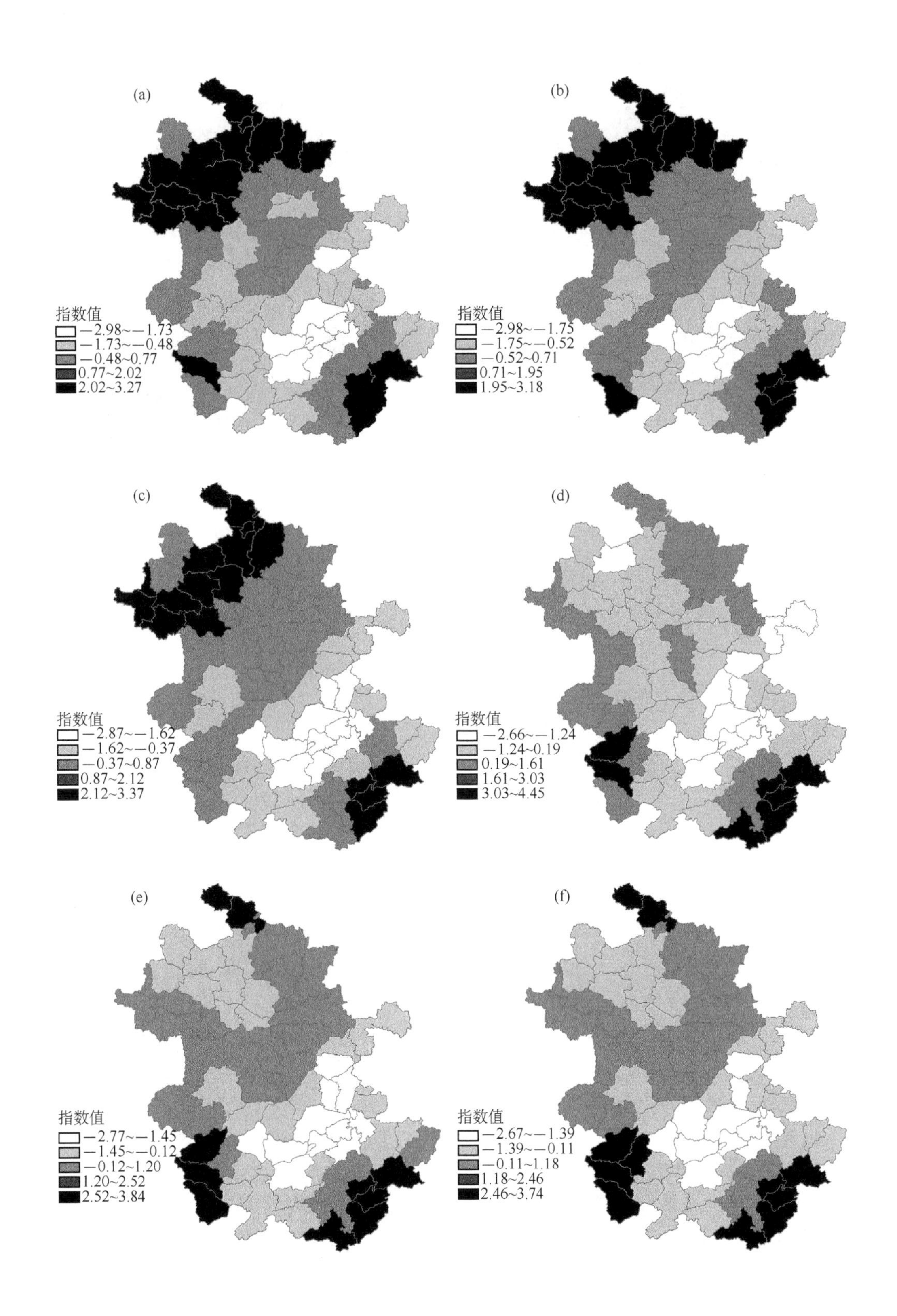
(a)
指数值
−2.98~−1.73
−1.73~−0.48
−0.48~0.77
0.77~2.02
2.02~3.27
(b)
指数值
−2.98~−1.75
−1.75~−0.52
−0.52~0.71
0.71~1.95
1.95~3.18
(c)
指数值
−2.87~−1.62
−1.62~−0.37
−0.37~0.87
0.87~2.12
2.12~3.37
(d)
指数值
−2.66~−1.24
−1.24~0.19
0.19~1.61
1.61~3.03
3.03~4.45
(e)
指数值
−2.77~−1.45
−1.45~−0.12
−0.12~1.20
1.20~2.52
2.52~3.84
(f)
指数值
−2.67~−1.39
−1.39~−0.11
−0.11~1.18
1.18~2.46
2.46~3.74

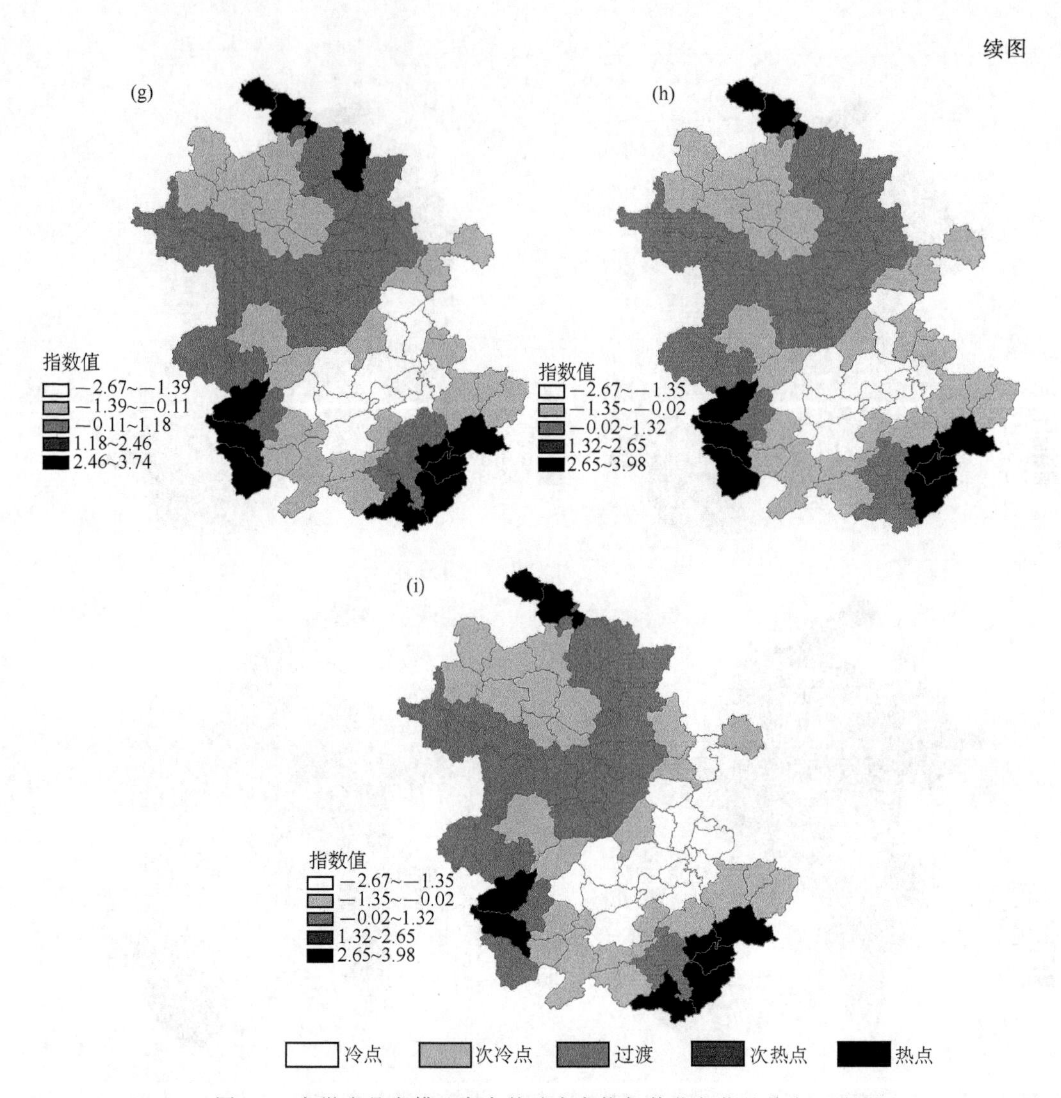

图 5-3 安徽省县市耕地畜禽养殖废弃物氮养分负荷的热点区演化

(a)2004 年;(b)2005 年;(c)2006 年;(d)2007 年;(e)2008 年;(f)2009 年;(g)2010 年;(h)2011 年;(i)2012 年

从冷热点区域演化图分析,2004 年安徽省耕地畜禽养殖废弃物氮负荷的热点和次热点区域主要集中在安徽省的北部,热点区域集中在宿州市的萧县和亳州市的利辛县以及安徽省的东南部,次热点区域集中在宣州市的绩溪县和黄山市的歙县。2005 年热点和次热点区域基本与 2004 年的结果一致,除了在安徽省中部区域部分冷点区域及次冷点区域有少许变化,说明安徽省 2004 年和 2005 年畜禽养殖整体上变化不大。2006 年,整体上冷热点格局变化不大,出现了新的热点区域宣州市的宁国市,但亳州市的利辛县从热点区域演变为次热点区域,宣州市的绩溪县和宿州市的萧县仍为热点区域。

2007 年,冷热点格局变化较大,安徽省北部大范围的热点及次热点区域消失,演变为冷、次冷及过渡区域。热点区域只集中于安徽省东南部,包括宣州市的绩溪县、黄山市的歙县和宣州市的旌德县。其中宣州市的旌德县为新增的热点区域。而作为 2006 年新增加的热点区域宣州市的宁国市,演变为次热点区域。2008 年,整体格局与 2007 年相似,热点区域保持不变,但在安徽省最北部出现了次热区域(宿州市的萧县和砀山县),西南部增加了次热区域(安庆市宿松县)。2009 年和 2010 年,几乎保持了 2008 年的格局,只是在 2008 年安徽省北部的次热区域(宿州市的砀山县)演变成了热点区域。2011 年,回归到 2008 年的格局,宿州市的砀山县从次热区域重新演变为热点区域。2012 年,整体格局与 2011 年保持一致,但宿州市的萧县从次热区域演变为热点区域,安庆市宿松县不再属于次热点区域。

纵观 2004—2012 年,宣州市的绩溪县始终属于热点区域,黄山市的歙县除了 2006 年,其余年份也一直属于热点区域。宿州市的萧县有 4 次属于热点区域,尤其是在 2007 年演变为过渡区域后,在 2012 年重新演变为热点区域,应引起相关管理部门的重视。宣州市的旌德县 2007—2012 年一直保持为热点区域。宿州市的砀山县和亳州市的利辛县 2 次属于热点区域。但利辛县自 2006 年后到 2012 年一直保持为冷点区域。宣州市的宁国市在 2006 年演变过热点区域,其他年份都属于次热点区域。整体上看,安徽省耕地畜禽养殖废弃物氮负荷热点区域主要在安徽省的北部和安徽省的东南部,尤其是宣州市和黄山市,所下辖的县市多次出现热点区域。

结合安徽省各县市耕地畜禽养殖废弃物平均氮负荷量变化及安徽省各县市耕地畜禽养殖废弃物氮负荷量空间分布特征结果,相关部门应采取相关的措施进行管理调控,尤其是对高负荷聚集区应采用区域联合治理的措施,分散的高负荷区采取相对独立治理措施,或将高负荷区的畜禽养殖废弃物进行养分含量降低处理后再施用到耕地,将畜禽养殖废弃物加工成有机肥运往其他需肥区域等手段,以保证畜禽养殖业的可持续发展。如安徽东南部宣州市的绩溪县和黄山市的歙县,应该重点控制畜禽养殖量,并以农业循环经济理论为基础,严格按照耕地养分消纳平衡原则,在区域种植业配置基础上准确估算区域畜禽养殖容量,并科学划定禁养区、限养区和适养区,以保护山区及风景旅游区生态环境。另外,积极引进大中型沼气工程技术,不仅可以方便农民的生活,还可以改善生态环境,从而确保农业生产和农民生活的循环发展,实现畜禽养殖可持续发展。

5.2 双指标的农用地畜禽养殖废弃物环境污染风险评价

5.2.1 双指标的农用地畜禽养殖废弃物环境污染风险评价方法

5.2.1.1 指标确定及规范化处理

在畜禽养殖环境风险中,畜禽养殖废弃物中的氮和磷元素是最受关注的,因为氮会以硝态氮形式渗漏到地下水中,磷则会随着径流而导致地表水富营养化(国家环境保护总局,2003;宋大平等,2012),而耕地畜禽养殖废弃物氮、磷负荷也被国内外广大学者普遍用来表征畜禽养殖环境风险(阎波杰等,2009;Tamminga,2003;Bassanino et al,2007;Hatano et al,2002),因此,本节选择耕地畜禽养殖废弃物氮、磷负荷为指标来开展畜禽养殖环境风险综合评价。参考欧盟的粪肥限量标准(氮 170 kg/hm^2,磷35 kg/hm^2)、国内广泛采用的土地承载氮施用量(225 kg/hm^2)及相关文献所普遍采用的磷施用量(40 kg/hm^2)作为耕地畜禽养殖废弃物氮、磷负荷的警戒值(张绪美,2007c;阎波杰等,2009)。但耕地畜禽养殖废弃物氮、磷负荷这两个指标的类型、量级等不同,需要对其进行数据的规范化处理。采用极值标准化方法对2004—2013年安徽省耕地畜禽养殖废弃物氮(磷)负荷数据进行无量纲化处理。耕地畜禽养殖废弃物氮、磷负荷越大,其环境风险越大,因此,这两个指标属于逆向指标,具体的计算公式:

$$C_m^i = \frac{X_{\max} - X_m^i}{X_{\max} - X_{\min}} \tag{5-12}$$

式中:C_m^i 表示第 i 个区域的耕地畜禽养殖废弃物氮(磷)负荷量化指数;$X_{\max}$表示区域中耕地畜禽养殖废弃物氮(磷)负荷最大值,kg/hm²;$X_{\min}$表示区域中耕地畜禽养殖废弃物氮(磷)负荷最小值,kg/hm²;X_m^i 表示第 i 个区域的耕地畜禽养殖废弃物氮(磷)负荷,kg/hm²;m 表示指标个数,由于只采用了耕地畜禽养殖废弃物氮、磷负荷,因此这里取值为2。

5.2.1.2 指标权重确定

为了减少评价过程中主观因素的影响,更准确地体现不同指标的差异,本节采用变异系数法来确定指标权重。变异系数法是一种客观赋权的方法,能直接利用各项指标所包含的信息,并根据各指标间的变异程度计算得到指标权重。该法能较好地反映指标数值上的差异档次,有效克服主观赋权法存在的受人为因素影响大的弊端(Oenema,2004)。具体的计算过程如下(环境保护部,2010;潘瑜春等,2015):

(1)变异系数计算

$$V_j = \frac{\sqrt{\dfrac{\sum_{i}^{n}(C_m^i - \overline{C_m})^2}{n}}}{\overline{C_m}} \tag{5-13}$$

式中:V_j表示第 j 个指标的变异系数;C_m^i 表示第 i 个区域的耕地畜禽养殖废弃物氮(磷)负荷量化指数;$\overline{C_m}$为 n 个区域的耕地畜禽养殖废弃物氮(磷)负荷量化指数均值;n 表示区域个数。

(2)指标权重确定

$$W_j = \frac{V_j}{\sum_{j=1}^{m} V_j} \tag{5-14}$$

式中:W_j表示第 j 个指标的权重;V_j表示第 j 个指标的变异系数;m 表示指标数量。

5.2.1.3 农用地畜禽养殖废弃物环境污染风险评价模型

本节利用加权线性法进行双指标综合农用地畜禽养殖废弃物环境污染风险评价,具体的评价模型为

$$Q_i = \sum_{j=1}^{m}(C_m^i \times W_j) \tag{5-15}$$

式中:Q_i表示研究区第 i 个行政区域的农用地畜禽养殖废弃物环境污染风险评价;W_j表示第 j 个指标的权重;m 表示指标数量。

5.2.2　双指标的农用地畜禽养殖废弃物环境污染风险评价应用实例

5.2.2.1　安徽省畜禽养殖废弃物氮(磷)负荷时空特征

利用排泄系数法计算 2004—2013 年安徽省县域耕地畜禽养殖废弃物氮(磷)负荷，结合 GIS 空间分析方法，获得 2004—2013 年安徽省县域耕地畜禽养殖废弃物氮(磷)负荷时空特征，并参照上述畜禽养殖废弃物氮(磷)负荷警戒值作为分级依据进行耕地畜禽养殖废弃物氮(磷)负荷划分，结果见图 5-4 和图 5-5。由图 5-4 和图 5-5 可知，2004—2013 年，安徽省各县市畜禽养殖废弃物氮、磷负荷在空间上和时间上都存在不同程度的差异，但安徽省大部分县市区的耕地畜禽养殖废弃物氮负荷未超过警戒值，且氮负荷较高的县市区分布基本保持一致，主要集中在合肥市的市辖区和肥西县，安庆市的太湖县，宣州市的宁国市和广德县，宿州市的砀山县等县市区。超过耕地畜禽养殖废弃物磷负荷警戒值的县市区比较多，主要集中分布于安徽省的东南部和中部区域。

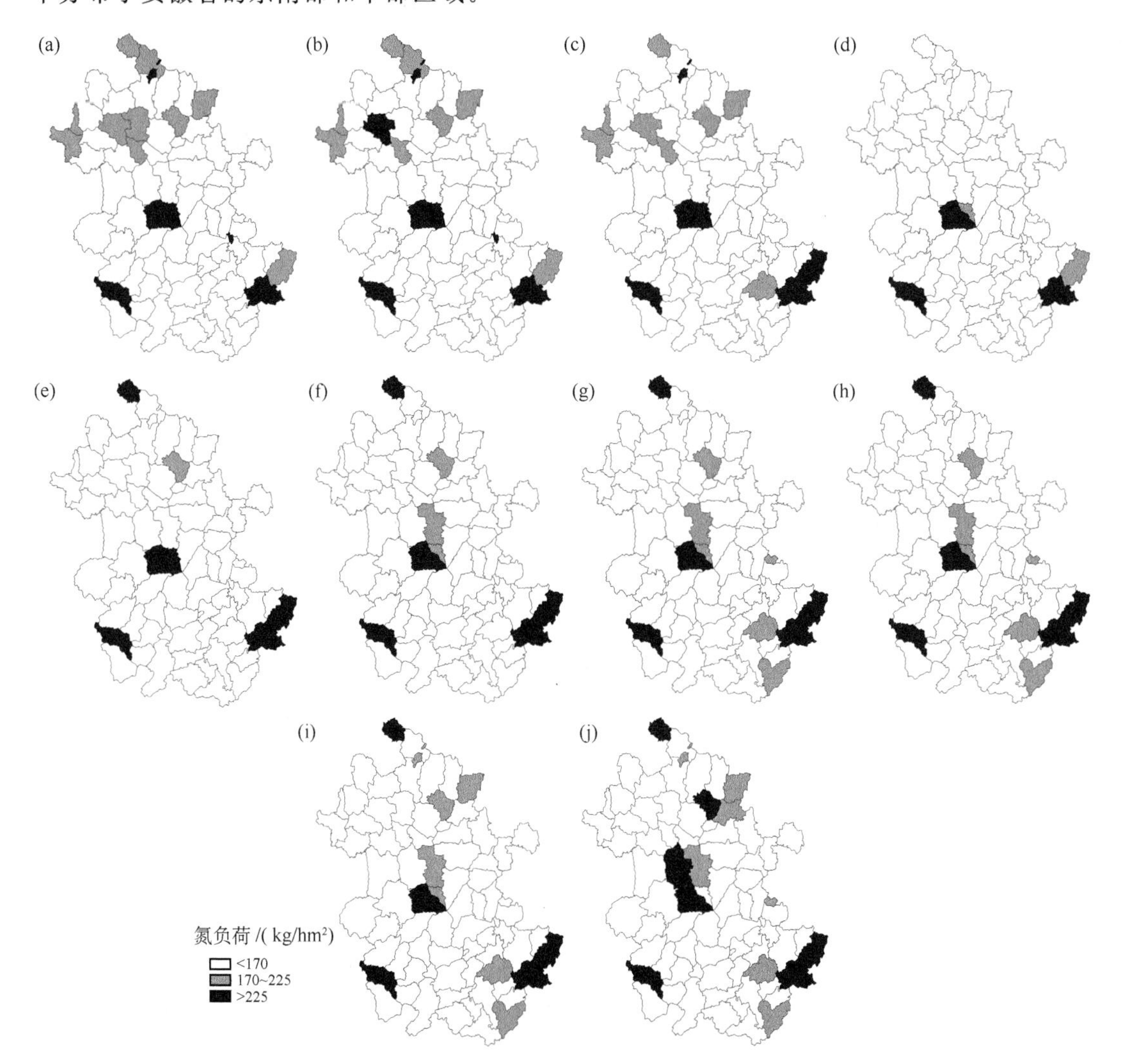

图 5-4　2004—2013 年安徽省县域耕地畜禽养殖废弃物氮负荷时空分布结果

(a)2004 年；(b)2005 年；(c)2006 年；(d)2007 年；(e)2008 年；(f)2009 年；(g)2010 年；(h)2011 年；(i)2012 年；(j)2013 年

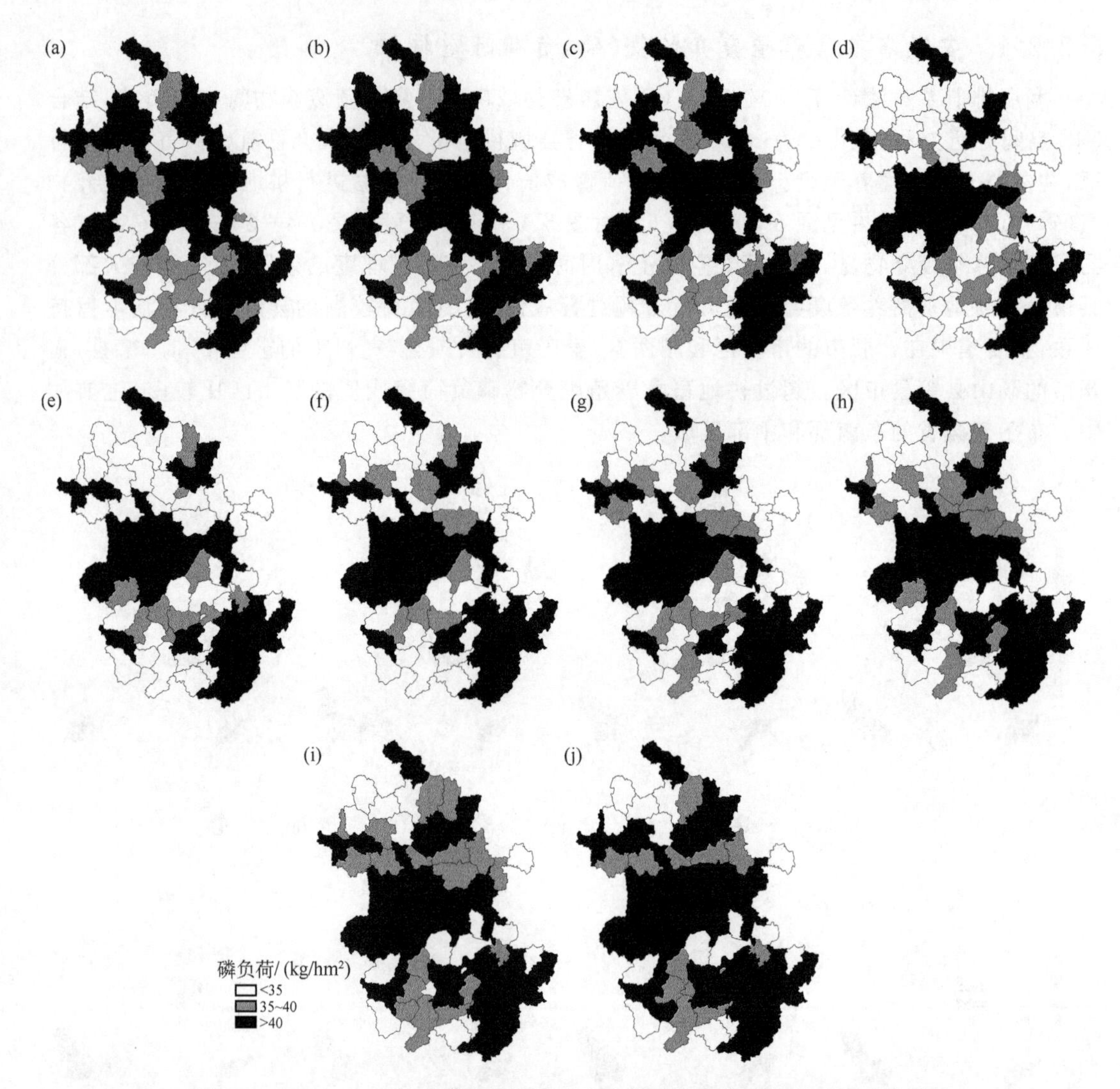

图 5-5 2004—2013 年安徽省县域耕地畜禽养殖废弃物磷负荷时空分布结果

(a)2004 年;(b)2005 年;(c)2006 年;(d)2007 年;(e)2008 年;(f)2009 年;(g)2010 年;(h)2011 年;(i)2012 年;(j)2013 年

统计结果(表 5-3)表明耕地畜禽养殖废弃物氮负荷为 2007 年最低,2005 年最大,其次为 2013 年,所有年份的氮负荷值都未超过警戒值下限值(170 kg/hm²)。耕地畜禽养殖废弃物磷负荷为 2007 年最低,2013 年最大,其次为 2005 年,但所有年份的磷负荷值都超过了警戒上限值(40 kg/hm²)。从超耕地畜禽养殖废弃物氮负荷警戒上限值(225 kg/hm²)的县市区个数分析,最多的为 2005 年的 8 个,最少的为 2007 年的 3 个。而从氮负荷警戒下限值(170 kg/hm²)分析县市区个数,最多的为 2004 年的 17 个,最少的为 2007 年的 5 个。同理,超耕地畜禽养殖废弃物磷负荷警戒上限值(40 kg/hm²)的县市区个数分析,最多的为 2013 年的 51 个,最少的为 2007 年的 30 个。从磷负荷警戒下限值(35 kg/hm²)分析县市区个数,最多的为 2013 年的 64 个,最少的为 2007 年的 40 个。综上可见,安徽省各县市区的耕地畜禽养殖废弃物氮、磷负荷结果相互之间区别很大，耕地畜禽养殖废弃物磷负荷比耕地畜禽养殖废弃物氮负荷对于畜禽养殖环境风险评价要严格得多，因此，若以单一的氮负荷或磷负荷进行畜禽养殖环境风险评价不可避免地带来结果的片面性，综合耕地畜禽养殖废弃物氮、磷负荷结果将可以在一定程度上解决这种单一指标所带来的局限性。

表 5-3　2004—2013 安徽省县域耕地畜禽养殖废弃物氮、磷负荷均值　　单位：kg/hm²

平均值	2004	2005	2006	2007	2008	2009	2010	2011	2012	2013
氮负荷	125.954	134.960	133.368	101.913	112.291	116.693	120.293	120.605	126.011	133.593
磷负荷	50.174	54.003	53.431	42.093	47.243	49.204	50.799	50.828	53.348	56.437

5.2.2.2　畜禽养殖环境风险综合评价

利用式(5-12)～式(5-14)进行指标规范化处理、变异系数及权重的计算，获得了 2004—2013 年安徽省县域耕地畜禽养殖废弃物氮、磷负荷的权重(表 5-4)。在此基础上，利用式(5-15)进行 2004—2013 年安徽省畜禽养殖环境风险综合评价，并根据耕地畜禽养殖废弃物氮、磷负荷分级标准计算的畜禽养殖环境风险综合评价分级标准将结果划分为无环境风险、低环境风险及高环境风险，结果见图 5-6。从图 5-6 可见，2004—2013 年安徽省县域畜禽养殖环境风险综合评价结果在时空上存在不同程度的差异，但大部分区域都属于无环境风险区域。从具体的空间分布看，高环境风险区域主要集中在合肥市的市辖区、肥西县和长丰县，安庆市的太湖县，宣州市的宁国市，广德县和泾县，亳州市的利辛县，蚌埠市的固镇县，淮北市市辖区，宿州市的萧县和砀山县等县市区。低环境风险区域主要集中在宿州市的泗县和灵璧县，滁州市的全椒县，黄山市的歙县，六安市的舒城县，阜阳市的界首市等县市区，且不同年份的高、低环境风险区域有交叉。

表 5-4　2004—2013 年安徽省县域耕地畜禽养殖废弃物氮、磷负荷权重

指标	2004	2005	2006	2007	2008	2009	2010	2011	2012	2013
氮负荷权重	0.5237	0.5250	0.5322	0.5210	0.5195	0.5230	0.5211	0.5218	0.5217	0.5264
磷负荷权重	0.4763	0.4750	0.4678	0.4790	0.4805	0.4770	0.4789	0.4782	0.4783	0.4736

从具体的统计结果看，有环境风险的县市区数量最多的是 2005 年的 28 个，其次为 2006 年和 2013 年的 26 个，最少的是 2007 年的 11 个。而从具体的县市区来看，合肥市的市辖区和肥西县，安庆市的太湖县及宣州市的宁国市和广德县是 2004—2013 年期间一直属于高环境风险的区域；其次是宿州市的砀山县和蚌埠市的固镇县，砀山县除 2004 年和 2007 年，固镇县除 2004、2007 和 2008 年，属于低环境风险区域外，其他年份都属于高环境风险区域。对于上述区域，相关管理部门应采取一定的措施以防畜禽养殖对环境造成实质污染，保证畜禽养殖业的可持续健康发展。

综合上述结果来看，畜禽养殖环境风险综合评价结果基本包含畜禽养殖废弃物氮、磷负荷的共同点，既可避免畜禽养殖废弃物氮负荷指标对畜禽养殖风险评价过于宽松，又可避免畜禽养殖废弃物氮负荷指标对畜禽养殖风险评价过于严格的结果。

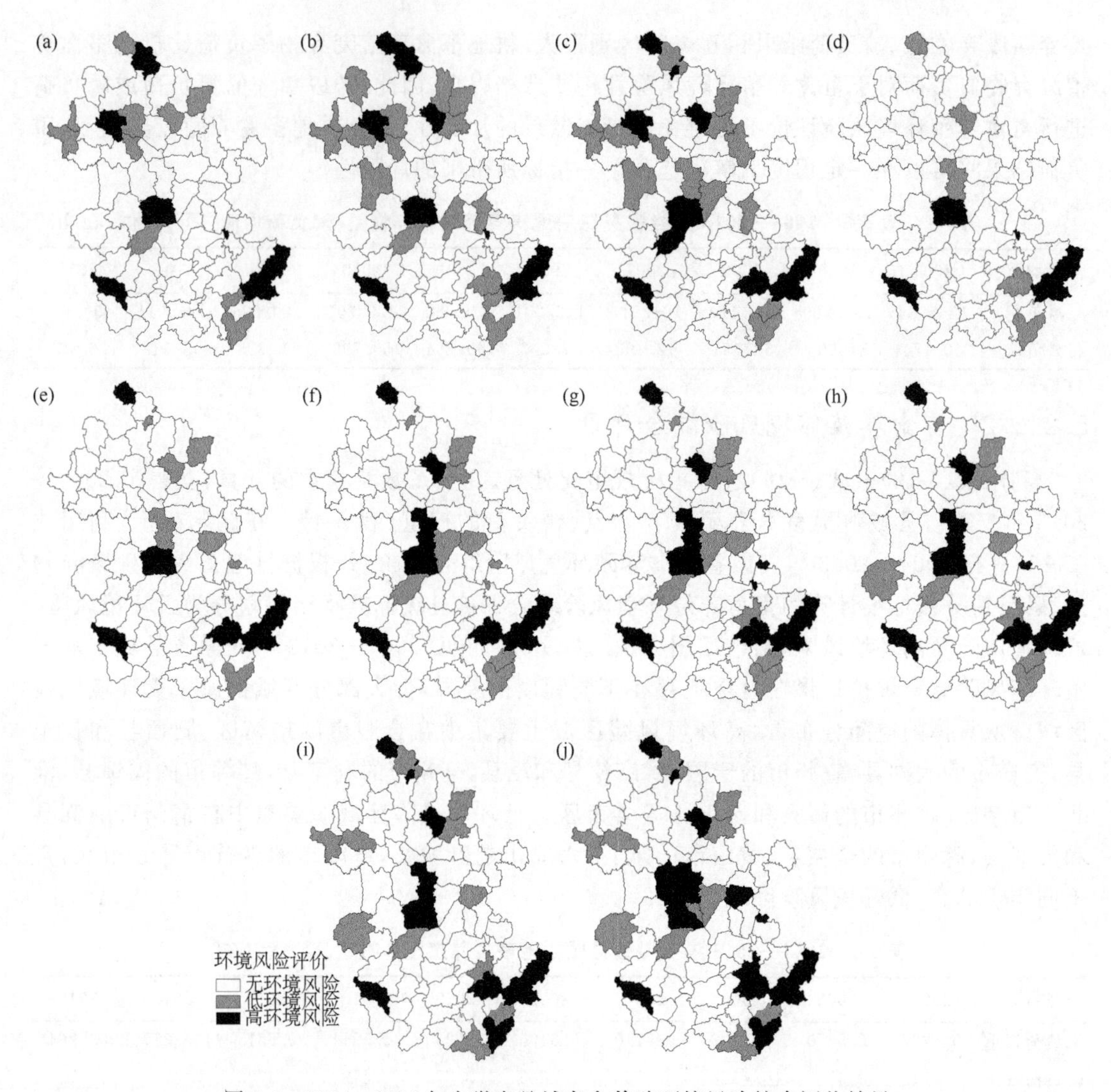

图 5-6　2004—2013 年安徽省县域畜禽养殖环境风险综合评价结果

(a)2004 年;(b)2005 年;(c)2006 年;(d)2007 年;(e)2008 年;(f)2009 年;(g)2010 年;(h)2011 年;(i)2012 年;(j)2013 年

5.3　基于多指标融合的农用地畜禽养殖废弃物环境污染风险评价

5.3.1　评价方法

区域农用地畜禽养殖废弃物环境污染风险是依据区域内畜禽养殖废弃物对环境污染风险的相对大小来进行分区的,并以定量指标为主,但当前研究中不同的指标各有所侧重。采用综合评价法能更好地体现不同指标的风险评价共性结果,避免单一指标研究所带来的风险评价结果的片面性。本节拟选择多种定量指标,结合 GIS 空间分析技术获得基于多指标融合的农用地畜禽养殖废弃物环境污染风险评价结果。具体的研究方法和步骤主要包括:

(1)指标的选择以及各指标的限量值确定。综合考虑,最终选择七种国内外普遍采用的指标：畜禽养殖密度、农用地畜禽养殖废弃物氮负荷、农用地畜禽养殖废弃物磷负荷、农用地畜禽养殖废弃物猪粪当量负荷(氮)、农用地畜禽养殖废弃物猪粪当量负荷(磷)、农用地畜禽养殖废弃物猪粪当量负荷警报值(氮)及农用地畜禽养殖废弃物猪粪当量负荷警报值(磷)。由于国内未规定统一的指标限量值，因此，各指标的限量值主要来源于国内外相关文献，其中畜禽养殖密度的限量值参照欧盟规定及部分国内学者文献资料确定为 2 AU/hm^2(1 AU 等于 454 kg 畜禽活体重量)(Schröder et al，2003；冯爱萍等，2015)，农用地畜禽养殖废弃物氮(磷)负荷的限量值参照欧盟标准分别确定为 170(35)kg/hm^2(Henkens et al，2001；Oenema，2004)，农用地畜禽养殖废弃物猪粪当量负荷(氮或磷)的限量值依据国家环境保护总局自然生态保护司推荐值确定为 30 t/hm^2(国家环境保护总局自然生态保护司，2002)，农用地畜禽养殖废弃物猪粪当量负荷警报值(氮或磷)的限量值依据上海市农业科学研究院提出的畜禽养殖废弃物负荷警报值分级标准确定为 0.4(张玉珍等，2003；孟岑等，2013)，具体结果见表 5-5。

表 5-5 农用地畜禽养殖粪便环境污染风险评价方法统计结果

农用地畜禽养殖粪便环境污染风险评价方法	限量值	权重	超限个数	最大值	最小值
畜禽养殖密度/(AU/hm^2)	2	0.197	20	13.470	0.400
农用地畜禽养殖废弃物氮负荷/(kg/hm^2)	170	0.183	5	630.062	14.601
农用地畜禽养殖废弃物磷负荷/(kg/hm^2)	35	0.129	5	297.818	2.855
农用地畜禽养殖废弃物猪粪当量负荷(氮)/(t/hm^2)	30	0.124	1	88.265	0.614
农用地畜禽养殖废弃物猪粪当量负荷(磷)/(t/hm^2)	30	0.122	3	335.321	1.754
农用地畜禽养殖废弃物猪粪当量负荷警报值(氮)	0.4	0.124	3	2.942	0.020
农用地畜禽养殖废弃物猪粪当量负荷警报值(磷)	0.4	0.122	26	11.177	0.058

(2)指标规范化处理。由于各指标有不同的量纲且数量级不同，为了保证能得到正确的评价结果，需要对原始指标进行初始化处理，即无量纲化处理。本节采用极差标准化方法对不同指标的福建省县市区的农用地畜禽养殖废弃物环境污染风险评价结果数列进行无量纲化处理。由于各指标的风险评价值都是逆向指标，即各风险评价值越小越好，因此可采用以下计算方法(姚文捷等，2014)：

$$C_m^i = \frac{f_{\max(m)} - f_m^i}{f_{\max(m)} - f_{\min(m)}} \tag{5-16}$$

式中：C_m^i 为无量纲化处理后的风险评价值，其值区间为[0，1]；$f_{\max} = \max_i\{f_m^i\}$，为某指标下区域的农用地畜禽养殖废弃物环境污染风险评价最大值；$f_{\min} = \min_i\{f_m^i\}$，为某指标下区域的农用地畜禽养殖废弃物环境污染风险评价最小值；f_m^i 为某指标下的第 i 个区域的农用地畜禽养殖废弃物环境污染风险评价值；i 为区域个数，取值为 1，2，…，67；m 为指标值个数，取值为 1，2，…，7。

(3)指标权重确定。权重确定的方法主要有主观赋权法和客观赋权法，主观赋权法依据专家经验进行主观判断，能较好地考虑决策者的偏好，被广泛应用于各种领域，但该方法存在客观性差的缺点。客观赋权法能从原始数据出发，从样本中提取信息，得到更客观准确的权重系数，且更能反映众多指标真实的重要程度(周玲玲等，2014)。典型的客观赋权法有变异系数法、熵值法等(李强等，2007)。其中，变异系数法能够直接利用各项指标所包含的信息，根据各指标间的变异程度计算得到指标权重，能较为客观地反映指标的相对重要程度，避免专家赋权重的偏好性，削弱极值指标对结果的影响(赵微等，2013；周玲玲等，2014)。因

此，本节利用变异系数法来确定各指标值的权重，具体的计算方法（姚文捷等，2014）为

$$Q_m = \frac{B_m}{\overline{C}_m^i} \tag{5-17}$$

$$W_m = \frac{Q_m}{\sum_{j=1}^{m} Q_m} \tag{5-18}$$

式中：Q_m为C_m^i的变异系数，指标值的变异系数越大，所能提供的信息量越丰富，该指标在综合评价中起到的作用就越大，相应的权重也就越大；B_m为C_m^i的标准差；$\overline{C}_m^i$为C_m^i的均值；m为指标值个数，取值为1，2，…，7；W_m为第m个指标的权重。

（4）综合评价结果计算。采用指数加和模型计算基于多指标融合的农用地畜禽养殖废弃物环境污染风险评价结果，具体的计算方法如下：

$$Z_i = \sum_{j=1}^{m} W_m \times C_m^i \tag{5-19}$$

式中：Z_i为农用地畜禽养殖废弃物环境污染风险综合评价值；W_m为第m个指标的权重；C_m^i为无量纲化处理后的风险评价值；m为指标值个数，取值为1，2，…，7；i为研究区域的县市区个数。

5.3.2 多指标融合的农用地畜禽养殖废弃物环境污染风险评价案例应用

基于畜禽养殖统计数据、农用地实际播种面积等相关统计数据，利用多种农用地畜禽养殖废弃物环境污染风险评价方法，结合GIS空间分析方法，对2009年福建省农用地畜禽养殖废弃物环境污染风险进行评价，并获得七种农用地畜禽养殖废弃物环境污染风险评价结果，见图5-7。从区域分布和统计结果（表5-5）看，不同评价方法的结果区域分布普遍不均匀、分布范围大小存在一定的差异，且不同评价方法的结果超限量值的县市区数量差异较大。以超限量值的县市区空间范围和数量来看，范围最广和数量最多的是农用地畜禽养殖废弃物猪粪当量负荷警报值（磷），包括龙岩市长汀县、三明市沙县、漳州市长泰县等县市区，共有26个县市区，占总县市区的38.81%，警报值最大值和最小值分别为南平市光泽县的11.177和宁德市柘荣县的0.058；其次是采用畜禽养殖密度为评价指标的结果，超限量值的县市区包括龙岩市连城县、泉州市的南安市、漳州市长泰县等县市区，共有20个县市区，占总县市区的29.85%，畜禽养殖密度的最大值和最小值分别为漳州市市辖区的13.470 AU/hm^{2}和宁德市柘荣县的0.400 AU/hm^2；最小的是采用农用地畜禽养殖废弃物猪粪当量负荷（氮）为评价指标的结果，超限量值的县市区只有南平市光泽县，仅占总县市区的1.49%，最大值和最小值分别为南平市光泽县的88.265 t/hm^{2}和宁德市柘荣县的0.614 t/hm^2。另外，农用地畜禽养殖废弃物磷负荷和农用地畜禽养殖废弃物猪粪当量负荷警报值（氮）的评价结果，其区域分布范围及具体的县市区都一致。

风险评价结果中，宁德市柘荣县始终是风险最小的县市区，主要是该县畜禽数量在所有县市区排名倒数第二，按畜禽单元计算只有6645.870 AU，其农作物的播种面积却有16620 hm^2。除了畜禽养殖密度，风险最大值所在的县市区为漳州市市辖区，其余6种评价指标中风险最大值所在的县市区都为南平市光泽县。其中，漳州市市辖区的畜禽养殖数量按畜禽单元计算达94832.266 AU，而其农作物的播种面积只有7040 hm^2，在所有县市区排名倒数第三。

南平市光泽县的农作物的播种面积虽有 23740 hm^2，其畜禽养殖数量按畜禽单元计算却有 284393.671 AU。

通过上述结果的分析，可以发现不同风险评价方法结果无论在区域范围分布还是具体的统计结果都存在不同程度的差异。因此，为消除单一指标所带来的片面性，本节融合目前的 7 种主要风险评价指标对农用地畜禽养殖废弃物环境污染风险进行评价研究。首先，利用公式(5-16)对各指标进行无量纲化处理，使不同评价指标下的福建省县市区农用地畜禽养殖废弃物环境污染风险评价结果值都在[0,1]内；其次，利用公式(5-17)和公式(5-18)获得各指标的权重，具体结果见表 5-5。

最后，利用公式(5-19)计算福建省农用地畜禽养殖废弃物环境污染风险综合评价结果。基于 7 种评价指标的限量值，获得各评价指标限量值无量纲化处理后的风险评价结果值：畜禽养殖密度为 0.878，农用地畜禽养殖废弃物氮负荷为 0.748，农用地畜禽养殖废弃物磷负荷为 0.891，农用地畜禽养殖废弃物猪粪当量负荷(氮)为 0.665，农用地畜禽养殖废弃物猪粪当量负荷(磷)为 0.915，农用地畜禽养殖废弃物猪粪当量负荷警报值(氮)为 0.870，农用地畜禽养殖废弃物猪粪当量负荷警报值(磷)为 0.969。在此基础上，以 7 种限量值的无量纲化处理后的风险评价结果值与各自对应的权重相乘结果之和，获得综合评价限量值为 0.844，并以此为依据将福建省农用地畜禽养殖废弃物环境污染风险评价结果进行超限量值和低于限量值的等级划分，结果见图 5-7。

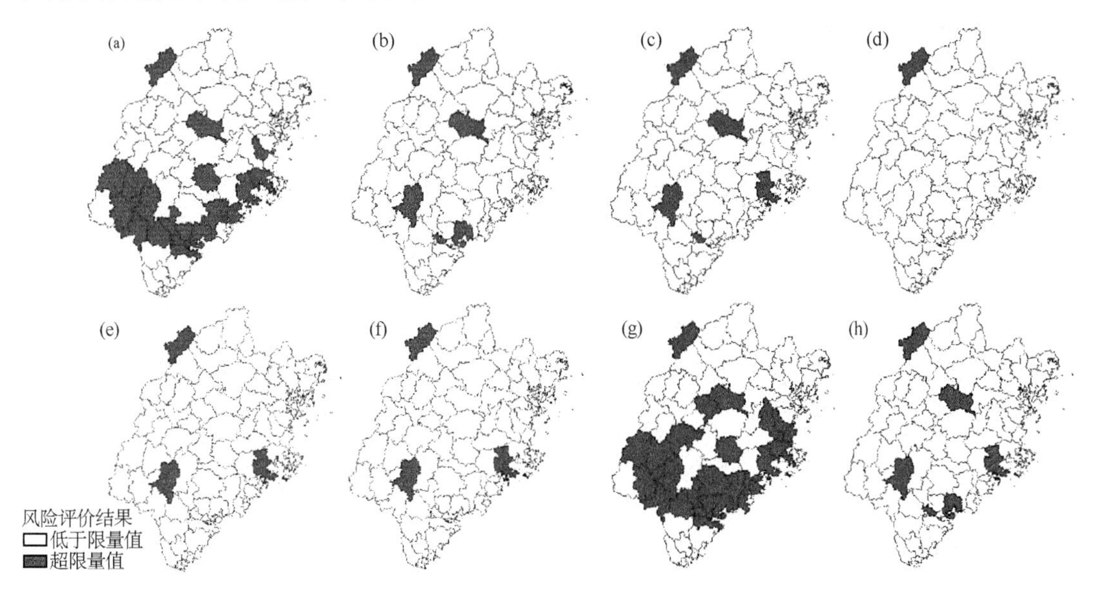

图 5-7　福建省各县市区 7 种指标及多指标融合下的农用地畜禽养殖废弃物环境污染风险评价结果

(a)畜禽养殖密度；(b)农用地畜禽粪便氮负荷；(c)农用地畜禽粪便磷负荷；(d)农用地畜禽粪便猪粪当量负荷(氮)；(e)农用地畜禽粪便猪粪当量负荷(磷)；(f)农用地畜禽粪便猪粪当量负荷警报值(氮)；(g)农用地畜禽粪便猪粪当量负荷警报值(磷)；(h)多指标融合的农用地畜禽粪便环境污染风险评价

从图 5-7 可见，多指标融合的风险评价结果中超限量值区域包括南平市光泽县、南平市市辖区、龙岩市市辖区、福州市市辖区、漳州市市辖区及厦门市市辖区。其范围涵盖 7 种指标风险评价结果中都包括的是南平市光泽县，6 种指标风险评价结果中都包括的是龙岩市市辖区,5 种指标风险评价结果中都包括的是福州市市辖区,4 种指标风险评价结果中都包括的是漳州市市辖区,3 种指标风险评价结果中都包括的是厦门市市辖区。从具体的统计结果分析,多指标融合的风险评价结果中超限量值所在县市区共有 6 个,占总县市区的 8.96%,风险评价最大值和最小值分别为南平市光泽县和宁德市柘荣县。其中,最小值所在县市区与 7 种风险评价方法结果一致,最大值所在县市区与 6 种风险评价方法结果一致。

综上可见,融合多种指标的农用地畜禽养殖废弃物环境污染风险评价的结果基本反映了 7 种风险评价方法中的共性问题,能避免不同指标研究所带来的风险评价结果的片面性,尤其是能避免单一指标所呈现超限量值的县市区分布范围过大或过小问题。如,采用农用地畜禽养殖废弃物猪粪当量负荷(氮)为指标进行评价时只有 1 个县市区超限量值,而采用畜禽养殖密度指标和农用地畜禽养殖废弃物猪粪当量负荷警报值(磷)指标进行评价时有多达 20、26 个县市区超限量值。

5.4 地块尺度的农用地畜禽养殖废弃物环境污染风险评价

5.4.1 养分供给

农用地土壤养分主要来自有机肥、化肥、生物固氮、灌水、大气沉降及播种带入的养分等。考虑到畜禽养殖空间布局适宜性评价研究的实际需求,本节主要考虑来自土壤供肥、畜禽养殖废弃物以及其他施肥的农用地养分供给。

5.4.1.1 土壤供肥

土壤供肥性是指土壤释放和供给作物养分的能力,土壤在作物整个生育期内,持续不断地供应作物生长发育所必需的各种速效养分的能力和特性,称为土壤的供肥性能(朱兆良等,1992;沈善敏,1998)。

5.4.1.2 畜禽养殖废弃物养分供肥

有机肥是一种有较多营养元素的肥料,是利用农业生产中的废弃物就地积制或直接耕埋施用的一种自然肥料,所含有机物主要是不含氮化合物、含氮化合物和含磷化合物(文启孝,1983)。根据有机肥料的资源特性和积制方法,可归纳为:粪尿类、堆沤肥类、秸秆肥类、绿肥类、土杂肥类、饼肥类、海肥类、腐殖酸类、农业城镇废弃物和沼气肥类等。而畜禽养殖废弃物是农业生产的一种优质有机肥源,除富含有机质、氮、磷、钾等营养元素外,还有丰富的钙、铁、钠、镁等微量元素(方玉东等,2007)。

5.4.1.3 其他施肥

其他施肥受耕作制度和管理习惯的影响,主要由化肥和农家肥构成,具体的施用量通过统计数据与农户调查来确定。大气氮素沉降等环境养分已成为我国农用地养分输入的重要来源。粪尿中的氮容易转变为气态,逃逸到大气中。排放到空气中的 N 化合物(NH_3,NO_x 和N_2O),极大部分仍将返回地面(朱兆良等,1992)。其中,以大气干沉降(尘埃或气体交换)和湿沉降(降水)的形式返回地面的数量很大,西欧国家为 0~40 kg/hm^2,北美为 1.1~55.6 kg/hm^2,我国约为 9～20 kg/hm^2(朱兆良等,1992)。研究表明我国南方地区大气氮素混合沉降量在6.6～23.1 kg/(hm^2 · a)之间(鲁如坤等,1979;刘崇群等,1984),北方地区降雨输入到农田系统中的氮量多数在 5.1～25.4 kg/(hm^2 · a)之间(吴刚等,1993;罗良国等,1999)。沈健林等(2008)研究表明北京地区通过干湿沉降形式输入总 N 量极有可能超过 60 kg/(hm^2 · a)。氮素沉降量在 19.12～38.15 kg/(hm^2 · a)之间,平均 28.10 kg/(hm^2 · a)。孙昭荣等(1993)在中国农科院土肥所 1986—1992 年连续 7 年测得的雨水年均输入氮量为 30.19 kg/(hm^2 · a)。

大气 N 沉降包括湿沉降和干沉降。湿沉降的 N 主要有 NH_4^+ 和 NO_3^-,以及少量的可溶性有机 N;干沉降的 N 主要有 NO、N_2O、NH_3和 HNO_3(气),以及$(NH_4)_2SO_4$和 NH_4NO_3粒子,还有吸附在其他粒子上的 N(苏成国等,2005)。而磷循环属于沉积型循环(曾悦,2005),通过干湿沉降输入系统的磷量非常少,在农用地养分供应计算中可以忽略不计。

5.4.2 养分消纳

养分消纳主要由区域作物养分需求决定。作物养分需求则与作物类别、品种密切相关,对于特定的作物品种,还受相应作物的目标产量影响,即作物养分需求应该是特定作物品种在特定目标产量下的作物对养分的需求量。其中目标产量的确定又与农用地等级、作物种植方式(大田和设施农业用地)等因子密切相关。将地理信息技术和农户调查方式相结合,通过农用地供肥等级确定特定作物的目标产量,利用作物栽培学知识确定作物在特定目标产量下所需的作物养分需求,两者结合可以计算出每个评估单元的作物养分需求量。本章的养分消纳能力分析由第 3 章区域作物养分需求计算结果获得。

5.4.3 农用地土壤环境养分盈余量计算

从区域养分供给与消耗平衡角度出发,作物养分供给包括土壤的养分供给(土壤肥力状况)和人工施肥,人工施肥主要由化肥和农家肥构成,其比例与种植制度和施肥习惯有很大关系。养分消耗部分则根据本书第 3 章计算。养分供给与消耗是个动态平衡过程,应从区域生态系统循环的角度综合分析区域养分供给与消耗平衡的各个因素。参考农田养分收支平衡模型的建立过程(曾悦,2005),农用地土壤环境养分盈亏量计算模型如下所示:

$$F_{供给} = F_{土壤} + F_{畜禽养殖废弃物} + F_{其他施肥} \tag{5-20}$$

$$F_{消纳} = F_{作物} \tag{5-21}$$

$$W_{养分盈亏} = (F_{供给} - F_{消纳})/S_{农用地} \tag{5-22}$$

式中:$W_{养分盈亏}$为单位农用地上养分盈亏量,kg/hm^2;$F_{供给}$为农用地养分供给量,kg;$F_{土壤}$为农用地土壤供肥量,kg;$F_{其他施肥}$为农用地其他施肥量,本章主要考虑化肥和人粪尿的投入,其中氮其他施肥还包括大气沉降所带来部分的养分,kg;$F_{消纳}$为化肥氮投入量,kg;$F_{作物}$为作物养分需求量,kg;$S_{农用地}$为农用地面积,hm^2。

5.4.4 地块尺度的农用地畜禽养殖废弃物环境污染风险评价应用实例

(1)养分供给量

①土壤供肥量

以土壤有效养分测定值来计算土壤供肥量(张世贤,1989),是目前最常用的测土施肥方法。但土壤供肥量往往很难确定，因为土壤有效养分测定值仅是对应于农作物产量的养分肥力指标，是个相对值，即使同一土壤，不同测试方法测出的数值亦大相径庭，不能表达土壤准确的供肥量，所以，还需要通过田间试验，找到实际可被吸收的养分及所占测定值的比重，作为土壤养分的“校正系数”（曾悦，2005）。著名的土壤测试学家曲劳将肥料利用率这个概念引入到土壤有效养分方面来，即将土壤有效养分测定值乘以一个系数，表达土壤真实的供肥量。这个系数被我国土壤肥料界称为“土壤有效养分校正系数”，是养分平衡法专用的参数，其含意是作物吸收某种养分量占土壤中该有效养分总量的百分数（银英梅等，2006）。参考张克强等（2004）的研究成果，本章采用的土壤校正系数为碱解氮 55％，速效磷 80％。习惯上，把土壤表层 20 cm 的土壤层称为作物的营养层，其 1 hm^2 总重约为 2250 t，那么 1 mg/kg 的养分，在 1 hm^2 土地中的含量为 2.25 kg/hm^2。这个“2.25”是个常数，称为土壤养分的“换算系数”（曾悦，2005）。

土壤供肥量用下式计算：

$$Y_{土壤供肥} = Y_{有效养分} \times L \times K \tag{5-23}$$

式中：$Y_{土壤供肥}$ 为土壤供肥量，kg/hm^2；$Y_{有效养分}$ 为土壤有效养分测定值，mg/kg；L 为换算系数；K 为校正系数。

根据对大兴区的采样点进行处理后获得的农用地有效养分量，结合以上计算公式可得到大兴区农用地土壤供肥量，见图 5-8 及图 5-9。

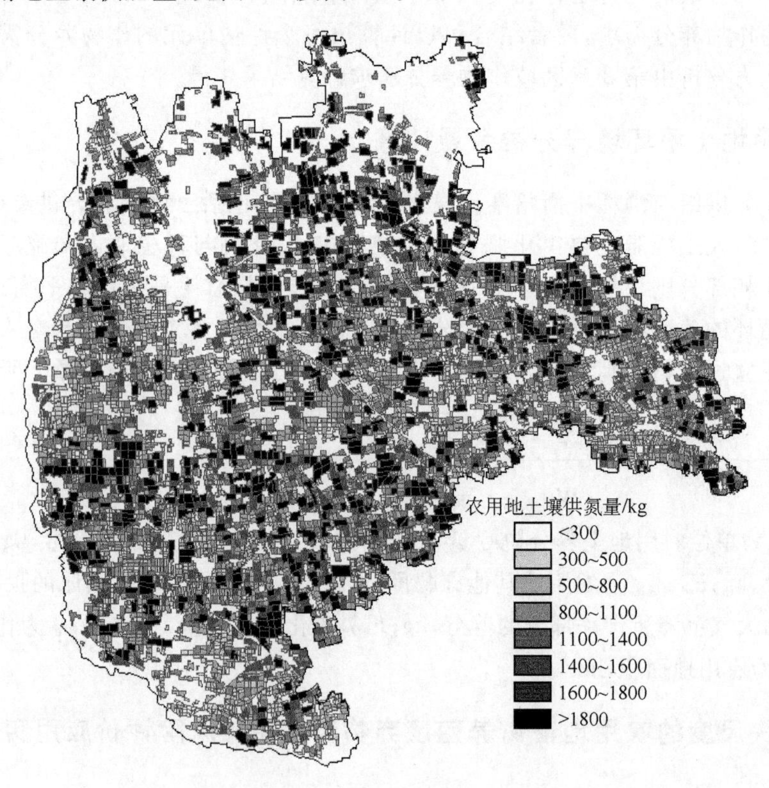

图 5-8　农用地土壤供氮量空间分布图

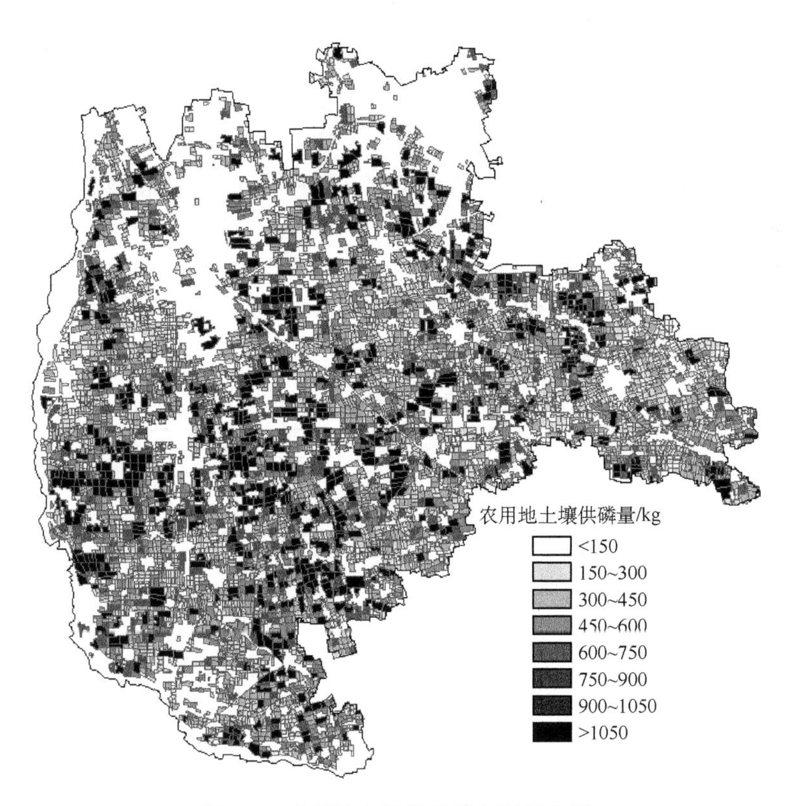

图 5-9 农用地土壤供磷量空间分布图

②畜禽养殖废弃物供肥

事实上,畜禽养殖废弃物中的养分并不能全部被作物所吸收,在收集、储存、处理、运输和施用过程中养分会产生损失,如氮的挥发、溅失以及雨水冲刷,地表径流等(Kellogg et al,2000)。粪肥中的有机养分在施用后的第一年也不可能被作物全部吸收利用。因此,在计算粪肥提供的可利用养分时,要考虑粪肥中有机养分与无机养分的比例、挥发损失等。粪肥在收集、储存、运输和施用过程中的氨挥发损失受到收集、施用方式、气候、土壤性质等诸多因素的影响(Huijsmans et al,2003),Smits 等(2003)的研究表明在南亚热带地区,挥发氨约占总无机氮的 50%(曾悦等,2006b)。

由于地块间的空间差异性以及畜禽养殖废弃物的特殊性,现有研究方法无法合理地将畜禽养殖废弃物养分统计数据向农用地养分转化,从而不可能获得农用地由畜禽养殖废弃物提供的准确养分量。为此,本节在考虑畜禽养殖废弃物养分的各种损失的基础上,充分利用空间分析和地统计分析技术,结合预测点与居民地和规模养殖场的距离权重和面积权重,以及畜禽养殖废弃物养分空间化模型实现畜禽养殖废弃物氮养分向农用地养分的转化,从而获得考虑地块空间差异的农用地畜禽养殖废弃物养分,具体结果见第 4 章畜禽养殖废弃物养分空间化取得的结果。

③其他施肥供肥量

其他施肥供肥量主要包括化肥、人粪尿及大气沉降等各种途径带来的养分量。化肥是一种重要的农业资源,在农业生产中具有不可替代的重要作用。大兴区 2005 年共施用化肥(折纯)35414 t,其中氮肥、磷肥分别为 20739 和 2494 t,复合肥 10542 t。其中复合肥中氮含量约占30%,磷含量约占15%。这些氮肥、磷肥和复合肥的去向主要施用到了耕地、园地、菜地、林地、设施农业用地等农用地上,而林地中只有苗圃、经济林等施用化肥,其他林地基本当年是不使用化肥的。经济林木、苗圃化肥施用量一般都在250~450 kg/hm^2以上,氮磷比一般为1∶1,参考相关文献并结合对大兴区的实际调查情况,化肥施用量取400 kg/hm^2。2005年大兴区当年育苗面积为1236 hm^2,则2005年苗圃共需化肥约494400 kg;丰产林和速生林等经济林共造林229 hm^2,则共需化肥约91600 kg。那么,施用到耕地、园地、菜地、设施农业用地的氮、磷化肥为20153000 kg和1908000 kg。由于不同的农用地类型其养分需求是不同的,本节结合区域农用地养分量需求,确定各种农用地类型的平均施肥化肥量(表5-6)。

表5-6　各农用地类别平均化肥施用量　　单位:kg/亩

农用地类别	供肥等级	形成目标产量所吸收的平均养分量	
		N	P_2O_5
一般耕地	低供肥力	11.89	4.02
	中供肥力	14.15	4.80
	高供肥力	16.70	5.65
菜地	低供肥力	10.61	7.59
	中供肥力	13.55	9.78
	高供肥力	16.50	11.96
园地	低供肥力	11.08	4.97
	中供肥力	13.45	6.06
	高供肥力	15.80	7.15
设施农业用地	高供肥力	24.48	20.72

从氮和磷养分需求角度出发,并以一般耕地的低供肥力地每公顷施肥量为基准,其他农用地类型按比例可得到相应的每公顷施肥量,则有计算公式:

$$Q_{总} = \sum_{i=1}^{n}(S_i * q_i) \tag{5-24}$$

式中:$Q_{总}$为化肥纯养分总量,kg;q_i为某农用地类型每公顷施肥量,kg/hm^2;S_i为某农用地类型面积,hm^2;n为农用地类型种类。

由以上计算公式可得到不同类别的农用地每公顷的化肥施用量(表5-7)。

表5-7　大兴区不同类别的农用地每公顷的化肥施用量　　单位:kg/hm^2

农用地类别	供肥等级	形成目标产量所施用的化肥平均养分量	
		N	P_2O_5
一般耕地	低供肥力	287.424	21.587
	中供肥力	342.056	25.776
	高供肥力	403.698	30.340
菜地	低供肥力	256.361	40.758
	中供肥力	327.552	52.491
	高供肥力	398.864	64.224

续表

农用地类别	供肥等级	形成目标产量所施用的化肥平均养分量	
		N	P_2O_5
果园	低供肥力	267.722	26.662
	中供肥力	325.134	32.542
	高供肥力	381.942	38.368
设施农业	高供肥力	591.648	111.265

我国化肥当季利用率氮30%～35%、磷10%～20%、钾35%～50%，而北京化肥当季利用率氮25%以下，其中小麦20%～25%、玉米15%～20%；当季利用率磷只有8%～10%（刘宝存等，1999）。

人粪尿养分供应量可以通过实际人口数量、人粪便排泄系数、粪便收集率、存储损失率及粪便利用率计算得到。其具体的计算公式为

$$F_{人} = G \times H \times D \times V \times K \tag{5-25}$$

式中：$F_{人}$为人粪便纯养分总量，kg；G为实际人口数量；H为粪便排泄系数，人粪便排泄系数一般以体重50 kg的人每天排泄0.5 kg粪、1 kg尿来计；D为人排泄日期，这里指365天；K为某种畜禽养殖废弃物养分含量系数，人粪氮、磷含量分别为1.159%和0.261%，人尿氮、磷含量分别为0.526%和0.038%；V为某种畜禽养殖废弃物养分的存储损失率及粪便利用率，人粪收集利用率按60%、人尿按30%计算，一般实际施用到农用地中的人粪、尿以45%和50%的存储损失率及粪便利用率计算。2005年大兴区实际乡村人口426485人，依据上述公式可计算获得大兴区2005年由人粪、尿提供的氮、磷养分量分别为366385.7和63722.3 kg。

本节在参考国内外大量文献的基础上确定大兴区的大气沉降所带来的氮素平均量为30 kg/(hm^2 · a)。

(2)养分消纳量

农用地的养分量主要由区域作物带走的养分及土壤环境自净等相关因素消纳的养分构成，氮养分的消纳量基本上由区域作物养分需求来决定。

(3)农用地土壤环境养分盈余量及农用地畜禽养殖废弃物环境污染风险评价

将农用地作为一个研究对象，按照其中养分的输入和输出，估算大兴区农用地养分的盈亏量。本书根据Gerber(2005)对亚洲畜禽养殖废弃物养分环境影响分级原则以及李帷等(2007)研究的方法，将低于10 kg/hm^{2}的养分平衡水平定为Ⅰ级(表示农用地养分未剩余)。从Ⅱ级(>10 kg/hm^2)养分开始盈余，盈余的养分有可能直接排放到环境中或在土壤中，通过地表径流、挥发等形式间接流失而对环境产生影响。从Ⅲ级开始参考荷兰等欧洲国家环境可以承受的最大养分盈余水平进行划分(Henkens et al，2001)。基于上述的农用地土壤环境养分盈余量计算方法，结合大兴区的实际情况，运用以上分级法确定大兴区农用地畜禽养殖废弃物环境污染风险，结果如图5-10和图5-11所示。

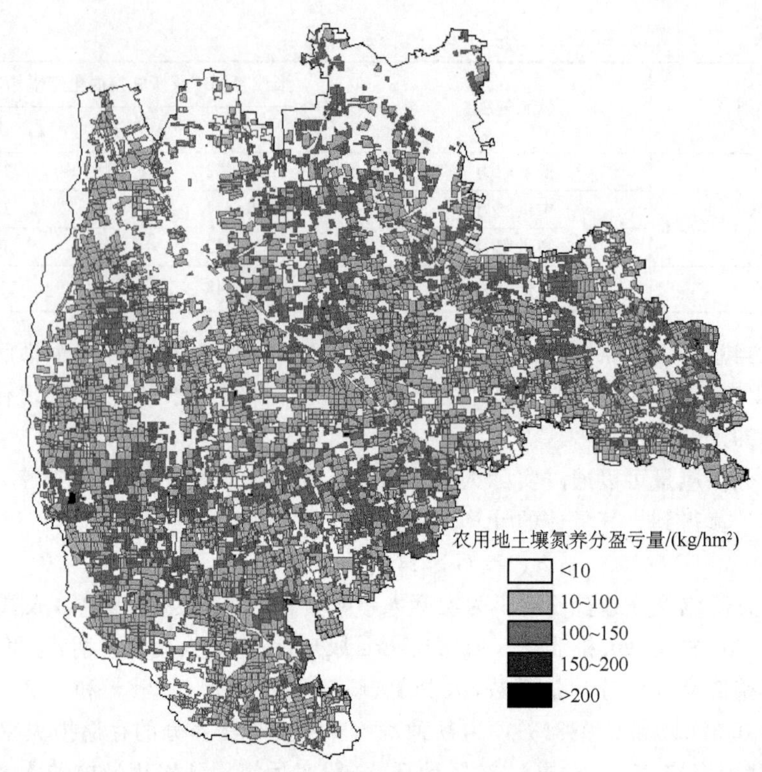

图 5-10 农用地土壤氮养分盈亏量

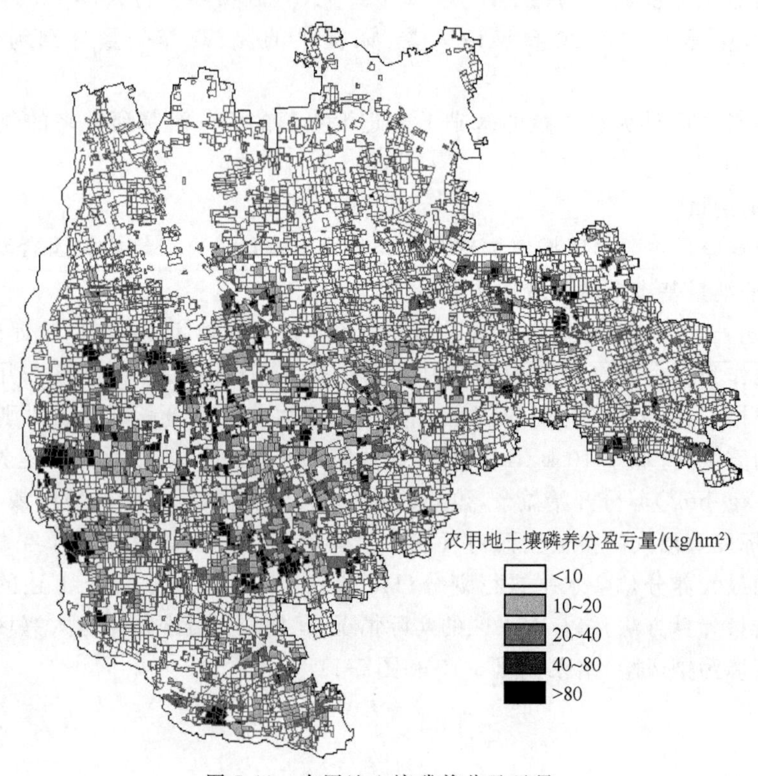

图 5-11 农用地土壤磷养分盈亏量

大兴区的农用地土壤环境磷养分盈余量表现为大兴区农用地氮养分盈余的农用地在整个大兴区都有分布，北部、东部和中南部盈余量较大，而中部和最南部大部分地区盈余量相对较小。农用地土壤环境氮养分盈余量的农用地主要位于北藏村、瀛海、青云店、长子营、魏善庄、采育和庞各庄等七个乡镇区域。由于该区域规模养殖场较多，且散养畜禽量也较大，而区域养分需求相对较少，造成这些区域氮养分盈余量较大。大兴区的农用地土壤环境氮养分盈余量统计结果如表 5-8 所示，其中近一半的农用地能充分消纳施用的磷养分，占大兴区总农用地的 57.77%，其中农用地磷养分盈余量Ⅲ级以上的达到 17.72%，这些农用地对环境的污染影响相对比较大，见表 5-9。

表 5-8　大兴区农用地土壤环境氮养分盈余量统计结果

等级	指数	面积/hm²	比例
Ⅰ级	<10	1414.6042	2.26%
Ⅱ级	10～100	40798.4385	65.29%
Ⅲ级	100～150	19568.5697	31.31%
Ⅳ级	150～200	495.1652	0.80%
Ⅴ级	>200	215.4748	0.34%

表 5-9　大兴区农用地土壤环境磷养分盈余量统计结果

等级	指数	面积/hm²	比例
Ⅰ级	<10	39271.6627	57.77%
Ⅱ级	10～20	12146.3829	24.51%
Ⅲ级	20～40	6694.4073	10.71%
Ⅳ级	40～80	3451.4704	5.52%
Ⅴ级	>80	928.3291	1.49%

第6章 畜禽养殖场空间布局适宜性评价

6.1 指标体系的选取原则

畜禽养殖场空间布局适宜性评价指标体系应能全面、真实地反映区域内畜禽养殖场可持续发展系统的内部结构、外在状态、系统内部各子系统相互间的关系。因此,在本次适宜性评价指标体系的选取上应遵循以下原则(曾悦等,2005a;阎波杰,2009c;阎波杰等,2010b;阎波杰等,2016):

(1)科学性原则。科学性是任何指标体系建立的重要原则,也是指标体系的首要特征。按照科学性的要求,所选指标必须概念清晰、明确,且有具体的科学内涵,测算方法标准,统计计算方法规范。

(2)可操作性原则。主要从数据可得性方面分析,考虑指标的可取性、可比性、可测性、可控性。指标不是选取得越多越好,要考虑到指标的量化以及数据取得的难易程度和可靠性。做到评价指标及设计方法易于掌握,所需数据易于统计,并尽可能利用现存的各种统计数据,选择主要的、基本的、有代表性的综合指标作为量化的计算指标。

(3)实用性原则。指标选取应该兼顾全面性和数据易得性两方面因素,指标应该能够被使用。

(4)系统性原则。确定畜禽养殖场空间布局适宜性评价相应的评价层次,按系统论的观点评价各个指标,构成完整的评价指标体系。

(5)代表性原则。评价指标的确定要具有一定的代表性,要求指标体系覆盖面不用太广,要能突出重点反映畜禽养殖场空间布局现状及变化特征。

6.2 畜禽养殖场空间布局适宜性评价指标体系

6.2.1 评价指标的确定

评价指标的选择是进行畜禽养殖空间布局适宜性评价的基石,因子选择的适当与否,直接影响评价的后续过程及结果。影响畜禽养殖场空间布局适宜性评价的因素多且复杂,影响程度也大小各不相同。遵循评价指标选取的原则,结合研究区域实际情况,以及前面分析的畜禽养殖场空间布局适宜性评价的影响因素,我们可从环境因素(如坡度、与水源的距离、与道路的距离以及与居民地距离等、环境污染)、经济因素(如市场因素、饲料生产等)、公共卫生与防疫安全因素等适宜性因素及土地利用、法律法规和政策因素等限制性因素(阎波杰,2009c),对畜禽养殖场空间布局的适宜性评价进行总体评价,这几个因素相互影响、相互联系、相互制约。

根据前面章节对畜禽养殖场空间布局适宜性评价多种影响因素的分析,结合研究区的自然气候特点，根据畜禽养殖场空间布局适宜性评价指标选择原则，经过比较分析，利用德尔菲法从众多影响因子中筛选出最重要、最普遍且容易定量化测量的因子，构成畜禽养殖空间布局适宜性评价的基本指标。对于适宜性因素，由于各数据有不同的量纲，而且数量级不同，为了保证能得到正确的分析结果，首先应该对原始数据进行初始化处理，即无量纲化处理。本节采用因子量化方法对各指标进行无量纲化变换处理，得到量化指标系数(俞艳等，2008)。量化指标系数再乘以 100 作为指标的标准化值，研究因子级别分值按 100 分制标准赋分，最高级别分值为 100 分，其余各级别分值则按其实际指标值对畜禽养殖空间布局适宜性评价影响衰减程度赋予不同分值，指标体系见表 6-1。

表 6-1 畜禽养殖场空间布局适宜性评价体系

<table>
<tr><td rowspan="31">畜禽养殖场空间布局适宜性评价体系</td><td>因子层</td><td>因子层</td><td>指标</td><td>属性值</td></tr>
<tr><td rowspan="20">经济适宜性</td><td rowspan="5">与道路距离/m</td><td>100～600</td><td>100</td></tr>
<tr><td>600～1000</td><td>80</td></tr>
<tr><td>1000～3000</td><td>60</td></tr>
<tr><td>3000～8000</td><td>40</td></tr>
<tr><td>>8000</td><td>20</td></tr>
<tr><td rowspan="5">周围饲料</td><td>充足</td><td>100</td></tr>
<tr><td>较充足</td><td>80</td></tr>
<tr><td>一般</td><td>60</td></tr>
<tr><td>缺乏</td><td>40</td></tr>
<tr><td>很缺乏</td><td>20</td></tr>
<tr><td rowspan="5">市场规模</td><td>大</td><td>100</td></tr>
<tr><td>较大</td><td>80</td></tr>
<tr><td>一般</td><td>60</td></tr>
<tr><td>较小</td><td>40</td></tr>
<tr><td>小</td><td>20</td></tr>
<tr><td rowspan="5">土地利用</td><td>未利用地</td><td>100</td></tr>
<tr><td>荒地、沙地</td><td>80</td></tr>
<tr><td>草地</td><td>60</td></tr>
<tr><td>林地 园地</td><td>40</td></tr>
<tr><td>一般耕地</td><td>20</td></tr>
<tr><td rowspan="10">环境适宜性</td><td rowspan="5">与水体距离/m</td><td>200～1000</td><td>100</td></tr>
<tr><td>1000～2000</td><td>80</td></tr>
<tr><td>2000～5000</td><td>60</td></tr>
<tr><td>5000～8000</td><td>40</td></tr>
<tr><td>>8000</td><td>20</td></tr>
<tr><td rowspan="5">与居民地距离/m</td><td>300～1000</td><td>100</td></tr>
<tr><td>1000～2000</td><td>80</td></tr>
<tr><td>2000～5000</td><td>60</td></tr>
<tr><td>5000～8000</td><td>40</td></tr>
<tr><td>>8000</td><td>20</td></tr>
</table>

续表

	因子层	因子层	指标	属性值
畜禽养殖场空间布局适宜性评价体系	环境适宜性	坡度/°	0～5	100
			5～10	80
			10～15	60
			15～20	40
			＞20	20
		农用地畜禽养殖废弃物环境污染风险评价	无环境污染风险	100
			稍有环境污染风险	80
			有环境污染风险	60
			环境污染风险较严重	40
			环境污染风险严重	20
	安全适宜性	与畜禽规模养殖场距离/m	2000～3000	100
			3000～5000	80
			5000～7000	60
			7000～10000	40
			＞10000	20
	限制性因素	法律法规、政策	土地利用	受限制
				不受限制
		土地利用限制	土地利用	受限制
				不受限制

(1)正向因子量化方法

$$X_i = \begin{cases} 0, & x_i < x_{\min} \\ \dfrac{x_i - x_{\min}}{x_{\max} - x_{\min}}, & x_{\min} \leqslant x_i \leqslant x_{\max} \\ 1, & x_i > x_{\max} \end{cases} \tag{6-1}$$

(2)负向因子量化方法

$$X_i = \begin{cases} 0, & x_i > x_{\max} \\ \dfrac{x_{\max} - x_i}{x_{\max} - x_{\min}}, & x_{\min} \leqslant x_i \leqslant x_{\max} \\ 1, & x_i < x_{\min} \end{cases} \tag{6-2}$$

(3)适度因子量化方法

$$X_i = \begin{cases} 0, & x_i \geqslant x_{\max} \text{ 或 } x_i \leqslant x_{\min} \\ \dfrac{x_0 - x_{\min}}{x_0 - x_{\min}}, & x_{\min} \leqslant x_i \leqslant x_0 \\ \dfrac{x_{\max} - x_i}{x_{\max} - x_0}, & x_0 \leqslant x_i \leqslant x_{\min} \end{cases} \tag{6-3}$$

式中：X_i为i种因子的量化指数；x_i为i因子的量测值；$x_{\min}$为i因子要求的下限；x_0为i因子的理想要求值；$x_{\max}$为i因子要求的上限。

(4)定性因子量化方法

这类定性因子往往很难用连续的数量来描述或表达，如土壤质地、土地利用状况类型等。根据区域实际情况，对这类资源的适宜度的量化，有时需要用间接方法或结合实际经验加以判断。

6.2.2　评价指标权重的确定

评价指标权重是指在评价过程中不同评价因子对评价结果贡献程度的反映。权重确定是否合理将直接影响评价指标体系的可信度和评价结果的有效性。根据对各种权重确定方法的比较分析，结合畜禽养殖场空间布局适宜性评价的实际指标分析，采用层次分析法来确定各评价因子的权重。层次分析法的基本原理就是把所要研究的复杂问题看作一个系统，通过对系统的多个因素分析，划分出各因素间相互联系的有序层次；再请专家对每一层次的各因素进行较客观的判断后，相应给出相对重要性的定量表示；进而建立数学模型，计算出每一层次全部因素的相对重要性的权重值(Bascetin，2007；Cangussu et al，2006)。首先依据层次分析法的原理建立畜禽养殖场空间布局适宜性因素的层次结构，如图 6-1 所示。限制性因素的权重确定则采取受限制为 0，不受限制为 1。

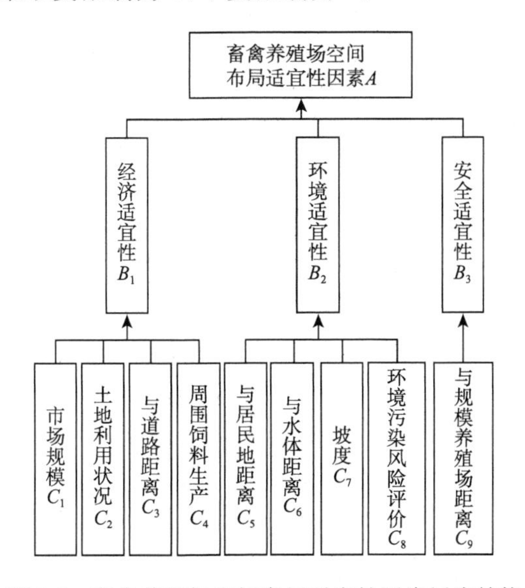

图 6-1　畜禽养殖场空间布局适宜性因素层次结构

然后两两比较结构要素，构造出所有的判断矩阵。对于目标层 A 畜禽养殖场空间布局适宜性因素而言，在准则层 B 中，请有关专家以 1∶9 的比例标度法对经济适宜性(B_1)、环境适宜性(B_2)、安全适宜性(B_3)、的重要性作出判断，得到准则层 B 对于目标层 A 的判断矩阵。同理可得准则层下各子指标的判断矩阵，最后进行层次排序及其一致性检验。

6.2.3　畜禽养殖场空间布局适宜性评价模型构建

基于以上确定的评价指标及权重利用指数加和模型构建畜禽养殖场空间布局适宜性评价模型：

$$S = \Big[\sum_{i=1}^{n}(S_i \times Q_i)\Big] \times K \tag{6-4}$$

式中：S 为畜禽养殖场空间布局适宜性评价总得分，反映畜禽养殖场空间布局适宜程度；Q_i 为各参评因子权重系数；K 为限制性因素权重系数，当该区域为限制区域时取 0，当该区域为不受限制区域时取 1；S_i 为各参评因子得分；n 为参评因子个数。

6.3 畜禽养殖场空间布局适宜性评价实际案例

6.3.1 北京市大兴区禽养殖场空间布局适宜性评价

6.3.1.1 评价单元划分

评价单元是由对畜禽养殖场空间布局适宜性评价具有各种影响的因素组成的基本空间单位，同一评价单元的内部质量相对比较均一，不同评价单元之间则存在一定的差异性。以农用地地块为评价单元，使畜禽养殖场空间布局适宜性评价能充分考虑畜禽粪便对农用地土壤的环境污染，从而保证了畜禽养殖场空间布局适宜性评价的精度，同时便于评价结果的应用。利用 GIS 软件，根据土地利用状况图、行政区划图等资料绘制成大兴区农用地空间分布图，从而获得进行此次适宜性评价的 8481 个地块。

6.3.1.2 评价指标权重的确定

基于上述层次分析法确定评价指标权重的计算公式，利用 Matlab 软件编程求得目标层下三个准则层指标的权重：经济适宜性，0.302；安全适宜性，0.150；环境适宜性，0.548。$CI=0.016$，$CR=0.016/1.07=0.015<0.1$，具有满意的一致性。同理可求出在准则层下各子指标权重，然后用同样的方法计算并进行一致性检验，均具有满意的一致性。

计算因子层所有元素对总目标相对重要性的排序权值，得到结果为：市场规模 0.097；土地利用状况 0.033；与道路距离 0.116；周围饲料生产 0.056；与居民地距离 0.168；与水体距离 0.102；坡度 0.063；耕地土壤环境污染潜势（环境污染风险评价）0.215；与规模养殖场距离 0.150；其中 $CR=0.0035/1.13=0.0031<0.1$，可知总层次排序结果具有满意的一致性。

6.3.1.3 畜禽养殖场空间布局限制性因素分析

限制性因素分析主要从法律法规、政策及土地利用限制角度来进行畜禽养殖场空间布局限制性评价分析。此处考虑的主要限制因素如下（阎波杰，2009c；常玉海等，2007）：

(1)保护性农田，如基本保护农田、设施农业用地等。

(2)与已有小型养殖场需保持 500 m 距离，与大型养殖场需保持 1000 m 以上的距离。

(3)生活饮用水水源保护区、风景名胜区、自然保护区的核心区及缓冲区、政府依法划定的禁养区域。

(4)各种水体（湖、河流、坑塘、养殖水面及大中小型水库等）及其周边 200 m 的缓冲区，防止对地表水的污染。

(5)公路、铁路及及其周边 300 m 的距离范围内。

(6)学校、畜产品加工的地方的距离500 m以内为限制区。

(7)坡度过大的区域,一般超过25度坡度的区域为受限制区。

(8)城市和城镇居民区域及其周边300 m的缓冲区(防止畜禽养殖废弃物对居民生活区的污染)。

基于上述限制性因素分析,结合大兴区的实际情况得到大兴区受限制的畜禽养殖区域,见图6-2。从空间分布分析,大兴区大部分区域属于畜禽养殖的限制区域,主要由六环线、城镇居民地、主要交通道路等及其周围区域组成,适合畜禽养殖场建设的非限制性区域相对比较小。从统计数据分析,大兴区畜禽养殖限制区域总面积达到了77111.612 hm^2,占大兴区总面积的74.43%,主要由城市、建制镇和居民地及周围300米范围、主要交通道路的缓冲区域和大中小型规模养殖场的缓冲区域构成,占总限制区域面积的89.55%,具体的各土地利用限制面积情况见表6-2。

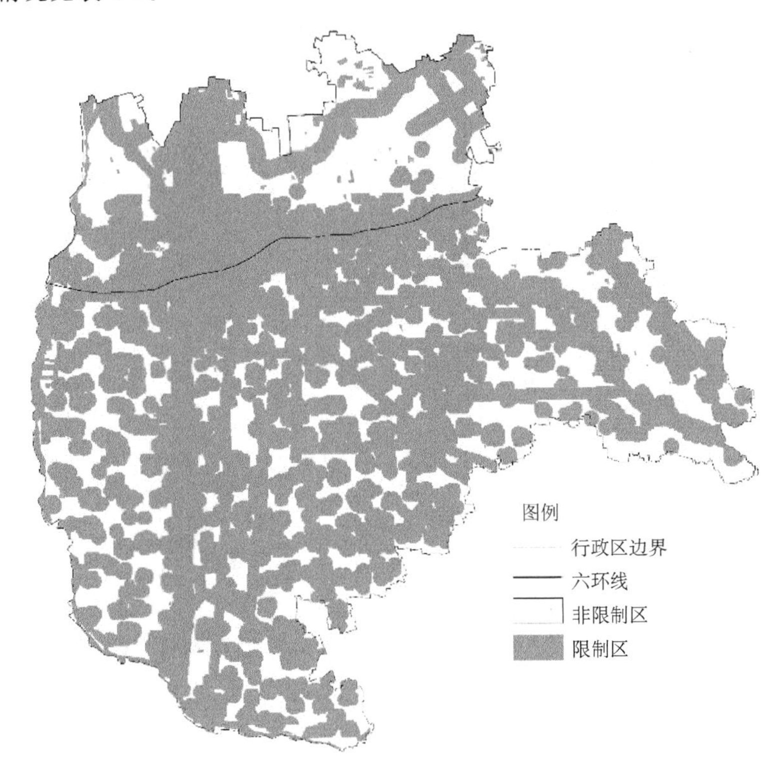

图6-2 大兴区畜禽养殖场空间布局限制性因素示意图

表6-2 大兴区畜禽养殖场空间布局限制性因素面积统计结果

土地利用状况限制	面积/hm^2	比例/%
农村居民区	8971.979	11.64
河流	751.679	0.97
城市	550.508	0.71
建制镇	3257.636	4.22
坑塘	656.462	0.85

续表

土地利用状况限制	面积/hm²	比例/%
滩涂	2237.270	2.90
水库	157.328	0.20
养殖水面	184.062	0.24
设施农业用地	89.901	0.12
与河流 200 m 缓冲区域	3985.213	5.17
与公路 300 m 缓冲区域	6886.750	8.93
与铁路 300 m 缓冲区域	8519.069	11.05
与小型规模养殖场 500 m 距离	3220.805	4.18
与大中型规模养殖场 1000 m 距离	14270.240	18.51
城市、建制镇和居民地周围 300 m 范围	23372.710	30.31
总面积	77111.612	100

6.3.1.4 畜禽养殖场空间布局适宜性评价结果分析

畜禽养殖场空间布局的适宜性评价和限制性评价结果相结合，得到大兴区畜禽养殖场空间布局适宜性评价结果，如图 6-3 所示。

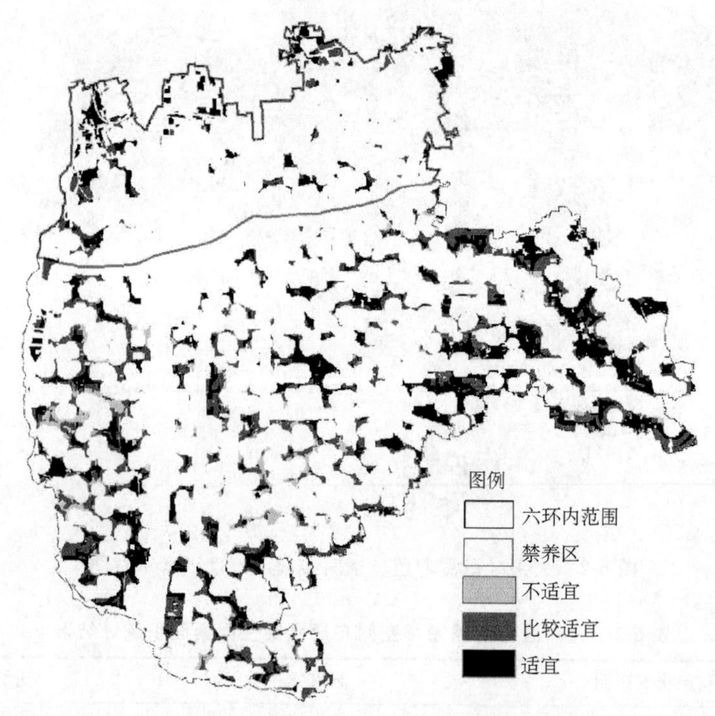

图 6-3 大兴区畜禽养殖场空间布局适宜性评价结果

大兴区畜禽养殖场空间布局适宜性评价结果主要由城乡居民点、各种水体（湖、河流及水库等）、农田保护区等禁养区及不同适宜程度的区域组成。从空间分布上可见，大兴区北部（以六环为界）是北京市政策法规规定的大面积禁养区，包括黄村镇北部、亦庄镇、旧宫镇、西红门镇及北藏村镇的北部少许地方，总面积24368 hm^2，占大兴区总面积的23.5%。但实际上在六环内的某些区域也是适合适当发展畜禽养殖业的。

考虑到畜禽养殖场建设需要一定的场地面积，过小的区域不适合建设养殖场，一般要求面积在2 km^2以上。最适宜建设畜禽养殖场的区域主要分布在安定镇的东南部、长子营镇西南部和北部、魏善庄镇东南部、采育镇中部区域以及榆垡镇的西北部。这些区域规模化养殖场较少，而畜禽养殖场周围配套的农用地较多，畜禽养殖废弃物对耕地的环境污染负荷小，此外这些区域内饲料来源比较丰富，因此可发展一定的畜禽养殖业。北京市政府已经意识到规模化畜禽养殖场对环境的影响，提出了禁养区和限养区，要求养殖业区域布局上要加快由近郊向远郊转移，五环路以内的城近郊区的规模化畜禽养殖场要陆续退出，逐步形成禁养区；五环路以外六环路以内的区域，原则上不再新建和扩建规模畜禽养殖场，对现有的进行环境综合治理并加强环境质量检测，逐步形成限养区；六环以外的远郊区要加快发展绿色养殖，逐步形成适度规模养殖区。但这种依据还存在一定的局限性和片面性，如图6-3所示，六环内亦有不少区域适宜建设畜禽养殖场，在一定范围内也有足够的农用地去消纳一定规模的畜禽养殖场所产生的畜禽养殖废弃物，因此北京市政府提出的“五环路以外六环路以内的区域，原则上不再新建和扩建规模畜禽养殖场”的说法不是十分科学。不过由于之前畜禽养殖场的布局大多都是从经济因素出发进行的布局，因此六环内的畜禽养殖场有必要进行重新的布局规划及环境综合治理并加强环境质量检测，尤其是对规模养殖场畜禽养殖废弃物的管理。由于六环内经济相对比较发达，人口众多，而农用地面积少，土地利用主要以建筑用地为主，无法完全消纳规模化养殖产生的大量畜禽养殖废弃物，因此也有必要对畜禽养殖废弃物进行进一步的处理。如将粪肥加工成有机肥运往缺肥区域，这样既可减少化肥使用，又可使粪肥资源化，实现农业生态系统的良性循环，避免畜禽养殖废弃物污染环境，在短时间内达到立竿见影的效果。

大兴区畜禽养殖场空间布局适宜性评价统计结果如表6-3所示，其中大兴区大部分区域属于禁养区和不适宜区，占大兴区总面积的76.42%，比较适宜畜禽养殖场空间布局的占总面积的11.02%，适宜畜禽养殖场空间布局的占总面积的12.56%。这与大兴区处于北京市近郊，经济发达，人口较集中，缺乏足够的农用地去消纳畜禽养殖产生的大量废弃物等实际情况相符。未来在相关政策及城市不断扩张的背景下，大兴区畜禽养殖适宜区域空间不断从北向南压缩，规模养殖空间将进一步被压缩，但大兴区还是有一定的潜力进一步发展畜禽养殖业，能够满足北京市郊区养殖业规模化经营由现有的60%提高到90%的需求，满足北京都市型现代农业的发展需求。

表6-3 大兴区畜禽养殖场空间布局适宜性评价统计结果

等级	面积/hm^2	比例
禁养区	77111.615	74.43%
不适宜	2056.503	1.99%
比较适宜	11416.254	11.02%
适宜	13015.628	12.56%

6.3.1.5 现有畜禽养殖场空间布局适宜性评价

应用以上畜禽养殖场空间布局适宜性评价结果分析对大兴区已有的畜禽养殖场进行空间布局分析。大兴区2005年共有271个畜禽养殖场（规模养殖场和畜禽养殖小区），对这些畜禽养殖场依据畜禽养殖场空间布局评价方法进行评价。结果表明绝大多数的畜禽养殖场不符合畜禽养殖场空间布局的要求，只有30个畜禽养殖场符合大兴区畜禽养殖场空间布局的要求，主要分布于安定镇、北藏村镇、瀛海镇等。不符合畜禽养殖空间布局规划要求的原因及畜禽养殖场个数如表6-4所示。

表6-4 不符合畜禽养殖场空间布局评价要求的畜禽养殖场统计结果

不符合要求的原因	养殖场个数	比例/%	集中分布区域
畜禽养殖场之间距离过近	81	29.89	安定镇、礼贤镇、采育镇及北藏村镇等
在居民地及300 m范围内	153	56.46	礼贤镇、采育镇及北藏村镇等
与河流距离在300 m内	15	5.54	采育镇、魏善庄镇等
与城市、建制镇距离过近	5	1.85	黄村镇、亦庄镇等
与公路距离500 m内	16	5.90	北藏村镇、黄村镇和庞各庄镇等
与铁路距离500 m内	13	4.80	黄村镇、礼贤镇等
与水库距离太近	2	0.74	黄村镇
在保护性耕地上	64	23.62	礼贤镇、安定镇、青云店和魏善庄镇等

其中，在居民地及300 m范围内的畜禽养殖场最多，达到了153个，占总畜禽养殖场的一半以上；有的甚至就建设在居民区内。这些畜禽养殖场违反动物防疫原则和标准要求，往往会导致人畜共患病的蔓延和畜禽养殖废弃物污染对居民区的生态环境的影响。此外有81个畜禽养殖场相互之间的距离太近，增加了狂犬病、禽流感等动物疫病的爆发和蔓延的风险。另外，有64个畜禽养殖场建在了保护性耕地上。以上三个因素是影响目前大兴区畜禽养殖场建设存在的最集中问题，除此之外，还有与河流距离太近，与公路、铁路太近等原因。这些不符合要求的畜禽养殖场中有83个同时违反了两个原则，有12个甚至违反了3个原则。其中违反两个原则的主要是集中在与居民地太近和畜禽养殖场之间距离过近的原因上，共有49个这样的畜禽养殖场，其分布区域主要在采育镇和北藏村镇，分别有18个和10个；其次是与居民地太近和建设在保护性耕地上的畜禽养殖场，共有23个。不符合3个原则的主要原因是建在与居民地太近、保护性耕地和相互之间距离太近，大都分布于礼贤镇、采育镇和青云店。

从对目前大兴区畜禽养殖场状况的分析来看，现有的畜禽养殖场空间布局的畜禽养殖场多从生产、销售、运输等经济利益的角度出发，较少考虑其对周围生态环境的影响。因此我们应充分考虑资源、环境、交通、市场等相关因素，合理规划养殖业发展种类、规模和科学布局。对已有的不符合要求的畜禽养殖场应加强污染治理，并逐步进行搬迁，对严重不符合原则的畜禽养殖场应关闭或停产整治后再投产。对新建畜禽养殖场项目，应进行严格的畜禽养殖场空间布局评价，符合要求的方可进行建设。

6.3.2 福州市闽侯县畜禽养殖场空间布局适宜性评价

6.3.2.1 研究区概况

闽侯县坐落于福建省东部、福州市西南侧、闽江下游，呈月牙形拱卫省会城市，是福建省最靠近省会城市的市郊县。地处25°47′～26°37′N，118°51′～119°25′E。全县总面积21.3

万 hm^2，农田占 17.37%，以水田、旱地和菜地为主。近几年，随着经济的快速发展，闽侯县畜禽养殖业的生产规模日渐扩大，正朝着规模化、集约化、现代化等方向迅速发展，畜禽养殖业已成为闽侯县农业发展的一大支柱产业。目前，畜禽养殖业带来的污染不断加重，其产生的大量畜禽养殖等废弃物与有限的农田资源已形成尖锐矛盾，因此，为了促进闽侯县畜禽养殖业持续、健康的发展，迫切需要对畜禽养殖场进行科学合理的空间布局。

6.3.2.2 数据采集与处理

收集闽侯县高分辨率遥感影像图、闽侯县行政区划图、高程、耕地、土地利用相关信息等原始数据。以闽侯县高分辨率遥感影像图、行政区划图与土地利用现状图作为底图，利用 ArcGIS 10 软件进行配准、校正、数字化提取等处理，以获取研究区域的居民地、道路、水体、土地利用等信息（图 6-4），通过统计年鉴、实际现场调查等手段获取畜禽养殖相关属性信息。综合上述信息，以备建立畜禽养殖多用途空间数据库。

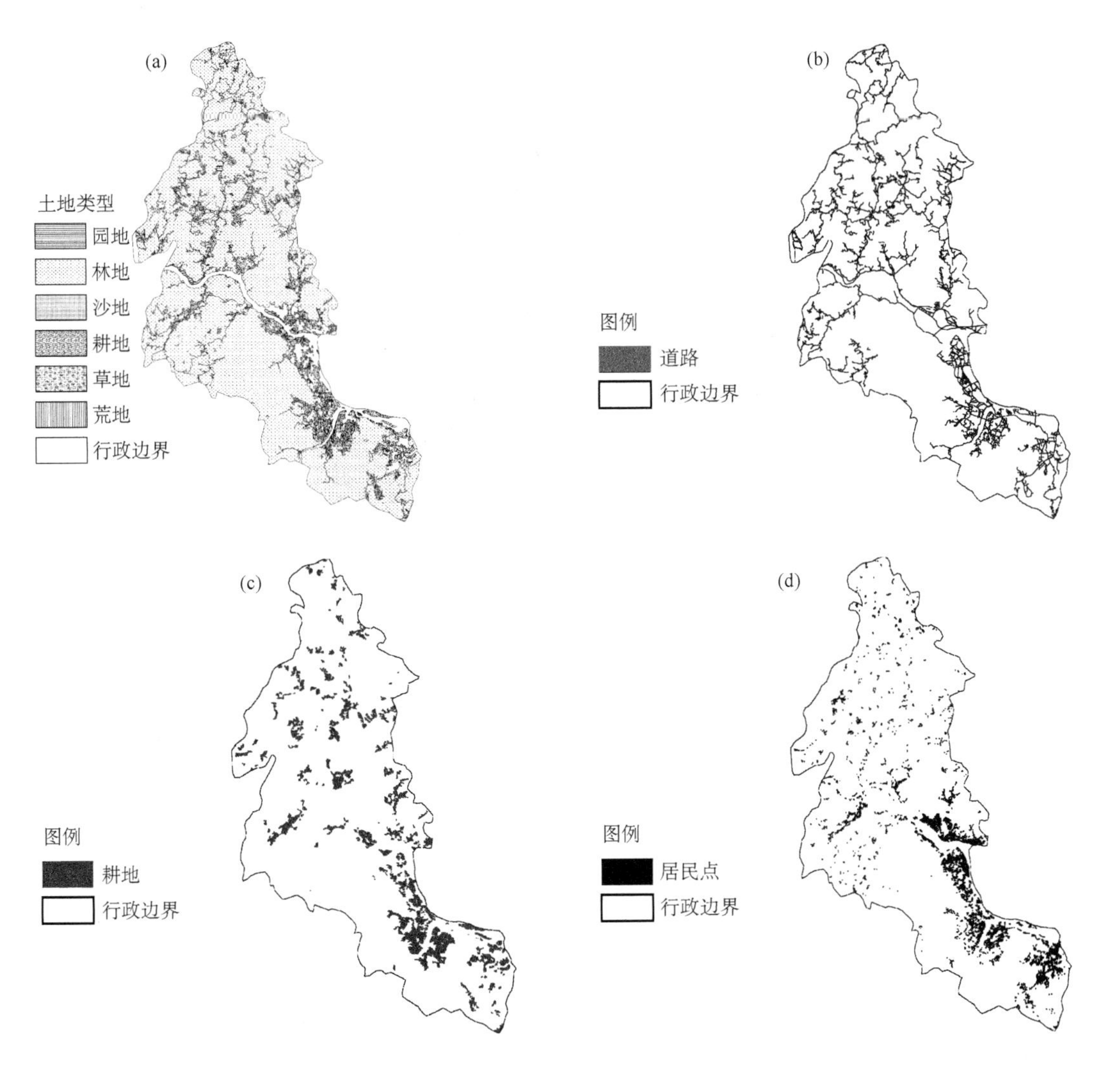

续图

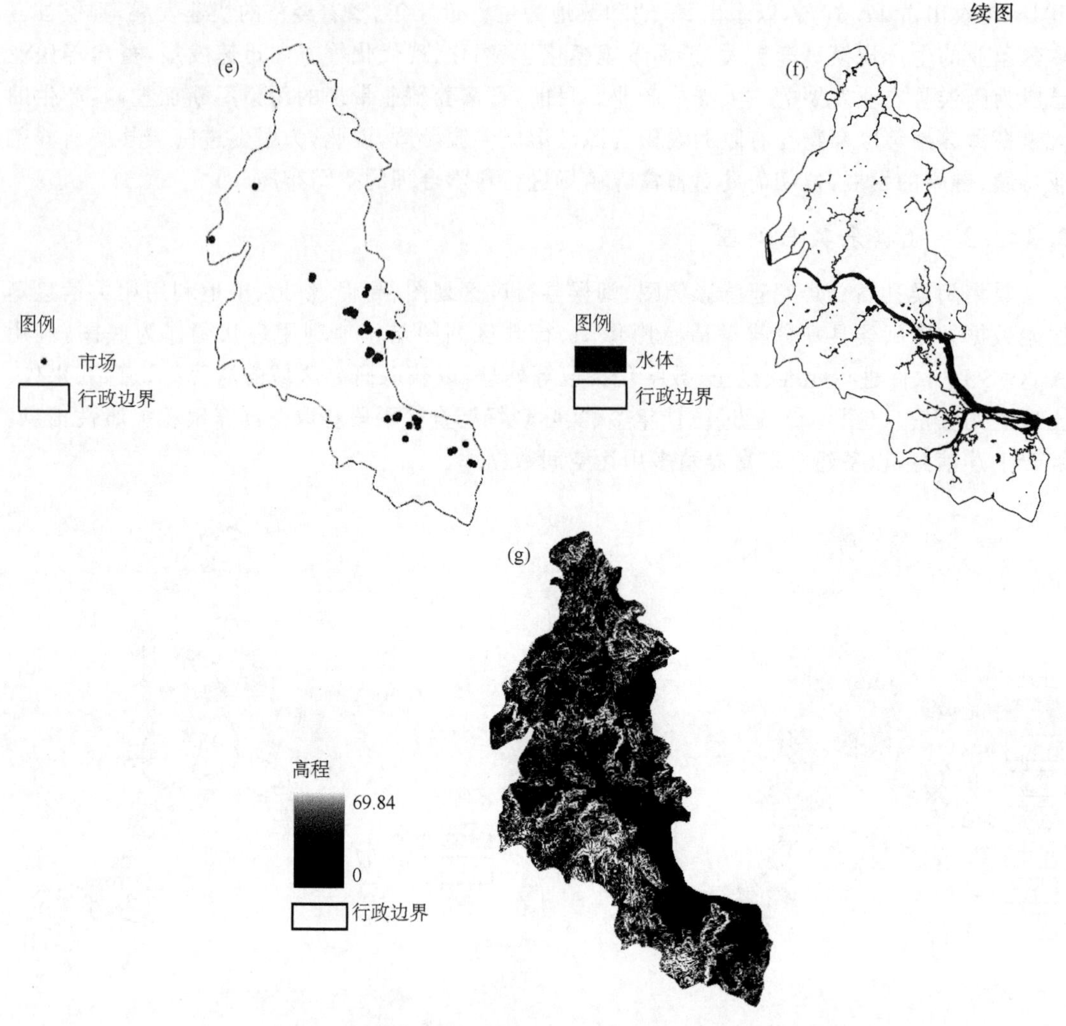

图 6-4　闽侯县规模化畜禽养殖场空间布局适宜性评价数据处理结果

(a)土地类型；(b)道路；(c)耕地；(d)居民点；(e)市场；(f)水体；(g)高程

6.3.2.3　评价指标的确定

影响规模化畜禽养殖场空间布局适宜性评价的因素很多，如地形、交通状况、土地利用状况等因素，且各因素存在较大的差异性。有些因素是主要的，决定着规模化畜禽养殖场空间布局适宜性的高低，而有些因素的作用是次要的，可忽略。很多规模化畜禽养殖场出于降低养殖、运输、销售成本及便于加工的应用需要，往往更多考虑经济方面的影响因素，如与道路的距离、与市场的距离等，较少考虑与耕地的距离。许多发达国家规定畜禽养殖场周围必须有与之配套的农田来消纳畜禽养殖废弃物，从而在农场范围内形成农牧良性循环(Song et al,2012;武兰芳等,2013)。尤其是近年来，畜禽养殖场带来的各种环境污染越来越突出，而畜禽养殖废弃物的最好出路是作为有机肥返田施用，既可以作为农田作物的肥料，又可避免畜禽养殖废弃物成为环境污染源(Song,2005)。基于上述这样的思路背景，本节着重考虑与耕地的距离这一指标，并按照科学性、定量与定性分析相结合、综合分析与主导因素相结合等原则，统筹考虑，通过广泛收集研究区域资料，结合实地调研及各有关部门专家的意见，选择坡度、与道路距离、与市场距离、土地利用状况、与居民地距离、与水体距离及与耕地距离作为参评因子。此外，为防止规模化畜禽养殖场产生的大量NH_3、硫化物和甲烷等有毒气体对畜禽养殖生产及居民生活的影响，规模化畜禽养殖场空间位置还必须考虑风向因素。

为了得到规模化畜禽养殖场空间布局适宜性评价的量化指标系数（宗跃光等，2007；俞艳等，2008），本节采用因子量化方法对规模化畜禽养殖场空间布局适宜性评价各指标进行无量纲化变换处理，量化指标系数再乘以100即因子的标准化值。对闽侯县规模化畜禽养殖场空间布局适宜性评价因子按100分制标准进行打分，其中最高级别为满分100分，其余各级别分值按照实际指标值对畜禽养殖场空间布局适宜性影响衰减程度赋予不同分值。指标体系如表6-5所示。

表6-5 规模化畜禽养殖场空间布局适宜性评价指标体系

评价指标	专家评估值					
坡度/°	<5	5～8	8～12	12～16	16～25	>25
道路距离/km	0.1～0.5	0.5～1	1～2	2～5	>5	<0.1
市场距离/km	<1	1～2	2～3	3～4	3～5	>5
土地利用状况	荒地	草地	沙地	林地	园地	耕地
居民地距离/km	0.5～1	1～2	2～3	3～5	>5	<0.5
水体距离/km	0.3～1	1～2	2～3	3～4	>4	<0.3
耕地距离/km	<0.3	0.3～0.8	0.8～1.5	1.5～2	2～3	>3
分值	100	80	60	40	20	0

6.3.2.4 评价指标权重的确定

评价指标权重体现了各评价因子在评价过程中对评价结果的贡献程度。本节利用德尔菲法和层次分析法相结合的方法确定闽侯县规模化畜禽养殖场空间布局适宜性评价中各评价指标的权重，通过征求各相关专家的意见，采用德尔斐法实现评价因子重要性排序，建立构造判断矩阵，计算判断矩阵的最大特征根和对应的特征向量，最后检验判断矩阵的一致性，将矩阵的一致性指标与平均随机一致性指标进行对比，判断矩阵的随机一致性比例为$0.031/1.32=0.023<0.1$，因此判断矩阵具有令人满意的一致性。将上述计算所得的各评价因子的排序权值作为各评价因子的权重值，结果见表6-6。

表6-6 规模化畜禽养殖场空间布局适宜性评价因子权重值

指标	坡度	道路距离	市场距离	土地利用状况	居民地距离	水体距离	耕地距离
权重值	0.054	0.086	0.078	0.117	0.149	0.200	0.316

6.3.2.5 规模化畜禽养殖场空间布局适宜性等级评定

根据以上确定的规模化畜禽养殖场空间布局适宜性评价指标体系，结合各评价指标的权重值以及无量纲化变换处理得到的评分结果，采用指数加权法计算综合质量指数，建立规模化畜禽养殖场空间布局适宜性评价模型：

$$S = \sum_{i=1}^{n} (X_i \times \lambda_i) \tag{6-5}$$

式中：S 为规模化畜禽养殖场空间布局适宜性评价总得分；X_i 为第 i 个评价指标得分；λ_i 为第 i 个评价指标的权重值；n 为评价指标个数。

6.3.2.6 结果分析

利用上述评价方法获得闽侯县规模化畜禽养殖场空间布局适宜性评价结果。结合闽侯县的实际情况，将适宜性评价综合得分结果通过等距分级法确定适宜性评价得分分级方案。闽侯县规模化畜禽养殖场空间布局适宜性评价结果主要包括禁养区、不适宜、比较适宜和适宜四个等级，结果见图 6-5。

考虑到规模化畜禽养殖场的可持续发展，养殖场不能建在过小的区域，应该有足够大的场地面积，一般要求面积在 20000 m^2 以上（赵小敏等，2006；崔小年，2014）。另外，由于规模化畜禽养殖场往往会产生有毒有害气体，因此从环境污染的角度出发，规模化畜禽养殖场位置需要考虑当地的风向变化。根据闽侯县气候风向条件分析得出闽侯县的主导风向为东南风，因此，规模化畜禽养殖场最好建设在居民点、水体等的东南方向，从而减少其对周边的空气、土壤和水体造成的污染，家畜传染病、寄生虫病和人畜共患病传播。根据闽侯县东南风的气候风向条件，结合规模化畜禽养殖场空间布局适宜性评价结果，获得闽侯县规模化畜禽养殖场空间布局最适宜区域，结果见图 6-6。

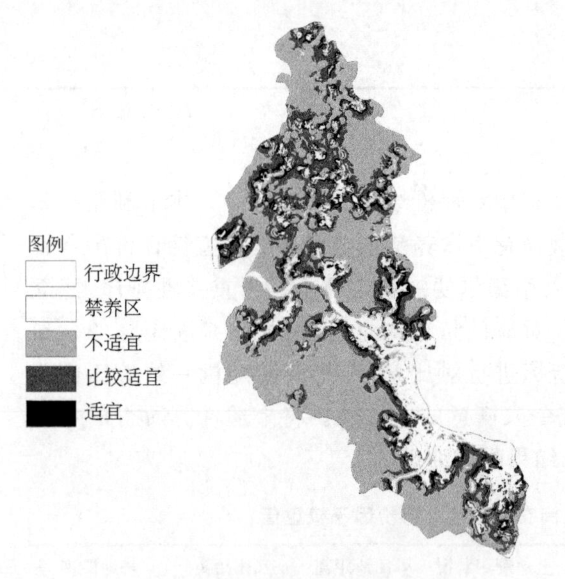

图 6-5 闽侯县规模化畜禽养殖场空间布局适宜性评价结果

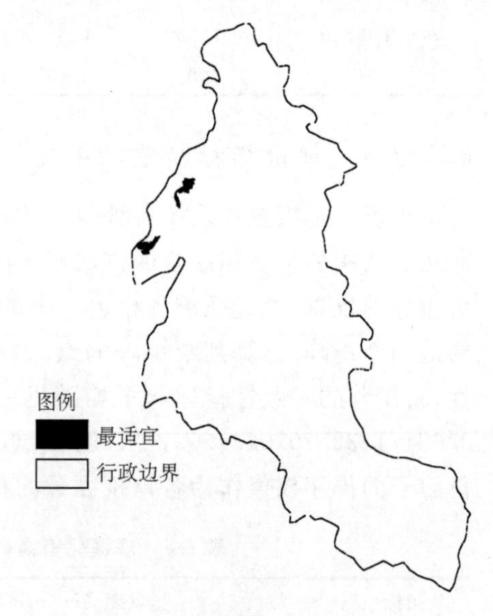

图 6-6 规模化畜禽养殖场空间布局最适宜区域

闽侯县规模化畜禽养殖场空间布局适宜性评价结果主要由居民点、道路、各种水体（湖、河流及水库等）、农田保护区等禁止区、不适宜区及适宜区（比较适宜、适宜及最适宜）构成。

（1）禁止区：主要在闽侯县的东南区域，包括区域内现有的居民地、道路、水体等。具体包括上街镇大学城、南通镇北部、南屿镇南部及尚干镇、祥谦镇、青口镇北部等区域，总面积

346.29 km^2，占闽侯县总面积的16.27%。尤其是闽侯县上街镇的大学城区域，是政府严格划定的畜禽养殖禁建区。

(2)不适宜区：闽侯县不适宜建设规模化畜禽养殖场的区域除了各乡镇用于农业发展的耕地区域之外，主要包括南屿镇西部、洋里乡北部、大湖乡北部、鸿尾乡及延坪乡西北部等区域。不适宜区域总面积1114.07 km^2，占总面积的52.36%。其中，南屿镇西部有著名的旗山森林公园，而大湖乡、延坪乡、洋里乡、鸿尾乡等群山环抱，海拔较高，交通不便，尤其是大湖乡和延坪乡靠近鳌江(塘坂)水源地，属于闽江流域中游，且部分区域位于下风口。若建设规模化畜禽养殖场，有可能会引起水体污染。一旦造成水体污染，闽江下游将会受到很大影响，因此这些区域不适合建设规模化畜禽养殖场。

(3)适宜区：从空间分布上分析，闽侯县适宜建设规模化畜禽养殖场的区域主要分布于南屿镇北部、南通镇东部、青口镇、小箬乡的部分区域，占闽侯县总面积的31.07%。最适宜区域位于上街镇北部、南通镇东北部及荆溪镇除禁养区和不适宜建设区之外的其他区域，总面积为17.38 km^2，占闽侯县总面积的0.81%。由于这些区域与下风口尚有一定的距离，因此可降低由规模化畜禽养殖场产生的有毒、有害臭气对周边环境空气的污染风险。此外，这些区域周边分布着大量的耕地资源，而耕地作为畜禽养殖废弃物还田施用的场地，不仅可增加耕地的肥力，也可减少畜禽养殖废弃物造成环境污染的风险。同时，以上区域地势平坦且交通便捷，有利于饲料、产品的运输以及畜禽的出入栏。最后，这些区域紧靠市场，不仅能节省大量的运费开支，也可快速将畜禽产品投入市场。综合上述分析，这些区域很适合发展规模化畜禽养殖业，实现畜禽养殖业的可持续快速发展。

6.3.3 闽侯县上街镇畜禽养殖场空间布局适宜性评价

6.3.3.1 数据来源与处理

收集2011年福州市闽侯县上街镇行政区划图、交通道路、水系图、高分辨率遥感影像、土地利用状况图、耕地相关信息、养殖状况数据(规模养殖场、养殖小区等)等数据。以该区高分辨率遥感影像及土地利用现状图为底图采用ArcGIS 9.3软件进行投影、编辑、矢量化等处理后获得基本地理空间数据(耕地、道路、水系、土地利用状况等)。共采集1096块农用地地块，地块类型结合上街镇畜禽养殖场废弃物作为有机肥的施肥习惯主要采集耕地、菜地、园地和农业设施用地四种类型。采用Q5 GIS采集器及实地调查的方式采集养殖状况数据，共获得58个不同类型和规模的规模养殖场，其中以猪、鸡及鸭为主要畜禽养殖品种。

6.3.3.2 畜禽养殖废弃物养分空间分配模型

根据影响畜禽养殖废弃物作为肥料施用到农用地的因素，以畜禽养殖废弃物最经济运输距离为依据(Araji et al，2001；Bartelt et al，2007；Zeng et al，2008)，参考作者前期的研究成果(阎波杰等，2010d；阎波杰等，2014)，利用德尔菲法确定规模化畜禽养殖场与农用地的距离、农用地面积、农用地类型和农用地肥力作为影响畜禽养殖废弃物养分空间分配的主要因素及各影响因素的权重，进而构建畜禽养殖废弃物养分空间分配模型。具体的模型如下：

$$M=\sum_{x=1}^{b}\left\{\left[\frac{\lambda_1}{d_i\sum_{i=1}^{a}(1/d_i)}+\frac{\lambda_2 s_i}{\sum_{i=1}^{a}s_i}+\lambda_3 m_j+\frac{\lambda_4}{n_i\sum_{i=1}^{a}(1/n_i)}\right]\times\sum_{i=1}^{c}(Amount_i\times D_i\times\delta_i\times\varphi_i\times\xi_i)\right\}\tag{6-6}$$

式中：M 为某农用地从畜禽养殖场（小区）得到的养分总量；$Amount_i$ 为畜禽养殖场的畜禽养殖量；D_i 为养殖周期；δ_i 为畜禽养殖废弃物排泄系数；φ_i 为畜禽养殖废弃物养分含量系数；ξ_i 为畜禽养殖废弃物养分损失率；c 为畜禽养殖场内畜禽养殖种类；d_i 为畜禽养殖场（小区）与某农用地之间的距离；s_i 为农用地面积；m_i 为农用地类型对应的值；n_i 为农用地的肥力；λ_1 为畜禽养殖场（小区）与农用地的距离对畜禽养殖废弃物养分空间分配的影响权重；λ_2 为农用地面积对畜禽养殖废弃物养分空间分配的影响权重；λ_3 为农用地类型对畜禽养殖废弃物养分空间分配的影响权重；λ_4 为农用地的肥力对畜禽养殖废弃物养分空间分配的影响权重；a 为畜禽养殖场（小区）最经济运输距离范围内农用地数目；b 为某农用地获得养分的畜禽养殖场（小区）个数。

6.3.3.3　畜禽养殖场适宜性评价指标体系构建

以畜禽养殖场可持续发展为目的，遵循因地制宜、效益兼顾、便于生产、环境安全等原则，从环境因素（包括自然和生态）、经济因素、卫生防疫、土地利用状况、法律法规和政策等考虑畜禽养殖场适宜性评价的影响因素，经过比较分析，利用德尔菲法从众多影响因子中筛选出最相关的影响因子（主要分环境因子、经济因子和安全因子）建立畜禽养殖场适宜性评价指标体系。

环境因子包括坡度、与主要水体距离、与居民地距离、与耕地距离及与林地距离，是畜禽养殖场的自然基础及限制性作用。如为避免含有大量污染物质的畜禽养殖场污水污染水体，畜禽养殖场与水体（湖泊、大中型水库、水塘、河流等）的距离至少应该在 500 m 以上（李远，2002）。而为防止畜禽养殖场大量恶臭气体影响居民正常的生活，畜禽养殖场与居民区域应保持一定的距离，一般小型养殖场不小于 300 m，大中型规模养殖场应不小于1000 m，但若畜禽养殖场与居民区距离过远，也不利于畜禽养殖场的生产。林地可吸收畜禽养殖场产生的大量恶臭气体，净化畜禽养殖场周边的空气，应尽量使畜禽养殖场布局在靠近林地的地方。此外，应选择地面平坦而稍有坡度的地方，保证畜禽养殖场具有较好的排污能力。

经济因子对畜禽养殖场起到规划引导、节约成本和提高效益的作用。畜禽养殖场每天的饲料一般需求量都很大，据统计，一个 600 头成乳牛的奶牛场，连同场内其他牛群，一天约需 20000 kg 以上的饲料。一头普通奶牛每天产奶量为 20～30 kg，600 头成乳牛的奶牛场每天鲜奶量可达 12～18 t。为了确保牛场所产的鲜奶及时供应市场需要，其运输距离也是越短越好。因此，畜禽养殖场应选在交通运输方便的区域，从而既可以节约运输成本，又可快速地将畜禽产品运送到市场，此外，畜禽养殖场离市场越近，越能及时销售畜禽产品，降低交通运输费用。畜禽养殖场建设往往进行土地征用，不同的土地利用类型其土地的征用费不同，除去原则上不得建设畜禽养殖场的地方，如现状中心城市、独立的产业组团、基本保护农田、工矿区用地等，畜禽养殖场建设应优先利用土地质量较差的各种未利用地、荒山、荒草地、荒坡、荒滩、沙地、工矿废弃地等。

安全因子是考虑畜禽养殖场之间各种畜禽疫病的相互传染。如口蹄疫、山羊痘、狂犬病、禽流感等主要是通过直接接触和空气进行传播的，因此，畜禽养殖场之间应该保持一定的距离以防止畜禽疫病的爆发和蔓延，一般养殖场之间的距离不小于 150 m，大型规模养殖场之间不小于 1000 m。此外，国家政府机关制定的土地利用限制、法律法规、政策也一定程度上影响规模畜禽养殖场的选址，尤其是政府依法划定的禁养和限养区域。

6.3.3.4 畜禽养殖场适宜性评价量化方法

根据畜禽养殖场空间布局适宜性要求，将各评价因子划分为不同的适宜性等级，并分别进行赋值，评价分值为 0～100，值越高，相应适宜性等级越高。由此生成各单项因子的畜禽养殖场空间适宜性等级分级图，如坡度分级图、与居民地缓冲距离分级图、与道路缓冲距离分级图等。在指标分级量化过程中，考虑国家政府机关制定的禁养和限养区域，在分级指标量化时将这些区域赋空值，以避免分析过程中因子叠加后这些区域适宜或部分适宜的现象，保证其评价客观现实性。在此基础上，结合对研究区的实际多轮调查与问询，采用专家打分法和层次分析法确定不同层次指标权重与量化标准(表 6-7)。

表 6-7 畜禽养殖场空间布局适宜性评价指标体系

评价因子		专家评估值						权重值
环境因子	坡度/°	<5	5～8	8～12	12～16	16～25	>25	0.060
	与主要水体距离/km	0.5～1	1～2	2～3	3～4	>4	<0.5	0.113
	与居民地距离/km	1～2	2～3	3～4	4～5	>5	<1	0.133
	与耕地距离/km	<1	1～2	2～3	3～5	5～8	>8	0.237
	与林地距离/km	<0.5	0.5～1	1～2	2～3	3～5	>5	0.065
经济因子	与道路距离/km	0.1～0.5	0.5～1	1～3	3～5	>5	<0.1	0.133
	与市场距离/km	<1	1～3	3～5	5～8	8～12	>12	0.085
	土地利用状况	荒地	草地	沙地	林地	园地	耕地	0.054
安全因子	与养殖场距离/km	>6	4～6	3～4	2～3	1～2	<1	0.120
	分值	100	80	60	40	20	0	1

以各单项因子的分析为基础，结合权重值，计算各单项因子的适宜性得分，多因子加权叠加汇总确定空间布局适宜性级别，综合的适宜性评价公式为：

$$G_{site} = \sum_{i=1}^{m}(P_i \times h_i) \tag{6-7}$$

式中：G_{site} 为畜禽养殖场(小区)空间布局适宜性评价总值；P_i 为第 i 个因子分值；h_i 为第 i 个因子的权重；m 为因子个数。

6.3.3.5 畜禽养殖场空间布局适宜性评价结果

结合研究区数据，将所有参与空间分析的图层按分类标准进行重分类，利用 ArcGIS 9.3 软件进行栅格运算，加权叠加各单因子适宜性等级分级图，将适宜性按分值划分为 4 个等级：最适宜、比较适宜、适宜及不适宜。结合政府依法划定的禁养和限养区域，得到畜禽养殖场空间布局适宜性评价图，如图 6-7 所示。从适宜性评价结果来看，闽侯县上街镇畜禽养殖适宜区主要分布于上街镇的西部、西南部及北部和东南部部分区域。北部区域交通发达、市场便利，乌龙江从正北经过，且与居民地保持合理的距离。西部区域交通方便，溪源溪横贯穿过，且有大批的林地可吸收畜禽养殖场产生的大量污染气体，是闽侯县上街镇畜禽养殖场发展的重要腹地。东南部部分区域，除了交通发达、紧靠市场外，还有大批的农用地可消纳畜禽养殖场产生的畜禽养殖废弃物。上街镇东部是大面积的闽侯县政策法规规定的禁养区，包括上街大学城规划用地及周边范围、城镇规划用地外延 500 m 范围、上街镇溪源宫水源保护区、福州上街投资区等。

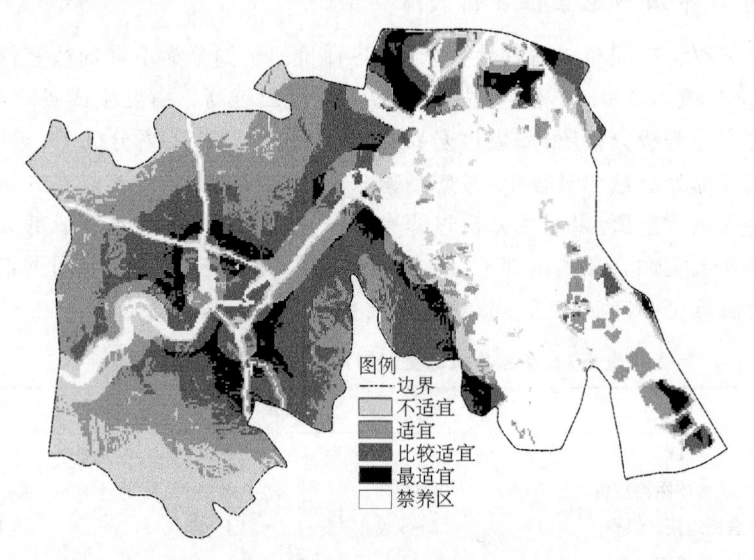

图 6-7　畜禽养殖场空间布局适宜性评价结果

闽侯县上街镇畜禽养殖场空间布局适宜性评价统计结果中，上街镇大部分区域属于禁养区和不适宜区，总面积 76.91 hm^2，占上街镇总面积的 50.68%；适宜畜禽养殖场空间布局的面积为 38.74 hm^2，占总面积的 25.53%；比较适宜畜禽养殖场空间布局的面积为 35.15 hm^2，占总面积的 23.17%；最适宜畜禽养殖场空间布局的面积为 0.94 hm^2，只占总面积的 0.62%。这与上街镇处于福州市近郊，经济发达，人口较集中，大量农用地往往被征集后变为各种基础设施及房地产等建设用地的实际情况相符。

未来在相关政策及城市不断扩张的背景下，上街镇畜禽养殖适宜区域空间不断从东向西压缩，畜禽养殖空间将进一步被压缩，但上街镇还有很大的潜力进一步发展畜禽养殖业，尤其是上街镇的西部区域，能够满足福州市城郊区养殖业规模化经营进一步提高的需求，可以大力发展畜禽养殖产业，成为城郊区域重要的畜禽养殖产品的生产基地。

第7章　区域畜禽养殖容量估算研究

随着畜禽养殖业的快速发展，畜禽养殖数量迅速增长，但随之而来的畜禽养殖废弃物快速增长造成的环境压力日益凸显。2000 年，我国的总体土地负荷警戒值已经达到 0.49，部分地区如北京、上海、山东、河南、湖南、广东、广西等地已经呈现出严重或接近严重的环境压力水平（国家环境保护总局，2003）。2011 年，以 N 养分测算的耕地负载警报值已经超过 0.70，畜禽氮养分的耕地负荷已经开始对环境产生污染威胁，以磷肥测算的耕地负载警报值均超过了 1.00，对环境造成了较严重的污染威胁（陈瑶等，2014）。为减少或降低畜禽养殖对环境的污染影响，需要准确估算畜禽养殖适度规模，并依此优化畜禽养殖业空间布局。这是实现资源化、减量化、无害化和生态化发展区域畜禽养殖业的基础（潘瑜春等，2015）。因此，基于农业循环经济发展理论，采用种养结合方式，因地制宜地确定养殖规模，对畜禽养殖业的可持续发展具有重要的现实意义。

针对区域畜禽养殖容量估算的相关问题，许多国家和地区根据农田养分平衡理论，利用逐级测算方法制定了有关规章制度。如欧盟规定了最大养殖密度为 2.0 AU/hm^2，德国规定了各州的最大养殖密度为 3.5～4.5 AU/hm^2（Schröder et al，2003；武兰芳等，2013），韩国也提出根据环境容量实施区域养殖配额制度（Song，2005）。此外，国内外学者也进行了广泛深入的研究，如基于土地承载养殖当量，Thapa 等（2000）研究了 Shyangja district的畜禽养殖适度规模，并对现有的养殖数量进行了评价分析。陈斌玺等（2012）采用排污系数法估算了畜禽粪尿排泄量，同时结合耕地面积，计算了海南省畜禽养殖环境容量。基于耕地畜禽养殖废弃物养分的承载量，王奇等（2011）提出了区域畜禽养殖应进行总量控制的基本思路。在考虑区域耕地对畜禽养殖废弃物氮、磷消纳能力的基础上，王会等（2011）结合运输成本、排污费等变量构建了数理模型，探讨了追求利润最大化的畜禽养殖场的最优规模问题。耿维等（2013）研究了中国及各省的畜禽养殖废弃物资源总量、能源潜力及农用地的氮磷负荷，并以欧盟的农地氮磷施用标准获得了 2010 年中国 31 个省（区、市）畜禽养殖的环境容量与实际养殖总量。潘丹等（2015）测算了 2000—2012 年鄱阳湖生态经济区畜禽养殖承载力、允许养殖总量以及实际养殖总量。畜禽养殖的环境容量与实际养殖总量之间的对比结果实质就是畜禽养殖的潜在规模。

综上可见，对于区域畜禽养殖容量估算，目前我国还缺乏统一的估算标准或规范，现有的研究由于各自所采用的限量标准有所侧重，其结果不可避免地存在较大的差异。而在不同的限量标准下，区域畜禽养殖容量结果存在哪些具体差异，目前还尚不明确。

7.1 行政尺度畜禽养殖容量估算

7.1.1 估算方法

基于不同的畜禽养殖对环境污染影响评价方法中的限量标准，估算区域畜禽养殖容量，主要包括畜禽养殖适度规模及潜在规模，具体的计算公式：

$$G=\begin{cases}f_1\times S\\ f_2\times q\times S\\ f_3\times S/(t\times h\times k)\\ f_4\times S/(t\times h)\\ f_5\times v\times S/(t\times h)\end{cases}\tag{7-1}$$

$$W=G-\sum_{i=1}^{n}(P_i\times l_i)\tag{7-2}$$

式中：G为某限量标准下的畜禽养殖适度规模，头(只)；S为某行政区的耕地面积，hm^2，；f_1为生猪当量的限量标准，头/hm^2；f_2为畜禽养殖密度的限量标准，AU/hm^2；f_3为耕地畜禽养殖废弃物N、P养分负荷的限量标准，kg/hm^2；f_4为耕地畜禽养殖猪粪当量负荷的限量标准，t/hm^2；f_5为耕地畜禽养殖猪粪当量负荷警报值的限量标准，无量纲；t为猪的饲养周期，d；h为猪粪尿排泄系数，kg/d；k为猪粪尿养分含量系数，g/kg；W为畜禽养殖潜在规模，头(只)；P_i为某畜禽养殖种类的现有实际规模，头(只)；l_i为当量猪转换系数，来源于原国家环境保护总局的畜禽养殖业污染物排放标准；n为行政区的畜禽养殖种类；q为猪的单元畜禽转换系数，取值为9.09(Kellogg et al,2000)；v为以猪粪当量计的有机肥最大适宜施用量，取值为30 t/hm^2，来源于国家环境保护总局自然生态保护司推荐值。

由于不同畜禽种类的排泄量和粪尿养分含量差异很大，为了便于统一计算，本节采用当量猪的方式来表示区域畜禽养殖适度规模，采用排泄系数法进行不同畜禽种类之间的相互转化。具体的转化系数参考原国家环境保护总局的畜禽养殖业污染物排放标准(国家环境保护总局，2003)，结果见表7-1中的当量猪转换系数。畜禽养殖对环境污染影响评价方法中各种限量标准来源于国内外相关文献(张玉珍等，2003；王方浩等，2006；李帷等，2007；冯爱萍等，2015；易秀等，2015)(表7-1)，国内多采用畜禽养殖密度、耕地畜禽养殖废弃物N养分负荷、耕地畜禽养殖废弃物P养分负荷及耕地畜禽养殖猪粪当量负荷警报值。

表7-1 畜禽粪尿排泄系数及不同畜禽种类转化系数

畜禽种类	粪尿种类	饲养周期/d	粪尿排泄系数/(kg/d)	氮/(g/kg)	磷/(g/kg)	当量猪转换系数
猪	猪粪	199	2.00	5.88	3.41	1
牛	牛粪	365	20.00	4.37	1.18	5
羊	羊粪	365	2.60	7.50	2.60	0.333
禽	禽粪	210	0.12	9.84	5.37	0.017
猪	猪尿	199	3.30	3.30	0.52	1
牛	牛尿	365	10.00	8.00	0.40	5
羊	羊尿	365	1.50	14.00	1.96	0.333

7.1.2 应用案例

本节以安徽省为例，基于多种限量标准，结合 GIS 空间分析技术，开展不同限量标准下的区域畜禽养殖容量(畜禽养殖适度规模及潜在规模估算)。研究结果为农业面源污染防治、畜禽养殖废弃物资源化利用、养殖场规划布局等方面的管理决策提供科学依据。

7.1.2.1 安徽省各县(市、区)畜禽养殖适度规模估算结果

基于空间数据和属性数据一体化的安徽省县(市、区)数据，依据六种当前主要的畜禽养殖对环境污染影响评价方法中的限量标准，结合 GIS 空间分析技术，采用当量猪的方式，利用公式(7-1)估算六种限量标准下的 2012 年安徽省各县(市、区)畜禽养殖适度规模；并运用等距分等法对估算结果进行分等；最后，利用 GIS 空间可视化表达技术实现六种限量标准下 2012 年安徽省各县(市、区)畜禽养殖适度规模结果的可视化表达(图 7-1)。从安徽省各县(市、区)畜禽养殖适度规模结果空间分布来看，畜禽养殖适度规模呈现从安徽省的西北部逐渐向东南部逐渐递减的趋势，但不同限量标准下的畜禽养殖适度规模空间分布不均且空间分布范围存在较大的差异。以超过 160 万头当量猪等级为例，空间分布范围最广的是耕地畜禽养殖废弃物 N 养分负荷量限量标准下的畜禽养殖适度规模；其次是耕地畜禽养殖猪粪当量负荷限量标准下的畜禽养殖适度规模；最小的是耕地畜禽养殖猪粪当量负荷警报值限量标准下的畜禽养殖适度规模。

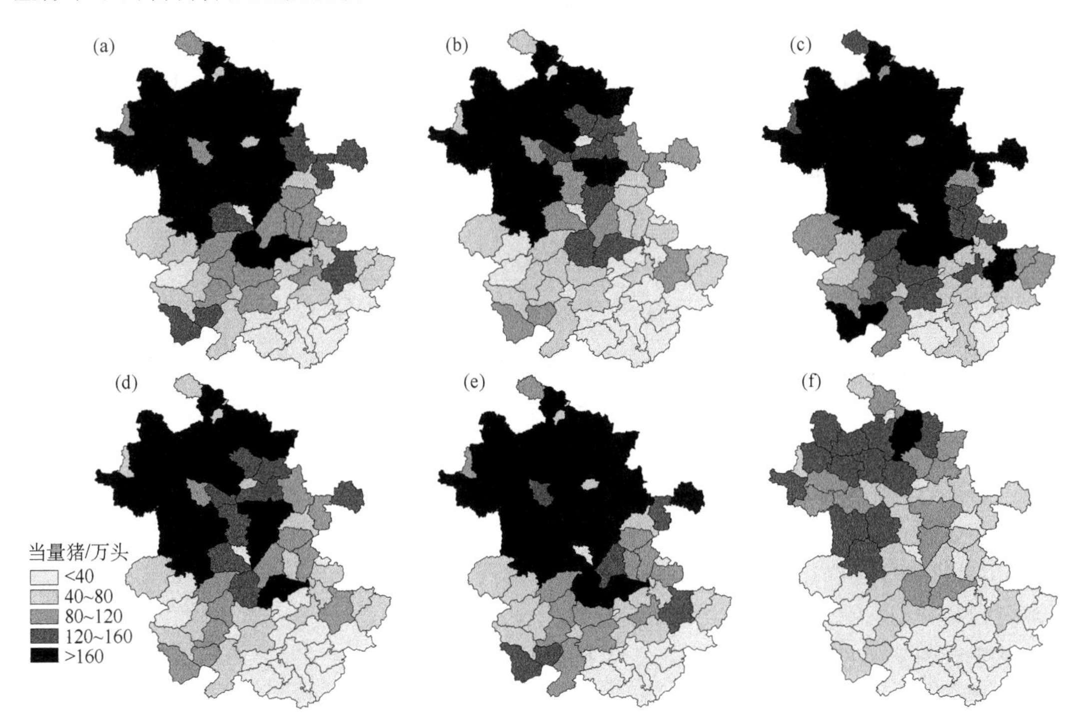

图 7-1 6 种限量标准下畜禽养殖适度规模估算结果

(a)生猪当量；(b)畜禽养殖密度；(c)耕地畜禽养殖废弃物 N 养分负荷；(d)耕地畜禽养殖废弃物 P 养分负荷；(e)耕地畜禽养殖废弃物猪粪当量负荷；(f)耕地畜禽养殖废弃物猪粪当量负荷警报值

基于安徽省各县(市、区)畜禽养殖适度规模估算统计结果分析来看(表 7-1),不同限量标准下安徽省各县(市、区)的畜禽养殖适度规模估算结果差异明显,畜禽养殖适度规模估算总量最大的是耕地畜禽养殖废弃物 N 养分负荷限量标准,为 15781.33 万头当量猪,其中,畜禽养殖适度规模估算结果最大和最小的分别是宿州市市辖区 534.99 万头当量猪和石台县的 11.87 万头当量猪;其次是耕地畜禽养殖猪粪当量负荷限量标准,为 11834.69 万头当量猪,其中,畜禽养殖适度规模估算结果最大和最小的分别是宿州市市辖区 401.20 万头当量猪和石台县的 8.90 万头当量猪;畜禽养殖适度规模估算总量最小的是耕地畜禽养殖猪粪当量负荷警报值限量标准,为 4733.88 万头当量猪,其中,畜禽养殖适度规模估算结果最大的是宿州市市辖区的 160.48 万头当量猪,最小的是石台县的 3.56 万头当量猪。此外,通过对六种限量标准下的安徽省各县(市、区)畜禽养殖适度规模估算统计结果的对比分析发现,无论是采用哪种限量标准,畜禽养殖适度规模结果最大和最小的县(市、区)都是宿州市市辖区和石台县,与区域耕地面积正相关,2012 年宿州市市辖区和石台县耕地面积分别为 141847 和 3147 hm^2,排安徽省的第一和倒数第一。

不同的限量标准的提出与当地耕地的土质状况、气候状况、生产方式等有很大关系。生猪当量是国家环境保护总局推荐的标准,具有简单易用的优点,是确定 BOD_5、COD、氨氮、TN、TP 的依据(易秀等,2015)。畜禽养殖密度限量标准是指单位耕地面积的畜禽单元数量,作为指示畜禽养殖带来的总体环境风险的指标之一,直观且又易于用来估算农田养分的平衡情况,主要侧重于整体性和生态可持续性(李帷等,2007;潘丹等,2015)。相比于畜禽养殖密度,耕地畜禽养殖废弃物 N 养分负荷和耕地畜禽养殖废弃物 P 养分负荷由于可以评价盈余的 N、P 养分通过土壤侵蚀或地表径流进入水体,造成水体富营养化的情况,因此,对于江河网密集的地区更有意义(李帷等,2007)。耕地畜禽养殖猪粪当量负荷可以避免畜禽养殖废弃物类型不同、肥效养分和农田消纳量的差异(王方浩等,2006),且可间接衡量当地畜禽饲养密度及畜禽养殖业布局的合理性(张玉珍等,2003)。耕地畜禽养殖猪粪当量负荷警报值则可全面反映畜禽养殖废弃物的负荷程度及其对环境是否构成污染威胁(张玉珍等,2003)。

7.1.2.2 安徽省各县(市、区)畜禽养殖潜在规模估算结果

基于上述六种畜禽养殖适度规模估算结果,将实际畜禽养殖规模与之进行对比分析,获得了六种限量标准下安徽省各县(市、区)畜禽养殖潜在规模,其空间分布结果见图 7-2。从图 7-2 可见,六种限量标准下畜禽养殖潜在规模空间分布不均匀且分布范围存在较明显的差异。其中,畜禽养殖潜在规模的空间分布趋势及范围大小同畜禽养殖适度规模结果空间分布基本一致,最大的是耕地畜禽养殖废弃物 N 养分负荷限量标准,其空间范围包括了繁昌县、砀山县等 76 个县(市、区);最小的是耕地畜禽养殖猪粪当量负荷警报值限量标准,其空间范围包括祁门县、枞阳县等 30 个县(市、区)。

从现有的安徽省各县(市、区)的实际畜禽养殖规模统计分析看(表 7-2),实际畜禽养殖规模总量为 5530.68 万头当量猪,其中,规模最大的是霍邱县的 203.57 万头当量猪,规模最小的是石台县的 4.27 万头当量猪。将现有实际畜禽养殖规模与六种限量标准下的畜禽养殖适度规模统计结果对比分析发现,整体上,六种限量标准下的畜禽养殖适度规模都存在不同程度的超限,但各县(市、区)的畜禽养殖规模空间分布不均匀,有些县(市、区)的畜禽养殖

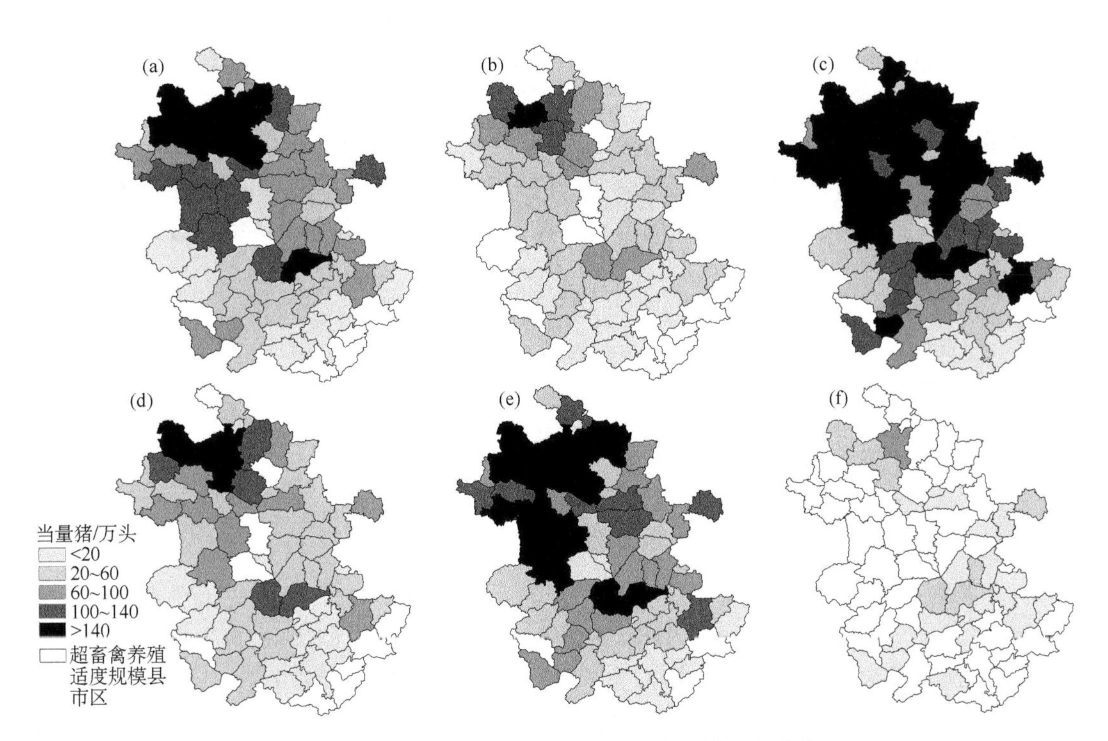

图 7-2 6 种限量标准下畜禽养殖潜在规模空间分布

(a)生猪当量;(b)畜禽养殖密度;(c)耕地畜禽养殖废弃物 N 养分负荷;(d)耕地畜禽养殖废弃物 P 养分负荷;(e)耕地畜禽养殖废弃物猪粪当量负荷;(f)耕地畜禽养殖废弃物猪粪当量负荷警报值

规模已超限,但有些县(市、区)的畜禽养殖规模还有进一步的提升空间。超限量最多的是耕地畜禽养殖猪粪当量负荷警报值限量标准,已超限 796.81 万头当量猪,具体区域包括太湖县、砀山县等 48 个县(市、区),其中,超限量最多的是肥西县的 102.92 万头当量猪,超限量最少的是马鞍山市市辖区的 0.29 万头当量猪。庐江县、怀宁县等 30 个县(市、区)还有进一步提升畜禽养殖规模空间,其中,提升空间最大的是濉溪县 60.66 万头当量猪,最小的是祁门县 0.30 万头当量猪。另外,超限量最少的是耕地畜禽养殖废弃物 N 养分负荷限量标准,超限总量为 123.65 万头当量猪,分别是宁国市的 46.64 万头当量猪和太湖县的 77.01 万头当量猪。畜禽养殖潜在规模总体上可达 10269.88 万头当量猪,其中,畜禽养殖潜在规模最大和最小的县(市、区)分别为涡阳县的 398.97 万头当量猪和歙县的 0.89 万头当量猪。

表 7-2 不同畜禽养殖对环境污染影响评价方法的限量标准统计结果

畜禽养殖对环境污染影响评价方法	限量标准	适度规模总量/万头	养殖潜在规模/万头
生猪当量/(头/hm^2)	25	10460.59	5031.92
畜禽养殖密度/(AU/hm^2)	2	7606.94	2368.66
耕地畜禽养殖废弃物 N 养分负荷/(kg/hm^2)	170	15781.33	10269.88
耕地畜禽养殖废弃物 P 养分负荷/(kg/hm^2)	35	8621.38	3293.92
耕地畜禽养殖猪粪当量负荷/(t/hm^2)	30	11834.69	6368.53
耕地畜禽养殖猪粪当量负荷警报值	0.4	4733.88	454.64

注:畜禽养殖适度规模按猪当量计算,单位为万头。

综上可见，采用不同限量标准所获得的畜禽养殖适度规模差异很大。耕地畜禽养殖猪粪当量负荷警报值的适度规模最小，其次为畜禽养殖密度限量标准，再次为耕地畜禽养殖废弃物 P 养分负荷，而耕地畜禽养殖废弃物 N 养分负荷的适度规模最大。综合考虑不同的限量标准差异，以及安徽省境内具有湖泊众多、江河密布等特点，为防止和控制畜禽养殖所带来的环境污染问题，实现畜禽养殖业的可持续发展，较合理的、适合安徽省的畜禽养殖适度规模估算方法是选择耕地畜禽养殖废弃物 P 养分负荷。

7.2 地块尺度区域畜禽养殖容量估算

7.2.1 估算方法

7.2.1.1 畜禽养殖废弃物养分含量估算

畜禽养殖废弃物养分含量估算主要采用排泄系数法进行估算，具体的排泄系数参考国内外相关文献(国家环境保护总局，2003；杨飞等，2013；张克强等，2004)，畜禽养殖废弃物养分含量采用《中国有机肥料养分志》中的数据(全国农业技术推广服务中心，1999)。

畜禽养殖废弃物养分量计算公式为(阎波杰等，2010c)

$$M = \sum_{j=1}^{m} (Num_j \times D_j \times R_j \times Q_j) \tag{7-3}$$

式中：M 为畜禽养殖废弃物养分量，kg；Num_j 为某畜禽养殖品种饲养量，头(只)；D_j 为某畜禽养殖品种的周期，d；R_j 为日排泄系数，kg/d；Q_j 为畜禽养殖废弃物养分含量系数，g/kg。

7.2.1.2 畜禽养殖废弃物养分空间分配

畜禽养殖废弃物养分空间分配主要是将区域内由畜禽养殖场的畜禽养殖统计数据计算的畜禽养殖废弃物养分分摊到农用地地块上，解决从畜禽养殖数据到区域畜禽养殖废弃物养分供给的空间化转换。本节在第 4 章的畜禽养殖废弃物养分空间分配模型的基础上进行了适当修正(阎波杰等，2010d；Yan et al，2016；Yan et al，2017)，修正后的计算公式如下：

$$y_i = \left[\frac{\lambda_1}{d_i \sum_{i=1}^{n} (1/d_i)} + \frac{\lambda_2 s_i}{\sum_{i=1}^{n} s_i} + \lambda_3 b_j + \lambda_4 c_k \right] \times M \tag{7-4}$$

$$Y = \sum_{i=1}^{m} y_i \tag{7-5}$$

式中：Y 为某农用地得到的养分总量；y_i 为某农用地从某规模化畜禽养殖场得到的养分；M 表示某规模化畜禽养殖场总养分；d_i 为某规模化畜禽养殖场与其有效运输距离内某农用地之间的距离；s_i 为农用地面积；b_j 表示农用地类型；c_k 为某规模化畜禽养殖场到农用地的运输容易性；λ_1 为距离对规模化畜禽养殖场废弃物养分施用的影响权重；λ_2 为农用地面积对畜禽养殖废弃物养分施用的影响权重；λ_3 为农用地类型对畜禽养殖废弃物养分施用的影响权重；λ_4 为某规模化畜禽养殖场到农用地的运输容易性的权重；n 为某规模化畜禽养殖场有效运输距离内农用地的个数；m 为某农用地获得废弃物养分的规模化畜禽养殖场个数。

7.2.1.3 农用地畜禽养殖废弃物养分负荷量估算

目前，规模化养殖畜禽养殖废弃物的基本出路是还田使用，因此以区域内农用地为畜禽养殖废弃物的负载面积计算，其计算公式如下（阎波杰等，2010c；宋大平等，2012）：

$$F_i = Y_i \times g / S_i \tag{7-6}$$

式中：F_i为单位农用地面积畜禽养殖废弃物养分负荷量，kg/(hm^2 · a)；Y_i为各类畜禽养殖废弃物养分总量，t/a；S_i为有效耕地面积，hm^2；g为畜禽养殖废弃物还田使用中各种方式的养分损失率，%（李帷等，2007；Centner et al，2008）。

(1)区域农用地养分盈余负荷量

$$C = \sum_{i=1}^{k} (F_{max} - F_i) \tag{7-7}$$

式中：C为区域农用地养分盈余负荷量，kg/hm^2；F_{max}为农用地最大限量标准养分负荷，kg/hm^2；F_i为农用地现有养分负荷，kg/hm^2。

(2)区域畜禽养殖容量估算

$$X_{Num} = (C * S)/(D_j \times R_j \times Q_j) \tag{7-8}$$

式中：X_{Num}为区域内还可以养殖某畜禽养殖的数量，头(只)；C为区域农用地养分盈余负荷量，kg/hm^2；S为区域施用畜禽养殖废弃物养分的农用地总面积，hm^2；D_j为某畜禽养殖品种的饲养周期，d；R_j为日排泄系数，kg/d；Q_j为畜禽养殖废弃物养分含量系数，g/kg。

7.2.2 应用案例

7.2.2.1 畜禽养殖废弃物养分量及农用地磷负荷估算

根据式(7-3)～式(7-4)，估算2011年闽侯县上街镇规模化养殖畜禽养殖废弃物及纯养分产生量。2011年上街镇规模化养殖场共产生畜禽养殖废弃物磷养分含量为31327.550 kg。从生态环境可持续发展的角度看，畜禽养殖废弃物的最好出路是作为有机肥还田使用。本次试验共采集上街镇1096块各类农用地（分为园地、耕地、菜地和设施农业），作为畜禽养殖废弃物的有机肥施用的场所，并且以欧盟的单位面积农用地磷负荷标准（标准值为35 kg/hm^2）为参考，结合规模化畜禽养殖废弃物养分空间分配计算公式，得到2011年上街镇各农用地得到的畜禽养殖废弃物养分量。

基于上述养分空间分配量，按照式(7-5)可得到2011年上街镇农用地养分的磷养分负荷（图7-3）。结合图7-3和数据结果分析，上街镇农用地养分的磷养分负荷分布不均匀，其中磷养分负荷平均值为28.989 kg/hm^2，最小值为7.984 kg/hm^2，最大值为34.999 kg/hm^2，最大值未超过欧盟限量标准35.00 kg/hm^2。从整体分析，由于上街镇背靠旗山，林地占了很大的面积，而耕地面积小；近几年福州市的各个高校纷纷在上街镇占地开发新校区，使区域内耕地数量变得越来越少，但由于政府采取了一些有效措施，如划定一定范围的禁养区、限养区等，使目前上街镇有限的农用地可以充分消纳当前产生的畜禽养殖废弃物量。但本次试验只采集了较大的规模化养殖场，规模化太小的养殖场暂不予考虑，也未考虑居民散养的畜禽养殖场，因此所估算结果与实际相比会偏小。

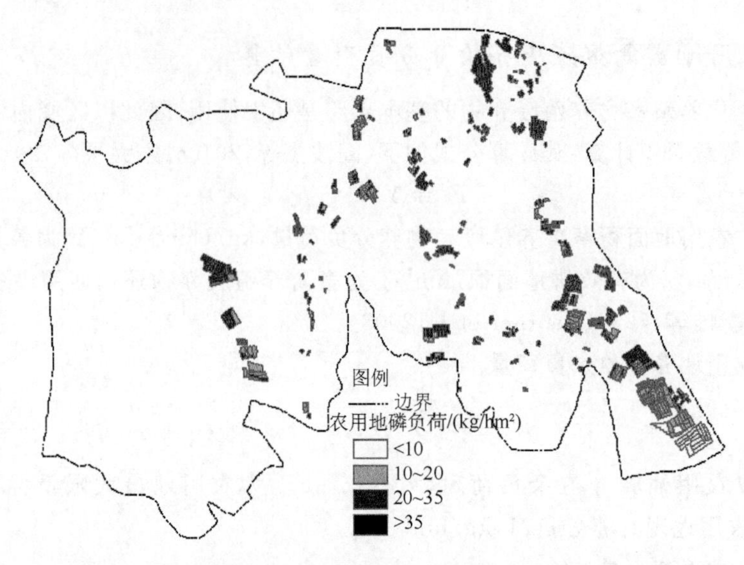

图 7-3　上街镇农用地畜禽养殖废弃物磷负荷量空间分布图

7.2.2.2　区域农用地养分盈余负荷量及畜禽养殖容量估算

为防止过量施用畜禽养殖废弃物养分引起环境污染问题，农用地最大养分负荷一般不能超过一定的阈值。由于国内还未有这样的标准，本节参考欧盟的标准（耿维等，2013；Oenema，2004），粪肥年施氮（N）量的限量标准为 170 kg/hm^2，粪肥年施磷（P）量的限量标准为 35 kg/hm^2，超过极限值将极易对农田和水环境造成污染（侯彦林等，2009；杨飞等，2013）。在施用到农用地的畜禽养殖废弃物养分中最受关注的是养分氮（N）和养分磷（P），因为氮（N）会以硝态氮形式渗漏到地下水中，磷（P）则会随着径流而导致地表水富营养化（阎波杰等，2010c）。另一方面，畜禽养殖废弃物中的养分磷（P）和养分氮（N）含量不同，尤其是禽类养殖废弃物中有较高的磷氮比例，而作物对养分氮（N）的需求量一般是养分磷（P）的 3～5 倍，因此在施用畜禽养殖废弃物时如果以养分氮（N）为指标就会导致 P 的累积，导致养分磷（P）的流失，形成很严重的环境污染问题（阎波杰等，2010d；Hans，et al，1999；Israel et al，2007）。综上所述，为确保畜禽养殖废弃物养分的安全施用，其最大所能承受的限量标准应该以养分磷（P）为标准。因此区域畜禽养殖容量估算在农用地最大养分磷（P）负荷的基础上，减去已有规模化养殖的农用地负荷，其结果就是当前农用地所能承受的畜禽养殖废弃物养分量。若区域农用地养分盈余负荷量为负数，则说明此区域的畜禽养殖数量及其产生的畜禽粪便量已经超过了农用地承载范围，对环境造成了威胁；若区域农用地养分盈余负荷量为正数，说明此区域的畜禽养殖数量及其产生的粪便量在农用地承载的范围内，对环境仍不构成威胁。

基于上街镇农用地的总面积、欧盟的单位面积农用地磷负荷标准和有效施用于农用地的磷养分率，可计算上街镇农用地所能消纳的最大磷养分为 48300.047 kg。按照式（7-6）可计算得到上街镇可消纳磷养分量为 16972.497 kg。参考前面规模化畜禽养殖废弃物养分含量计算中的畜禽排泄系数和养分含量系数，根据公式（7-7）可估算试验区各种畜禽的最大容量和当前还可以增加的容量（表 7-3）。

表 7-3 不同畜禽种类的畜禽养殖容量估算

畜禽种类	畜禽养殖废弃物	养殖周期/d	日排泄系数/(kg/d)	磷含量/(g/kg)	最大畜禽养殖容量/(头、只)	当前可养的畜禽养殖容量/(头、只)
猪	猪粪	199	3.58	2.45	27672	9723
奶牛	奶牛粪	365	25.00	1.00	5293	1860
肉牛	肉牛粪	300	20.00	0.95	8473	2977
水牛、黄牛	水牛、黄牛粪	365	20.00	0.95	6964	2447
羊	羊粪	365	2.60	2.16	23562	8279
马	马粪	365	9.70	1.34	10180	3577
驴	驴粪	365	8.47	1.88	8310	2920
骡	骡粪	365	8.47	1.56	10014	3519
兔	兔粪	180	0.16	2.97	564675	198425
蛋鸡	蛋鸡粪	210	0.15	0.41	3739841	1314169
鸭	鸭粪	180	0.13	0.36	5733623	2014778
鹅	鹅粪	180	0.19	0.22	6419463	2255781
肉鸡	肉鸡粪	55	0.07	0.41	30598699	10752294
鸽子	鸽子粪	55	0.01	0.72	121969815	42859840
乌鸡	乌鸡粪	55	0.15	0.41	14279393	5017737

由上表可知，以农用地最大磷养分负荷为参考，最大畜禽养殖容量和当前可养的畜禽养殖容量中数量最多的都是鸽子。虽然鸽子粪便的磷养分相对其他禽类较高，但由于鸽子日排泄量非常小且养殖周期短，因此假设养殖鸽子为区域内的畜禽品种，其可养殖数量最多。其次是肉鸡，其日排泄量也较小且养殖周期较短。而最大畜禽养殖容量和当前可养的畜禽养殖容量中数量最小的是奶牛，由于奶牛日排泄量大和养殖周期长，导致其养殖数量最小。一般一个区域内不会只养殖一种畜禽，多种畜禽养殖都可以按照表 7-3 中的养殖周期、磷养分含量、日排泄系数等进行畜禽养殖容量的快速估算。

第8章 畜禽养殖场空间布局规划决策支持系统

伴随着畜禽养殖业的快速发展，大量的畜禽养殖废弃物产生。目前全国畜禽养殖废弃物年排放量超过40亿t，是工业有机污染物的4.1倍，且大多未经处理直接排放，给农业环境带来极大威胁。研究表明畜禽养殖废弃物的运输距离是有限的，畜禽养殖废弃物基本施用在养殖场附近，局部区域施用的畜禽养殖废弃物量如果超出农田消纳容量，将会造成水体和土壤的污染，引发严重的环境问题。另外，规模化畜禽养殖场为便于运输，大多建在大中城市近郊，由于城市近郊没有足够的土地消纳大量畜禽养殖废弃物，给大中城市带来了巨大的环境压力。政府已经开始意识到养殖业对环境的影响，许多城市先后提出禁养区和限养区。但养殖业在什么地方发展，需要依据当地自然、社会、经济等实际状况，进行产业空间布局规划，科学合理地优化养殖业产业空间布局。

近几年许多国内外学者针对不同地区的畜禽养殖废弃物污染问题开展了大量的相关研究，取得了大量的研究成果。但目前的研究主要集中在畜禽养殖废弃物统计数据总量按农田面积的简单分配，并且是以行政区为单元进行污染风险研究的。随着养殖业对环境的影响范围越来越大，影响程度越来越深，使得人们已经开始重新评估现有的养殖业发展方式，特别是对城郊养殖场布局的评估及新养殖场的建设选址等问题提出了更高的要求。以畜禽养殖废弃物统计数据总量按农田面积简单分配计算获得的畜禽养殖废弃物负荷量及风险评估值，而不考虑农用地地块具体的空间分布及实际承受养分量，会使结果与实际产生很大区位误差，往往难以保证畜禽养殖废弃物污染评估的准确性，也难以满足区域性养殖场布局规划等研究的精度需求。因此，实现以地块或更精细单元(规则格网单元)上的畜禽养殖废弃物污染风险及相关决策研究已经刻不容缓。

为此，本书以畜禽养殖的统计数据计算区域畜禽养殖废弃物的养分含量，利用空间分析和地统计学技术，并结合建立的畜禽养殖废弃物养分空间分配模型实现畜禽养殖废弃物养分从统计数据到农用地养分的转换，结合农用地面积计算出农用地畜禽养殖废弃物氮负荷量。基于上述结果，以闽侯县上街镇农用地为例进行以地块为单元的畜禽养殖废弃物氮负荷估算、污染潜势分析、预警分析、污染风险评价及养殖场空间布局规划等，利用SuperMap软件将上述结果与GIS、数据库技术、多媒体技术等技术相结合，设计实现了畜禽养殖场空间布局规划决策支持系统，以期为畜禽养殖废弃物对环境污染影响相关研究及养殖业的管理决策提供科学依据。

8.1 系统开发目标

通过系统分析、系统设计及其功能实现技术的研究，采用SuperMap作为开发平台，利用二次开发语言开发出畜禽养殖场空间布局规划决策支持系统。该系统充分利用了地理信息系统(GIS)的强大功能，将各种信息进行综合、抽取，实现了单个模型内部的属性数据和空间数据的双向连接。以期实现作物养分分析、畜禽养殖废弃物养分空间化、农用地污染风险评价、农用地污染风险污染预警分析等功能，为畜禽养殖废弃物无污染应用研究及养殖业的管理决策提供科学依据和应用。

8.2　系统设计

根据系统结构、流程的内在关联关系、协同关系，以及技术和功能的相互支撑关系，分为底层技术支撑、数据管理功能、决策分析功能和展现功能 4 个层次的功能与技术，如图 8-1 所示。底层技术支撑是整个系统功能实现的基础。

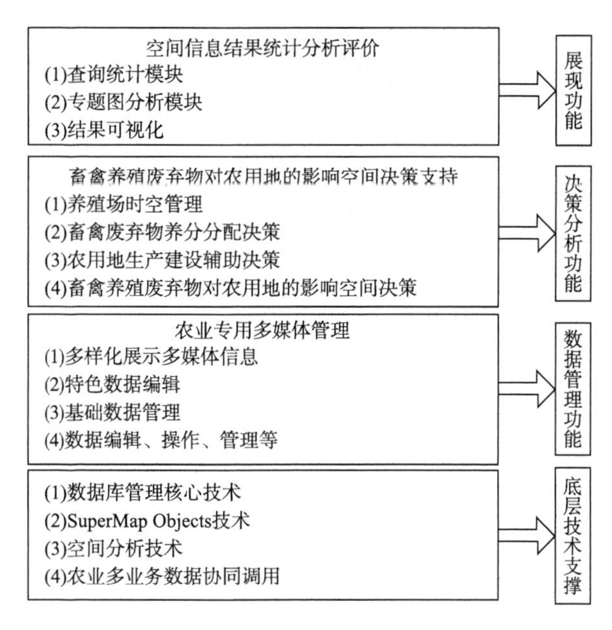

图 8-1　系统主要功能与技术组成

8.3　畜禽养殖多用途空间数据库设计

8.3.1　畜禽养殖多用途空间数据整合和共享

由于畜禽养殖业资源数据采集方式和存储格式多样性、多尺度性(包括空间尺度和时间尺度)、数据精度等存在较大的差异，系统或数据库数据组织的复杂性引起养殖业数据的存储方式和结构、数据尺度、数据组织等方面的多样性(阎波杰等，2011)。因此整合这些多样性的畜禽养殖数据并实现数据共享是系统实现的关键点。要整合这些数据，首先需要对畜禽养殖数据进行规范化处理，主要包括空间数据与属性数据在空间、时间、度量单位及数据分类标准的一致性等。其次，将多源多尺度异构的数据资源经过数据抽取、清洗、转换、集成、装载等，组织建立各尺度、各专题层次的养殖业资源数据库、基础地理数据库、遥感影像库、统计数据库和各种文档多媒体数据库(肖桂荣等,2008)。同时必须建立畜禽养殖信息的元数据目录数据库,本节的元数据主要包括畜禽养殖数据的来源、采集方式、时间、内容、数据转换方式及相关信息的描述等。

8.3.2 畜禽养殖多用途空间数据库构成

畜禽养殖多用途空间数据库主要包含基础地理数据库、遥感/航空影像数据库、畜禽养殖地理编码数据库、畜禽养殖专题数据库及元数据库,而畜禽养殖专题数据库包括文档资料库、畜禽养殖空间数据库、畜禽养殖属性数据库、畜禽养殖多媒体数据库等。具体的数据库主要有基础地理信息表(水系表、土地利用状况信息表、行政村表、行政镇表、道路信息表)、规模养殖信息表、散养信息表、物质信息表、生产资料信息表、养殖品种信息表、养殖废弃物管理信息表(养殖粪便排放系数表、养殖尿排放系数表和废弃物沼气产量系数表)、养殖设施信息表、管理人员信息表、生产记录信息表(日产量、物质消耗量等)、消毒信息表等。部分数据表之间的相互关系见图 8-2(PK 为数据库主键)。

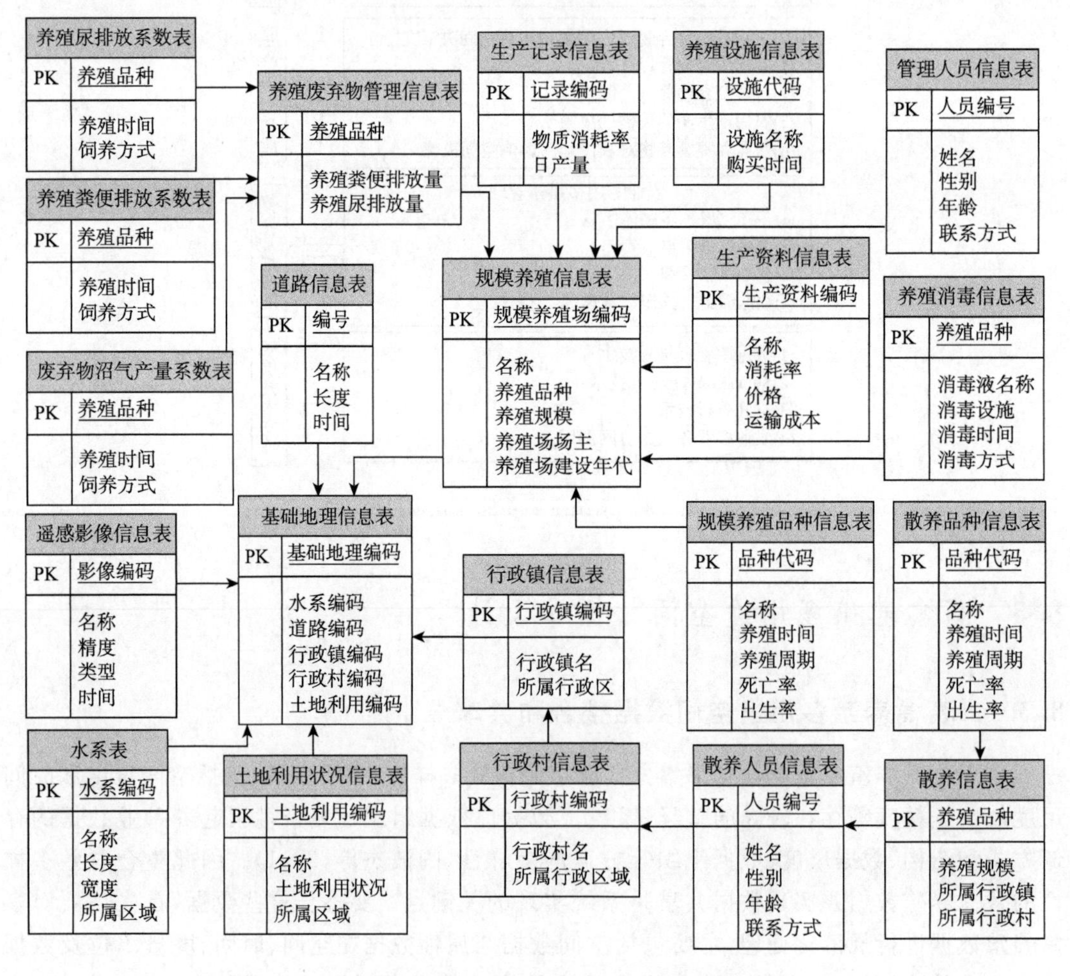

图 8-2 畜禽养殖多用途空间数据库关系模型图

8.4 计算模型及系统实现的关键技术

8.4.1 计算模型

8.4.1.1 畜禽养殖废弃物养分计算

本书采用排泄系数法计算畜禽养殖废弃物养分，参照第4章内容中的计算公式（阎波杰等，2010c）：

$$W = \sum_{i=1}^{n}(N_i \times T_i \times R_i \times Q_i \times L_i) \tag{8-1}$$

式中：W 为畜禽养殖废弃物纯养分总量，kg；N_i 为某畜禽种类的饲养量；T_i 为某畜禽种类的饲养期，d；R_i 为某畜禽种类的日排泄系数，%；Q_i 为某种畜禽养殖废弃物养分含量系数，%；L_i 为某种畜禽养殖废弃物养分的损失率，%；n 为畜禽种类数目。

8.4.1.2 农用地畜禽养殖废弃物养分负荷量计算

目前，作为有机肥料还田施用是畜禽养殖废弃物处理的主要途径，因此，农用地畜禽养殖废弃物养分负荷量计算以农用地面积作为实际的负载面积，参照第3章的计算公式（王方浩等，2006；阎波杰等，2010c）：

$$F_{\text{单位耕地}} = Num \times D \times f \times Nutri / S \tag{8-2}$$

式中：$F_{\text{单位耕地}}$ 为单位农用地畜禽粪尿养分负荷量，kg/(hm^2 · a)；Num 为畜禽饲养量，头（只）；D 为饲养期，d；f 为日排泄系数，kg/d；$Nutri$ 为畜禽粪尿养分含量系数，g/kg；S 为农用地面积，hm^2。

8.4.1.3 畜禽养殖废弃物养分空间分配模型

根据以上对畜禽养殖废弃物养分空间分配的影响因素，结合研究区的自然气候特点并经过比较分析，利用德尔菲法确定畜禽养殖废弃物养分空间分配中各影响因素并利用层次分析法确定其权重。根据畜禽养殖废弃物养分空间化的原则和方法构建畜禽养殖废弃物养分空间分配模型（阎波杰等，2010d；Yan et al，2016；Yan et al，2017）：

$$z_i = \left[\frac{\lambda_1}{d_i \sum_{i=1}^{n}(1/d_i)} + \frac{\lambda_2 s_i}{\sum_{i=1}^{n} s_i} + \lambda_3 p_j + \lambda_4 q_k\right] \times N \tag{8-3}$$

$$Z = \sum_{i=1}^{m} z_i \tag{8-4}$$

为保证畜禽养殖废弃物养分农用地转化的养分总量与畜禽养殖废弃物养分总量的一致性，还必须满足以下条件：

$$\lambda_1 + \lambda_2 + \lambda_3 + \lambda_4 = 1 \tag{8-5}$$

为防止养分空间分配过量导致环境污染，农用地最大养分负荷不能超过一定的阈值。由于国内还未有这样的标准，本节参考欧盟的标准（单位面积农用地氮负荷和磷负荷分别为170和35 kg/hm^2）（Oenema，2004；耿维等，2013），具体的满足条件如下：

$$\frac{Z}{S} \leqslant f_{\max}(X) = \begin{cases} 35\ \mathrm{kg/hm^2}, X = \text{磷} \\ 170\ \mathrm{kg/hm^2}, X = \text{氮} \end{cases} \tag{8-6}$$

式中：z_i为某农用地从某畜禽养殖废弃物养分源得到的养分；N为某畜禽养殖废弃物养分源总养分；d_i为某畜禽养殖废弃物养分源与其有效距离内某农用地之间的距离；s_i为某农用地面积；p_j为某农用地类型对应的权重值；q_k为某农用地中P含量(磷)；Z为某农用地得到的畜禽养殖废弃物养分总量；λ_1为距离对畜禽养殖废弃物养分施用的影响权重；λ_2为农用地面积对畜禽养殖废弃物养分施用的影响权重；λ_3为农用地类型对畜禽养殖废弃物养分施用的影响权重；λ_4为某农用地中P(磷)含量对畜禽养殖废弃物养分施用的影响权重；n为某畜禽养殖废弃物养分源有效距离内农用地数目；m为某农用地获得养分的畜禽养殖废弃物养分源个数；S为耕地面积；$f_{\max}(X)$为单位面积农用地氮、磷负荷限量值。

8.4.1.4 农用地畜禽养殖废弃物环境污染风险评价

农用地畜禽养殖废弃物环境污染风险评价指标主要参考第4章的农用地畜禽养殖废弃物猪粪当量负荷警报值，其具体的计算公式(张玉珍等，2003)：

$$Z = Y_{num}/S \tag{8-7}$$

$$R = Z/Z_{\max} \tag{8-8}$$

式中：Z为畜禽养殖废弃物猪粪当量负荷，kg/(hm^2·a)；Y_{num}为各类畜禽粪尿相当猪粪总量，kg；S为耕地面积，hm^2；R为耕地畜禽养殖废弃物猪粪当量负荷警报值，kg；$Z_{\max}$为以猪粪当量计的有机肥最大适宜施用量，kg/(hm^2·a)，根据国家环境保护总局自然生态保护司推荐值确定。农用地畜禽养殖废弃物猪粪当量负荷警报值是由上海市农业科学研究院提出的，已被大多数研究者采用，其核心是通过R值来间接表达各地区畜禽养殖废弃物负荷量承受程度。当畜禽养殖废弃物负荷量为当地畜禽养殖废弃物有机肥最大可施用量0.4倍以下，即预警值$R<0.4$时，该地区畜禽养殖废弃物可完全被农田环境消纳和承受，对环境不构成污染威胁。按照该理论可将农用地畜禽养殖废弃物负荷警报值分为5级：$R\leqslant0.4$，为1级，无污染；$0.4<R\leqslant0.7$，为2级，稍有污染；$0.7<R\leqslant1.0$，为3级，有污染；$1.0<R\leqslant1.5$，为4级，污染较严重；$R>1.5$，为5级，污染严重。基于上述理论，本章以农用地畜禽养殖废弃物氮负荷量同该农用地以理论最大适宜施氮量的比值R来定义农用地畜禽养殖废弃物氮负荷污染风险评价指标。农用地有机肥理论最大适宜施氮量与农用地作物养分需求量、化肥施用量密切相关，而作物养分需求与作物类别、品种密切相关，对于特定的作物品种，它还受相应作物的目标产量影响，即作物养分需求应该是特定作物品种在特定目标产量下的作物对养分的需求量。

8.4.1.5 畜禽养殖场空间布局适宜性评价模型

参考第5章确定的以指数加和模型构建畜禽养殖场空间布局适宜性评价模型：

$$S = \left[\sum_{i=1}^{n}(S_i \times Q_i)\right] \times K \tag{8-9}$$

式中：S为畜禽养殖场空间布局适宜性评价总得分，反映畜禽养殖场空间布局适宜程度；Q_i为各参评因子权重系数；K为限制性因素权重系数，当该区域为限制区域时取0，当该区域为不受限制区域时取1；S_i为各参评因子得分，n为参评因子个数。

8.4.2 组件式 GIS

所谓组件式 GIS,是指基于组件对象平台,以一组具有某种标准通信接口的、允许跨语言应用的组件形式提供的 GIS。组件化技术是针对长期以来软件发展落后于硬件发展的问题而提出的解决方案,改变了传统的软件开发思想,构筑了一个由多方自主提供软件组件、组件间相互协调工作的体系。将软件组件化开发思想应用于 GIS 软件开发中,在技术上摆脱了重复开发,加快了 GIS 技术的进步,将为 GIS 的发展带来巨大的生机。组件式 GIS 基于标准的组件式平台,各个组件之间可以进行自由、灵活的重组,可以与传统的 MIS、OA 等系统有机的集成,克服传统 GIS 与 MIS 系统难以集成的特点。组件式 GIS 符合当今软件技术的发展潮流,极大地方便了应用和系统集成。同传统的 GIS 比较,这一技术特点是:①高效无缝的系统集成(SIMS 技术);②无须专门的 GIS 开发语言;③大众化的 GIS;④成本低;⑤强大的 GIS 功能。

具有代表性的组件式 GIS 平台有:ESRI 公司的 MapObjects、MapInfo 公司的 MapX、武汉吉奥信息工程技术有限公司的 GeoMap 和北京超图公司的 Supermap Objects 等平台产品。

8.4.3 SuperMap Object

SuperMap Objects 是 SuperMap GIS 系列软件中的基础开发平台,是一套面向 GIS 应用系统开发者的新一代组件式 GIS 开发平台。SuperMap Objects 基于 Microsoft 的 COM 组件技术标准,以 ActiveX 控件的方式提供强大的 GIS 功能,适用于用户快速开发专业 GIS 应用系统,或者通过添加图形可视化、空间数据处理、数据分析等功能,为传统管理信息系统(MIS)增加 GIS 功能,把 MIS 提升到一个新的高度。SuperMap Objects 不仅结构合理、数据模型齐全,功能完善、强大,而且直接支持多种关系型大型数据库,支持多种数据格式。因此 SuperMapObjects 完全能够胜任各种大型 GIS 系统建设,是 GIS 系统建设的理想选择。

8.5 系统开发与运行环境

硬件环境:系统开发基础为一般 PC 机,内存 128 MB,CPU 奔腾 4,硬盘为 10 GB 以上。

软件环境:Windows 2000+SP2 或更高版本,数据库采用 SQL Sever 2008 数据库。系统开发语言为 Visual C#,GIS 组件采用 SuperMap Object 6.0,数据库驱动程序为 ODBC 3.0,空间数据引擎为 SuperMap Object 使用的 SDB+数据引擎。

8.6 系统总体结构设计

系统设计主要采用了自顶向下、逐步求精,以及模块化、结构化的设计方法。从系统的实用性角度出发,本系统采用 Windows XP 操作系统,以 SQLServer 2008 作为后台数据库,以 Microsoft. NET Framework 作为系统的架构,以 SuperMap Objects 作为 GIS 的技术支撑平台。

8.7 系统特点

系统利用计算机与地理信息系统相结合，实现了工作程序的科学化、现代化和自动化，在福州市闽侯县上街镇中得到了应用，为畜禽养殖废弃物的养分合理空间化及农用地污染决策提供了服务和技术支持，具有一定的推广意义。本系统具有以下特点：

(1)界面友好，操作方便

系统采用目前世界上流行的图形引导方式，与传统的菜单方式相比，其用户界面更加友好、方便、直观。对操作者不存在计算机专业的要求，用户只需简单操作就可实现自己的目的，便于推广和应用。

(2)速度快、精度高

该系统能科学、简便地评测农用地污染风险。同时可以迅速地实现畜禽养殖废弃物的养分空间化并保证精确度，为畜禽养殖废弃物对农用地的污染决策支持提供必要的数据依据和支持。

(3)系统的可扩展性

在现代科学技术不断进步的时代，任何一个信息系统都不应是孤立存在和停滞不前的。因此系统所依赖的平台应具有良好的伸缩性和扩展性。本系统由于组件接口的不变性，平台的提升和系统规模及功能需求的扩展不会影响系统源代码，使构建的系统具有极大的延展性和灵活性。

8.8 系统功能简介

本系统共分为14个功能模块：文件管理、数据编辑与查询、畜禽养殖废弃物数据分析、空间插值、数据库、畜禽养殖废弃物养分计算、畜禽养殖废弃物养分空间分配、农用地负荷分析、农用地风险评价、农用地污染风险评价、农用地预警分析、养殖场空间布局规划、专题制图、帮助等模块。其中畜禽养殖废弃物养分计算、畜禽养殖废弃物养分空间分配、农用地风险评价、农用地预警分析和养殖场空间布局规划为整个系统的核心模块。

8.8.1 基本功能简介

(1)数据管理模块：包括工作空间打开、数据的导入导出、打印等管理功能。系统还支持多种矢量和栅格数据格式的导入导出功能，以方便用户与其他GIS平台之间的交换，具有较好的兼容性和灵活性。

(2)地图基本操作模块：实现对地图的选择、放大、缩小、漫游、全幅显示、删除图层、刷新、生成选择集等操作，是整个系统的基础支持模块。

(3)查询模块：提供SQL查询、属性条件查询、属性数据关联查询、长度量算、面积量算等查询功能。

(4)本系统提供了多种专题图制作的方式，包括单值专题图制作、分段专题图制作、统计专题图制作以及标签专题图制作。制作完专题图后用户可以使用后面的布局专题图菜单来制作并且输出专题图。

8.8.2 空间插值

在实际分析过程中，通常需要通过已知的数据来求得未知地块的数据。本模块中提供了5个空间插值相关的分析方法：①反距离加权法；②生成DEM；③直线距离；④重分类；⑤矢量转栅格。

8.8.3 数据库

为了方便对数据的维护管理，系统还提供了数据库连接的方法，可以通过数据库创建数据，并对其进行相关维护操作，包括创建数据、导入数据等操作。

8.8.4 作物养分需求分析

作物养分需求分析包括农用地作物产量的预估，作物养分N、P、K的需求预估，以及整个大区域的农用地养分需求分析。该模块是本决策支持系统的基础模块之一。

8.8.5 畜禽养殖废弃物养分计算

畜禽养殖废弃物养分计算包括养殖场废弃物产生量估算、畜禽养殖废弃物纯养分估算、养分的含量系数计算以及养分损失率估算等四个功能。该模块是本决策支持系统的基础模块之一。

8.8.6 畜禽养殖废弃物数据分析

畜禽养殖废弃物数据分析包括养分源分析、农田分析、运输成本估算等三个功能。其中农田分析的功能还包括农田面积的实时查询，养分运输难易程度的分析，养分N最大负荷计算，养分P最大负荷计算等。该模块是本决策支持系统的基础模块之一。

8.8.7 畜禽养殖废弃物养分空间分配

该模块为本系统的核心部分之一，用于实现将某区域或某个养殖场的养分按照分配模型，在保证符合作物需求的条件下，分配给其最佳分配范围内的各个耕地，包括三个模块：区域畜禽养殖废弃物分配、多养殖场畜禽养殖废弃物分配和单养殖场畜禽养殖废弃物养分空间分配。

8.8.8 农用地畜禽养殖废弃物养分负荷量分析

农用地负荷分析包括农用地氮、磷负荷分析，是对畜禽养殖废弃物养分空间化的结果进行分析，判断农用地所分配到的氮磷的量对农用地的负荷大小。分析结果将以空间可视化的方式显示，并录入数据集的属性表中。

8.8.9 农用地污染潜势分析

农用地污染潜势分析包括农用地养分供给、农用地养分消纳、氮污染潜势分析以及磷污染潜势分析，主要功能是对农用地负荷的结果进行分析，判断农用地所分配到的氮磷量对农用地是否超标。分析结果将以空间可视化的方式显示，并录入数据集的属性表中。

农用地养分供给：主要是以可视化的方式使用户了解到农用地所分配到的养分量。

农用地养分消纳：主要是以可视化的方式使用户了解到农用地所能消耗的养分量。

8.8.10 预警分析

预警分析模块主要包括氮预警分析、磷预警分析、警报值结果分级、理论最大氮有机肥施用量以及理论最大磷有机肥施用量等五个功能。

主要功能是对养分空间化后的结果进行分析，判断氮磷超限的幅度大小，并将分析结果分成五个不同等级：无污染、稍有污染、有污染、污染较严重、污染严重等。分析结果将以可视化的形式呈现。

理论最大氮有机肥施用量：主要是计算农用地理论上可以获得的最大氮的量，即在保证污染的条件下所能施用的最大量的氮肥。

理论最大磷有机肥施用量：主要是计算农用地理论上可以获得的最大磷的量，即在保证污染的条件下所能施用的最大量的磷肥。

8.8.11 农用地畜禽养殖废弃物环境污染风险评价

农用地畜禽养殖废弃物环境污染风险评价模块包括风险评价分析、农用地坡度分析以及降水量分析三大功能。

风险评价分析主要是通过分析影响污染物扩散的三个因素：坡度、降水量、污染潜势值，来预测废弃物倘若扩散会对环境造成的危害大小。结果将以可视化的形式呈现。

农用地坡度分析包括农用地坡度的计算、矢量数据的赋值等。其通过空间插值的方法可计算出农用地的坡度大小，并将计算结果赋值给矢量数据。

农用地降水量分析包括矢量数据的赋值等，即通过空间插值得出整个区域的农用地降水，再依据矢量数据的类型给予赋值。

8.8.12 养殖场空间布局规划

通过确定地块的土地利用类型，及其到居民地、市场、河流、水体、道路、市场、受污染农用地、未受污染农用地等的距离，给各个相关因素加权，分析出最适合建造畜禽养殖场的区域。

8.8.13 支持格式

考虑到数据的管理及处理，系统统一约定支持的数据格式，并提供相关数据间的转换存储。

(1)DEM 地形：tiff、img 格式；

(2)矢量图形：shp、dxf 格式；

(3)SuperMap 数据：sdb 格式。

8.9　系统应用实例

8.9.1　研究区概况

上街镇位于福建省福州市西郊，背靠旗山山脉，东临闽江，与福州市区仅一江之隔，为福州市“西大门”所在。上街镇属亚热带季风气候，年均气温 21℃，地貌为冲积平原，地势平坦，水系发达，有着江南水乡特有的韵味。上街镇土地面积为 157 km^2，其中山地面积为 97 km^2，平原面积为 60 km^2，大学城规划用地面积 20 余 km^2，占了上街镇平原面积的三分之一。上街镇有 23 个村委会，132 个自然村，19721 户，总人口 87362 人。

8.9.2　系统展示

以福州市闽侯县上街镇为例，进行系统的应用。客户端主界面如图 8-3 所示，分为菜单栏区、工具栏区、工作空间区、状态栏区和地图窗口区。

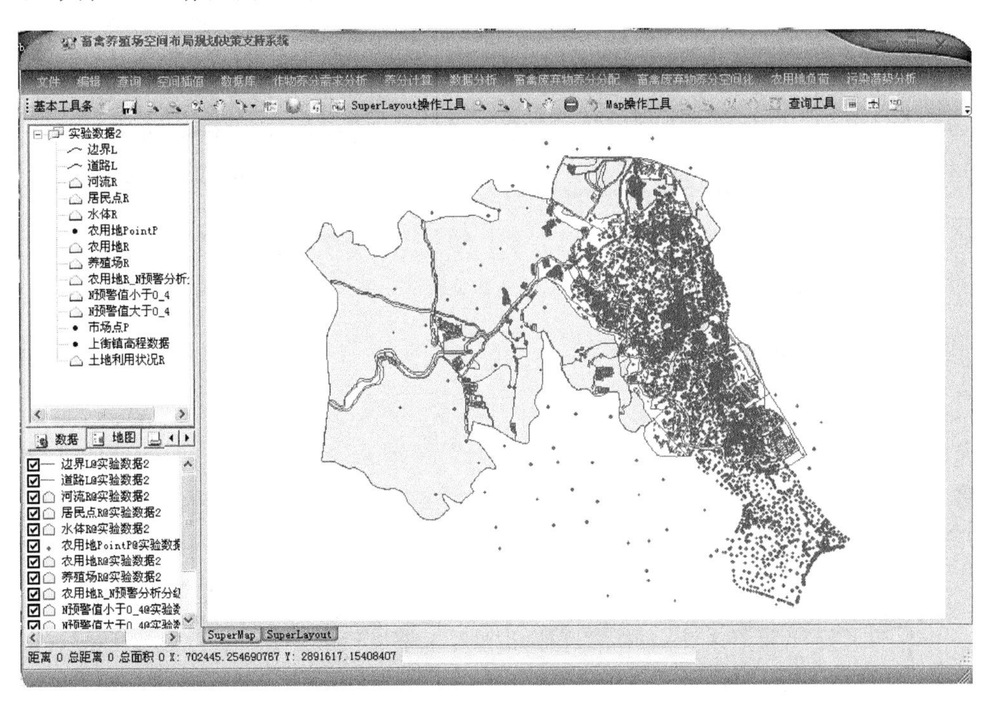

图 8-3　畜禽养殖场空间布局规划决策支持系统主界面

8.9.2.1　工作空间管理

畜禽养殖场空间布局规划决策支持系统的工作空间用于保护用户的工作环境，包括打开工作空间、导入 shp 数据、打开数据源、新建数据源、保存工作空间、另存工作空间等。功能结构如图 8-4 所示。

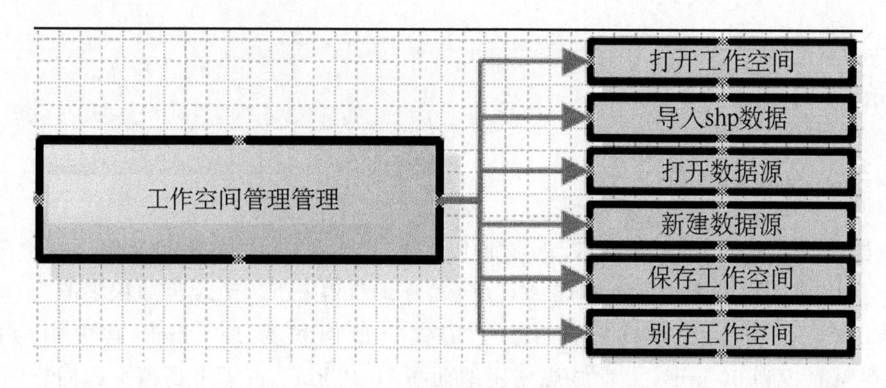

图 8-4 工作空间管理功能

8.9.2.2 地图操作

畜禽养殖场空间布局规划决策支持系统的地图操作包括四个子模块：打开地图、保存地图、另存地图和删除地图。功能结构如图 8-5 所示。

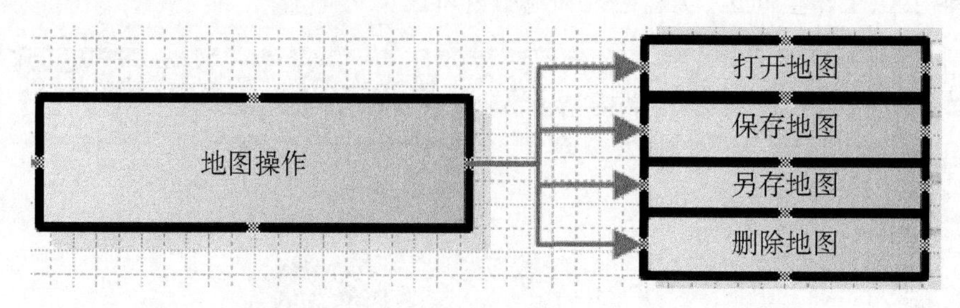

图 8-5 畜禽养殖场空间布局规划决策支持系统地图操作模块

8.9.2.3 数据编辑与查询

(1)数据编辑

畜禽养殖场空间布局规划决策支持系统的数据编辑是为了方便用户对数据的操作管理而设置，包括以下模块：SuperMap 操作工具、SuperLayout 操作工具、Map 操作工具、添加点等，功能结构如图 8-6 所示。

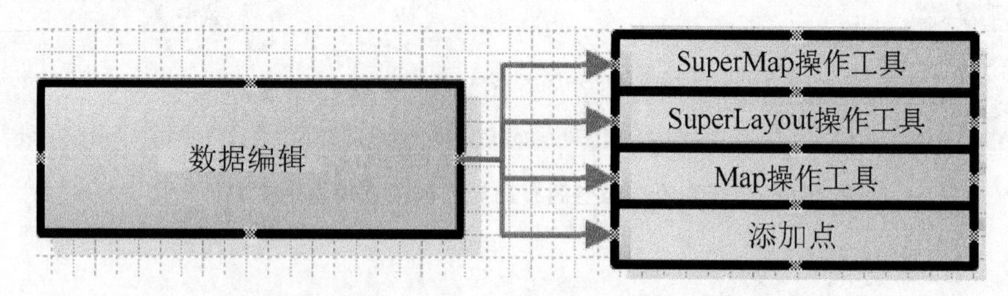

图 8-6 畜禽养殖场空间布局规划决策支持系统数据编辑模块

(2)SuperMap 操作工具

操作：菜单“编辑→SuperMap 操作工具”(图 8-7)。

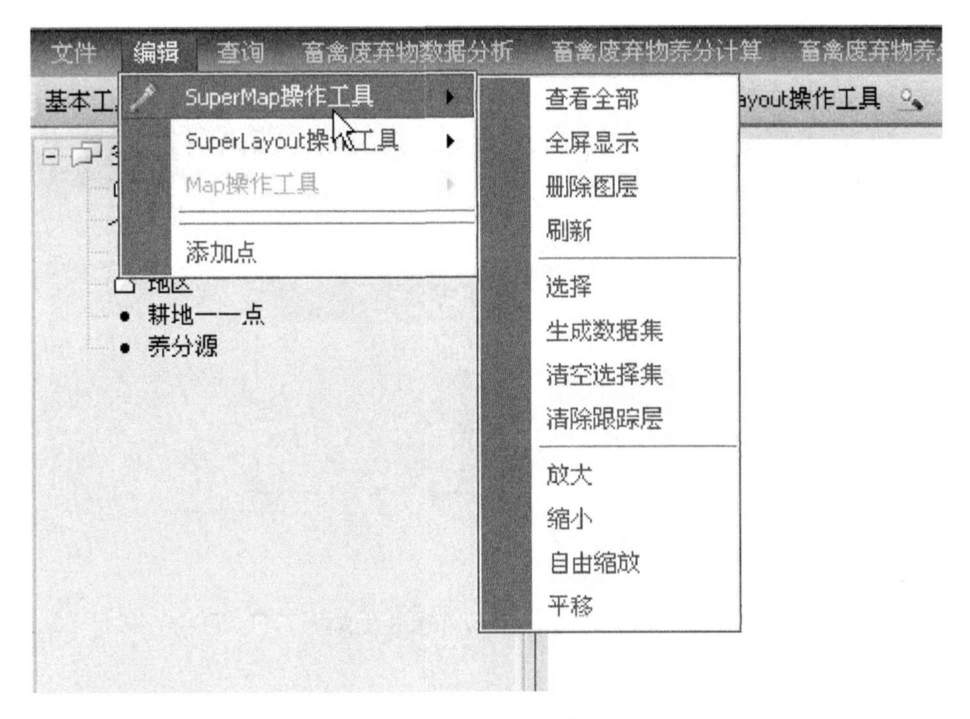

图 8-7 SuperMap 操作工具

查看全部:将当前系统所有的图层全部加载到 SuperMap 当前界面中。

全屏显示:将当前 SuperMap 界面中的所有数据最大化显示。

删除图层:当双击左边的 SuperWkspManager 中的图层时,该图层进入选择状态,单击此项,可以删除该图层。

刷新:刷新当前界面。

选择:单击本项,该系统进入选择状态,用户可以自由选择相应的点,进行后续的分析操作。

生成数据集:生成当前 SuperMap 的数据集。

清空选择集:清空当前 SuperMap 中的选择集。

清除跟踪层:清除当前 SuperMap 操作中的跟踪层。

放大:放大 SuperMap 中的图形。

缩小:缩小 SuperMap 中的图形。

自由缩放:自由缩放 SuperMap 中的图形。

平移:平移 SuperMap 中的图形。

(3)SuperLayout 操作工具

操作:菜单“编辑→SuperLayout 操作工具”(图 8-8)。

布局选择工具:选择 SuperLayout 中的图形,并可以对 SuperLayout 界面中的窗口进行相应的放大缩小操作。布局选择工具不同于 SuperMap 操作工具中的选择工具。

布局放大工具:放大当前 SuperLayout 窗口。

布局缩小工具:缩小当前 SuperLayout 窗口。

布局平移工具：平移当前 SuperLayout 窗口。

上一步：返回上一步。

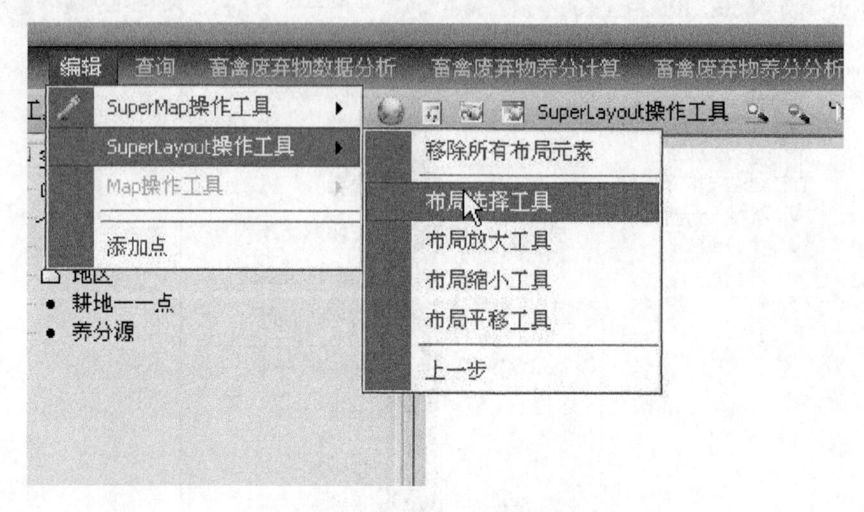

图 8-8　SuperLayout 操作工具

(4)Map 操作工具

操作：菜单"编辑→Map 操作工具"(图 8-9)。

地图放大：放大 SuperLayout 窗口中的图形。

地图缩小：缩小 SuperLayout 窗口中的图形。

地图自由缩放：自由缩放 SuperLayout 窗口中的图形。

地图平移：平移 SuperLayout 窗口中的图形。

全幅显示：全幅显示 SuperLayout 窗口中的图形。

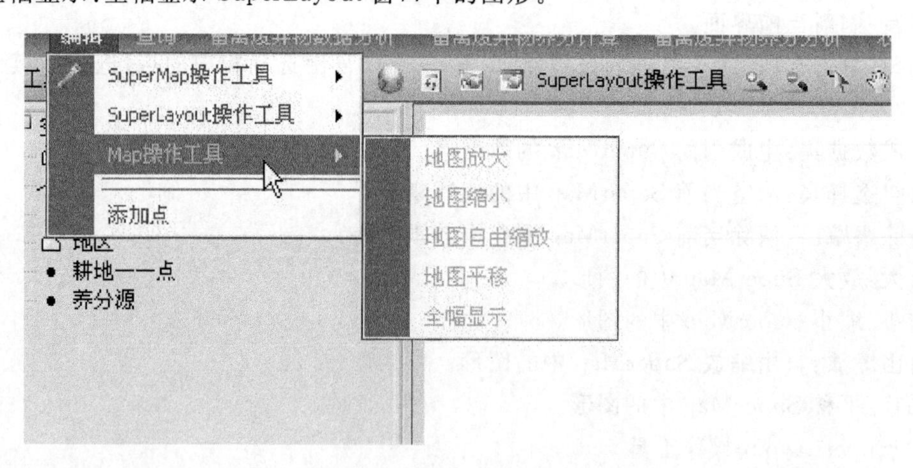

图 8-9　Map 操作工具

(5)地图操作工具条

◆ 放大：点击按钮，实现地图放大。

◆ 缩小：点击按钮，实现地图缩小。

◆ 自由缩放：点击按钮，实现地图自由缩放。

◆ 漫游：点击按钮，在地图窗口中单击拖住鼠标左键平移，将地图任意拖动。

◆ 全幅显示：点击按钮，将地图全幅显示。

◆ 全屏浏览：点击按钮，可实现地图的全屏浏览。

◆ 刷新：点击按钮，当前地图刷新显示。

◆ 点选：点击按钮，选中地图中某要素，地图将高亮显示该要素。

◆ 点框选：点击按钮，单击鼠标左键，在地图窗口中拖动，将选中一块矩形区域，选中区域高亮显示。也可以鼠标点击某要素使其高亮显示。

◆ 圆形选择：点击按钮，单击鼠标左键，在地图窗口中拖动，将选中一块圆形区域，选中区域高亮显示。

◆ 多边形选择：点击按钮，在地图窗口中多次单击鼠标左键以确定多边形相应的顶点坐标，双击鼠标左键结束选择，选中区域高亮显示。

◆ 清除选择：点击按钮，将地图当前的选择集置空。

◆ 属性集查询：单击鼠标左键选择一些对象，点击按钮，这些对象的属性信息将显示出来。

(6)数据查询

畜禽养殖场空间布局规划决策支持系统的查询功能是为了方便用户对数据的查询而设置，用来查询在空间位置上有某种关系的对象。查询功能包括以下子模块：属性表查询、查看地物、空间查询、SQL 查询、量算和鹰眼(图 8-10)。

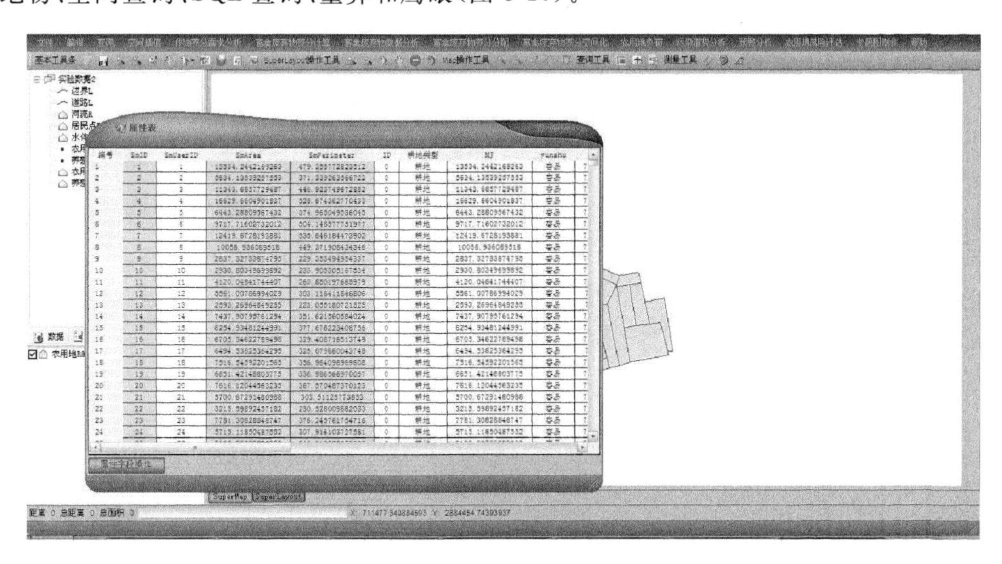

图 8-10　畜禽养殖场空间布局规划决策支持系统数据查询

浏览属性表的前提是用户已经双击左边 SuperWkspManager 中的数据，使之进入选择状态，然后单击该项便可查看整个选择层的地物属性。当 SuperMap 窗口中有点、线、面等被选择时，便可查看地物属性(图 8-11)。

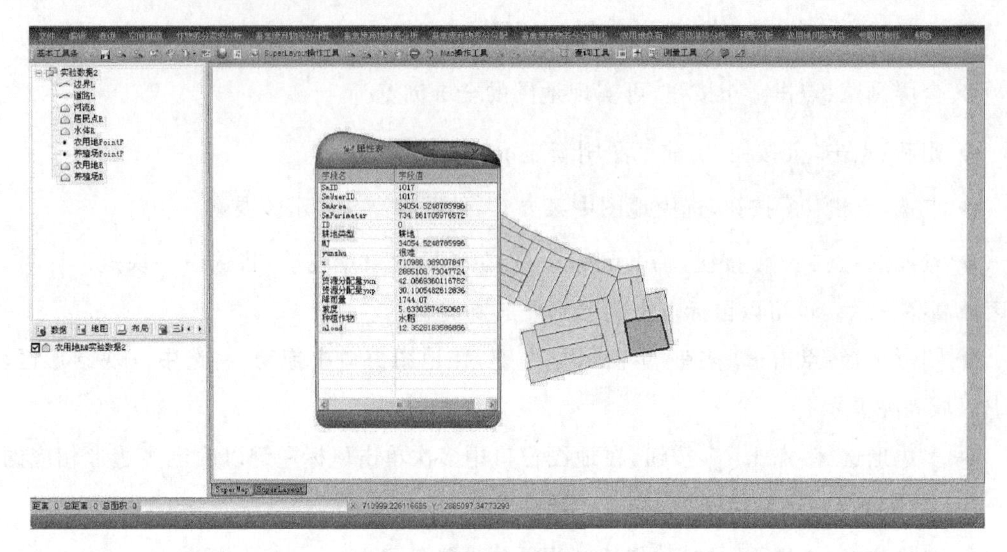

图 8-11　查看地物属性

(7)空间查询

在地图窗口中选择一个查询基准对象，选择菜单“查询→空间查询…”，弹出“空间查询”对话框(图 8-12)。选择查询图层，即待查询的对象是哪个图层的。设置相应的空间查询条件和属性查询条件。选择一个空间查询条件后“算子描述”区域会对选中的算子予以图示和解释说明。

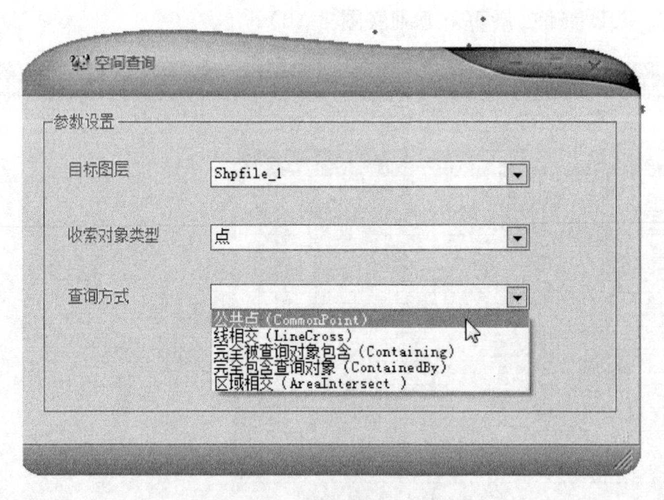

图 8-12　空间查询对话框

(8)SQL 查询

用户可根据相应的条件，对当前 SuperMap 界面中的空间数据进行查询。图 8-13 左上方的列表框中显示的是当前工作空间中包含的数据层，字段信息列表框中显示的是相应被选择层的字段，字段值中显示的是被选择的字段中包括各种运算符号，便于用户的查询操作。最后的查询语句框中的数据就是用户选择的SQL语句，单击确定，便可对当前窗口中的数据按照用户需求进行查询操作：选择菜单“查询→SQL查询”，弹出“SQL查询”对话框。在“参与查询的数据”框中指定参与查询的数据集，“字段信息”列表框中将显示相应数据集属性表的字段信息。

图8-13　SQL查询结果

选择查询模式：查询空间和属性信息，还是仅查询属性信息。仅查询属性信息可以提高查询速度。

查看某一字段的所有值和定位：在字段信息列表中选择某一字段(. * 和Related除外)，单击“所有值”，则在下方的列表框中按从小到大的顺序列出该字段的所有值；在“定位”文本框中输入某一数值，则所有值列表框自动滚动到大于此数值的第一个数值。

设定查询字段：可以在“字段信息”列表框中直接选择字段作为查询字段，也可以将生成的派生字段作为查询字段。查询字段将在查询结果的属性浏览表中显示。在“查询条件”编辑框中输入查询条件，“字段信息”列表框中的任意字段均可用；设定排序字段，可以是一个或多个字段；排序字段使得查询结果按照指定字段进行排序，当指定多个排序字段时，系统首先按第一个字段对记录排序，第一个字段有相同值的记录，就按其第二个字段的值进行排序，依此类推，最后得到按照这个顺序排列的查询结果。

(9)量算

长度量算：测量用户单击的两点间的距离。结果显示在状态栏上。

操作：菜单“查询→长度量算”，点击地图操作工具栏上的量算距离按钮，就可以在图层上单击鼠标左键量算距离，单击右键结束，这时在输出窗口显示出距离信息(图8-14)。

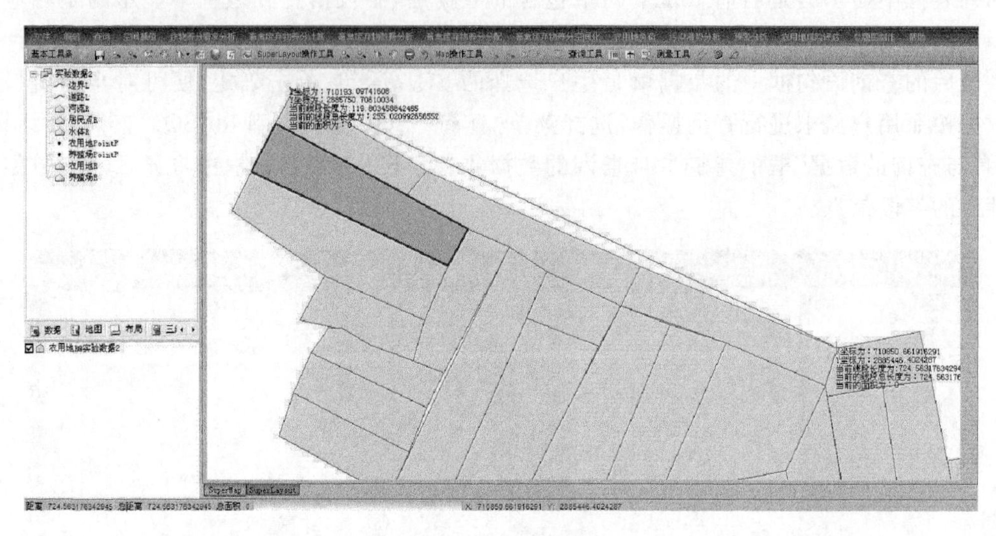

图 8-14 长度量算

面积量算:测量用户所绘图形的面积,结果显示在状态栏上。

操作:菜单"查询→面积量算"。点击地图操作工具栏上的量算面积按钮 ,就可以在图层上单击鼠标左键来量算面积,单击右键结束,输出窗口显示出面积信息(图 8-15)。

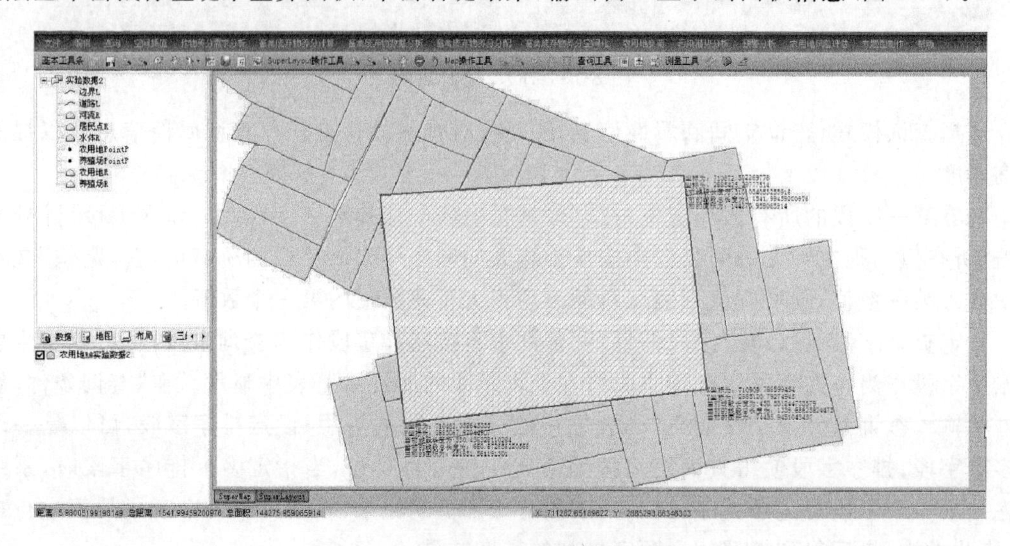

图 8-15 面积量算

8.9.2.4 空间插值

畜禽养殖废弃物数据分析中包含反距离加权法插值、转换为 DEM 两大模块,是整个系统的基础模块之一。

(1)反距离加权法插值

在已观测点的区域内估算未观测点数据的过程称为内插方法。操作:菜单“空间内插→反距离加权法”(图 8-16)。

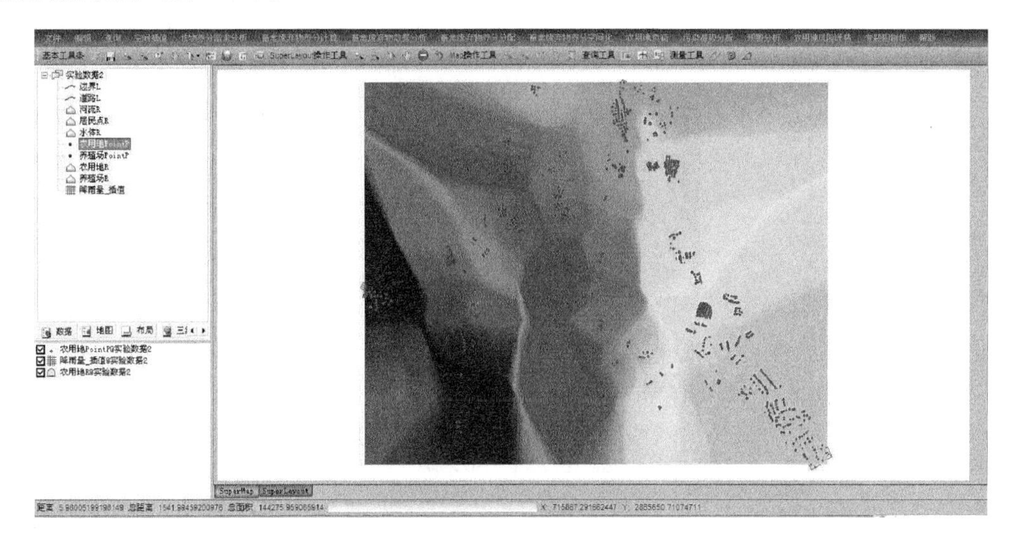

图 8-16 空间内插结果

(2)转换为 DEM

将 Grid 数据转换成 DEM。操作:菜单“空间内插→转换为 DEM”(图 8-17)。

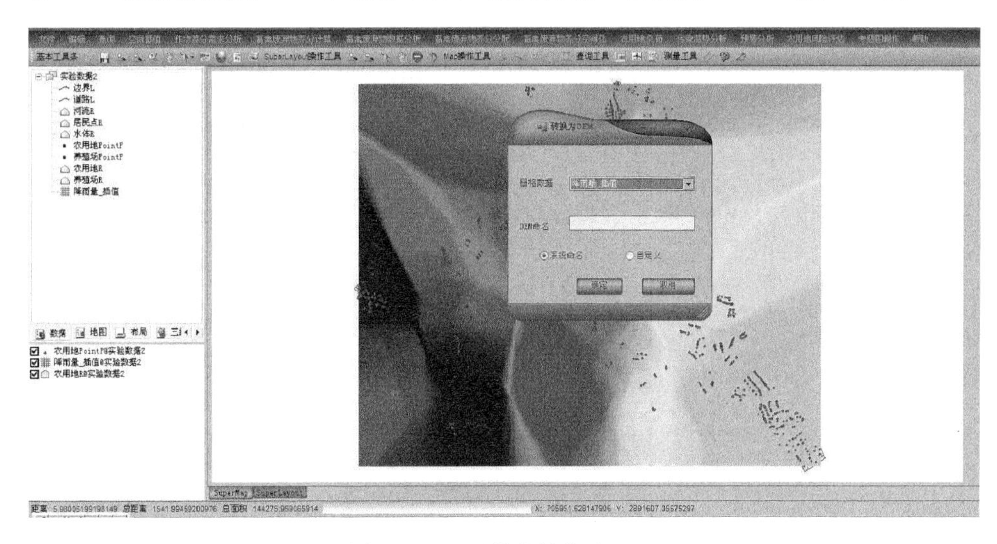

图 8-17 Grid 数据转换成 DEM

(3)直线距离

内插得出到各点的距离、方向,确定各点的服务区范围。操作:菜单“空间内插→直线距离”(图 8-18)。

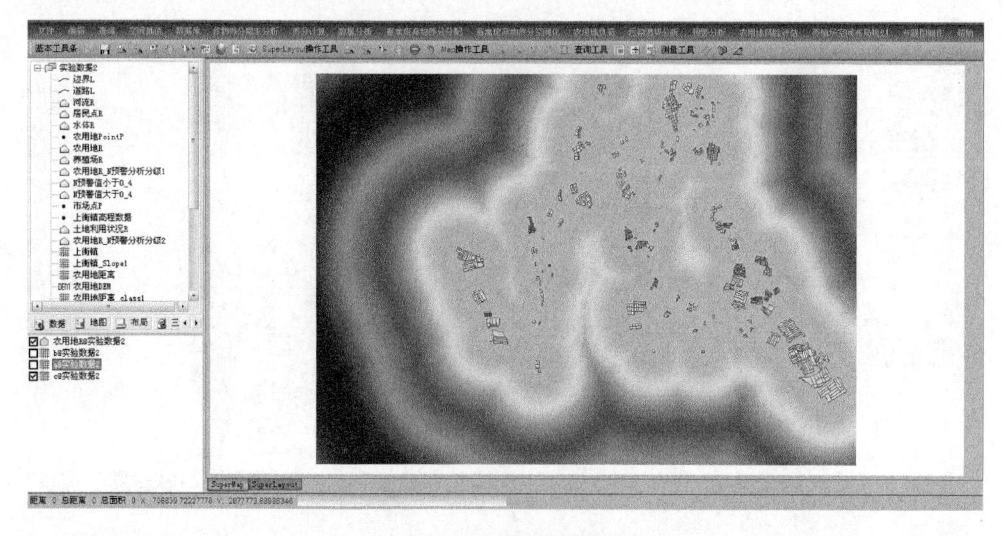

图 8-18　距离栅格图

(4)重分类

重分类栅格数据。操作:菜单“空间内插→重分类”(图 8-19)。

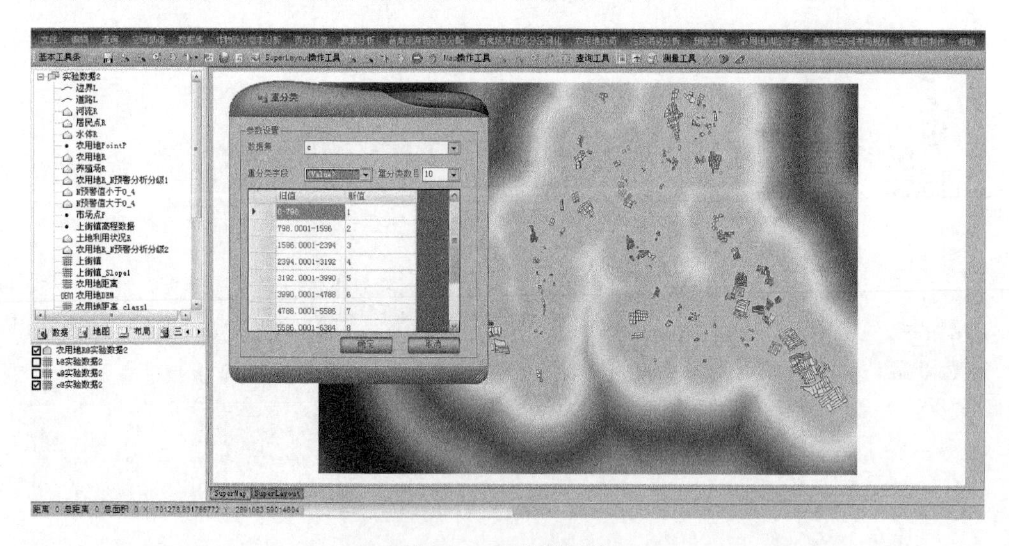

图 8-19　重分类过程

(5)矢量转栅格

操作:菜单“空间内插→矢量转栅格”(图 8-20)。

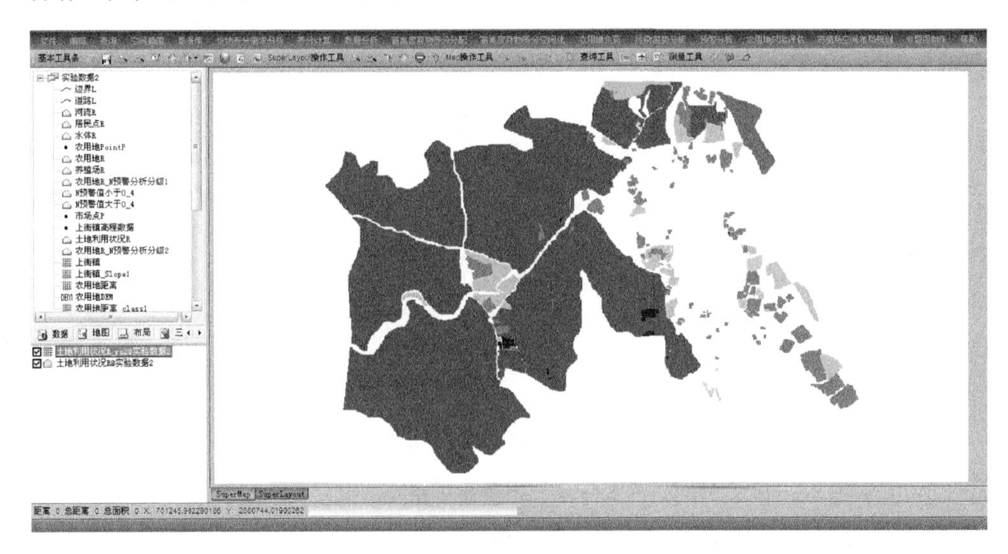

图 8-20 矢量转栅格结果

8.9.2.5 数据库

数据库中包含创建数据源、打开数据源、导入数据三个子模块,是整个系统的基础模块之一。

(1)创建数据源。操作:菜单“数据库→创建数据源”(图 8-21)。

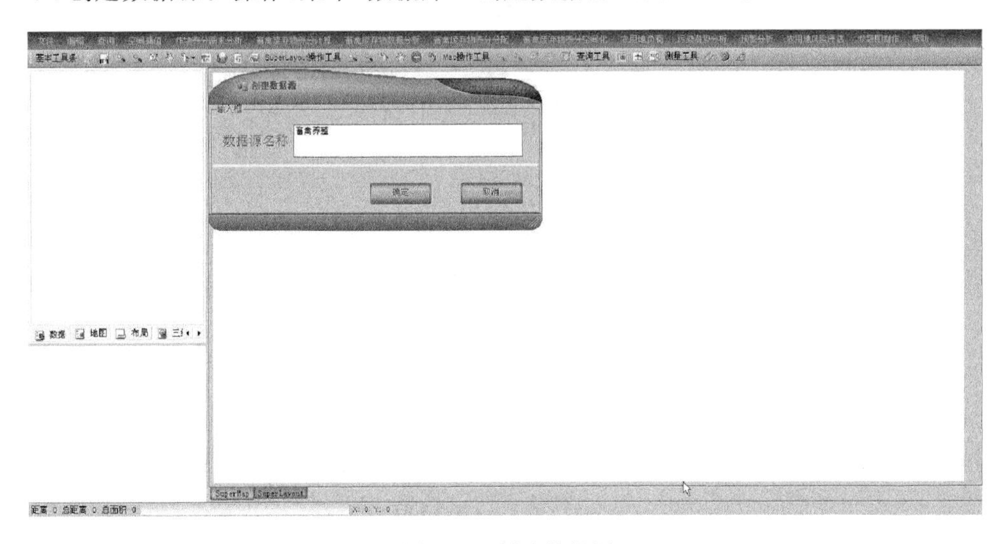

图 8-21 创建数据源

(2)打开数据源。操作:菜单“数据库→打开数据源”(图 8-22)。

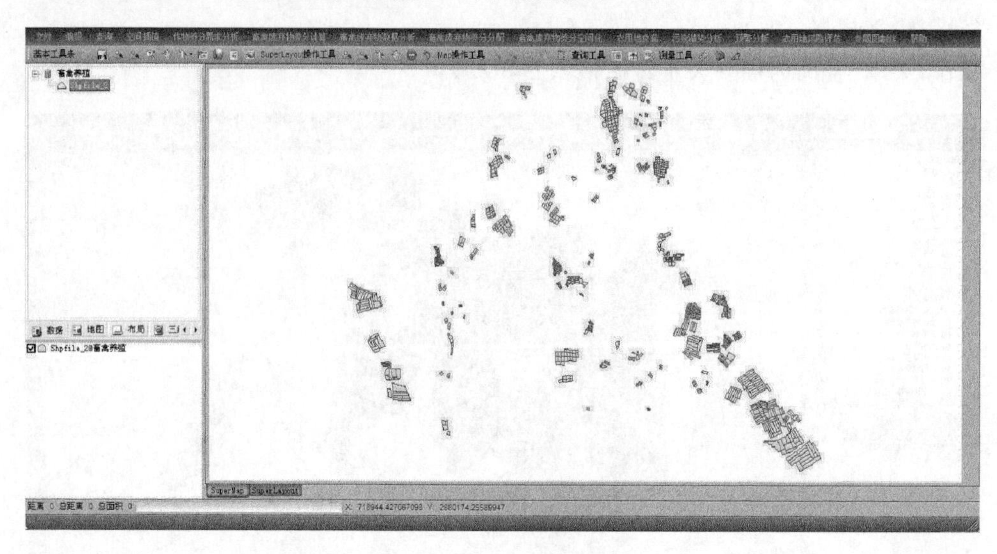

图 8-22 打开数据源结果

(3)导入数据。操作:菜单“数据库→导入数据”(图 8-23)。

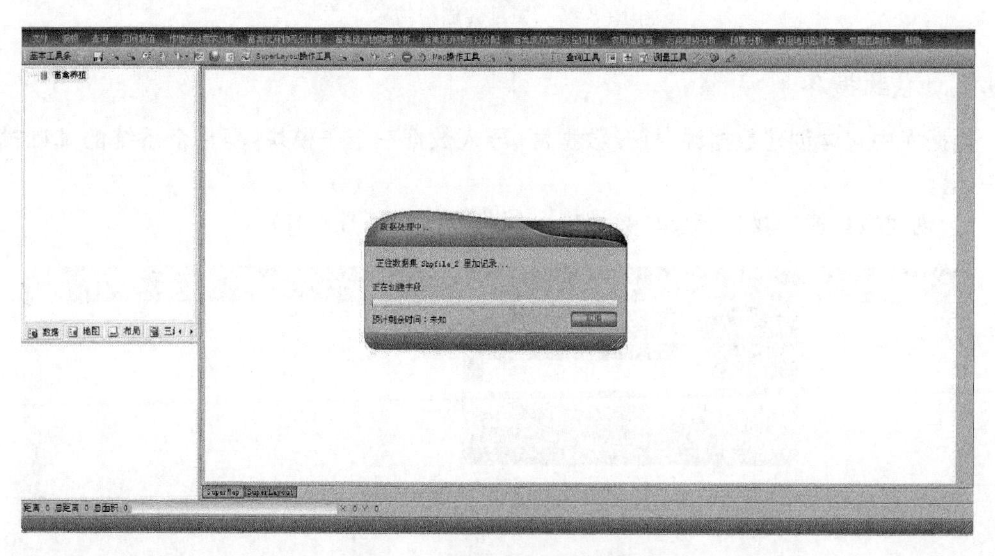

图 8-23 数据库导入数据过程

8.9.2.6 作物养分需求分析

作物养分需求分析包含农用地作物产量预估、单农用地作物产量预估、多农用地作物产量预估、区域农用地作物产量预估、作物氮养分需求预估、作物磷养分需求预估、作物钾养分需求预估、区域农用地养分需求分析等子模块,是整个系统的核心模块之一。

(1)农用地作物产量预估,通过对农用地的耕地类型进行判断,分析不同耕地在种植不同作物的条件下所能产生的作物产量。考虑到不同用户的需求,本模块分成了农用地作物产量预估,即实时计算农作物的产量大小;单农用地作物产量预估,即用于计算单个农用地在种植某种作物的条件下所能产生的作物的量；多农用地作物产量预估，主要针对多个农用地而进行作物产量估算；区域农用地作物产量预估，主要对整个大区域的所有农用地进行作物产量预估。操作：菜单“作物养分需求分析→农用地作物产量预估”(图 8-24)。

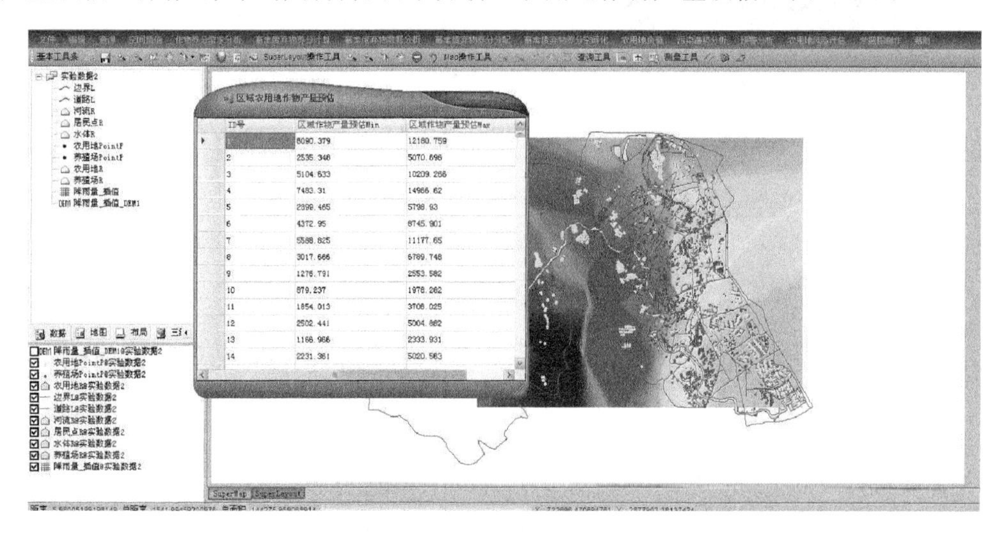

图 8-24　农用地作物产量预估结果

(2)作物养分需求预估，主要包含对养分农作物所需要的养分的估算，包括氮、磷、钾等营养元素。操作：菜单“作物养分需求分析→作物氮/磷/钾养分需求预估”(图 8-25)。

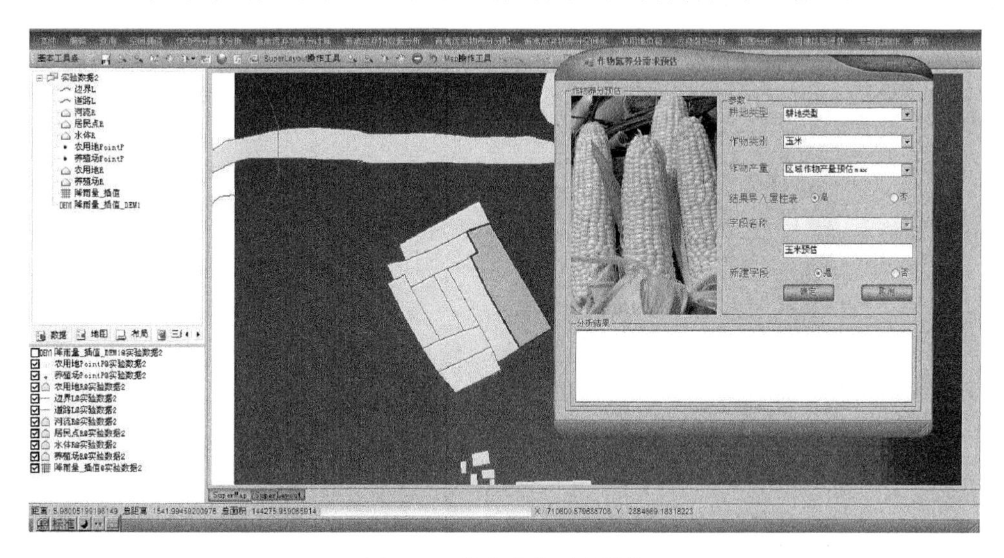

图 8-25　作物养分需求预估

(3)区域农用地养分需求，主要用于计算各种类型的农用地所需要的氮、磷等养分的量。操作：菜单“作物养分需求分析→区域农用地养分需求”(图 8-26)。

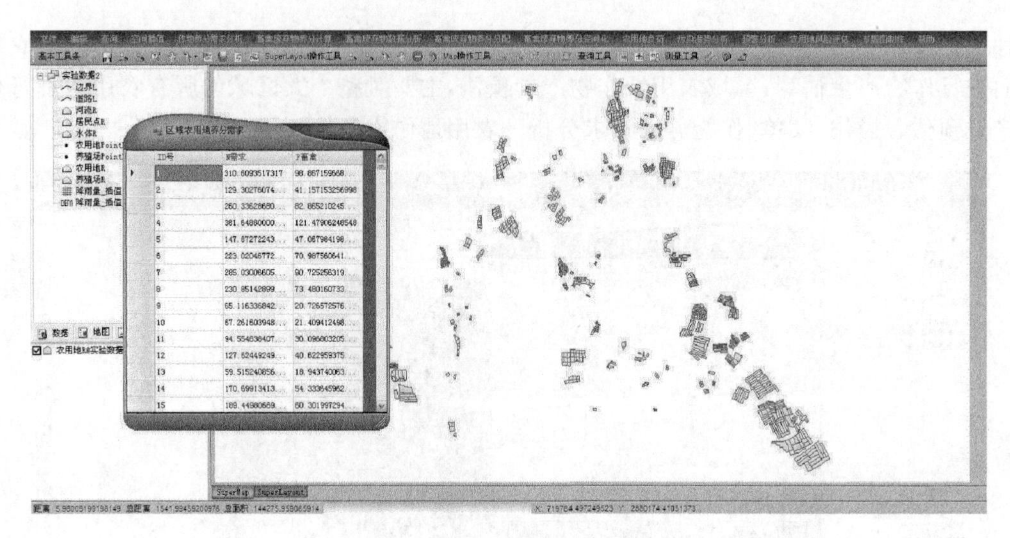

图 8-26　作物养分需求分析

8.9.2.7　畜禽养殖废弃物养分计算

畜禽养殖废弃物养分计算包含畜禽养殖废弃物产量预估、畜禽养殖废弃物纯养分预估、养分含量系数、养分损失率计算四个子模块。本模块是整个系统的核心模块之一。

(1)畜禽养殖废弃物产量预估包括废弃物排放量估算、单养殖场废弃物排放量估算、多养殖场废弃物排放量估算、区域废弃物排放量估算等四个模块(图 8-27),针对不同用户人群进行设计。

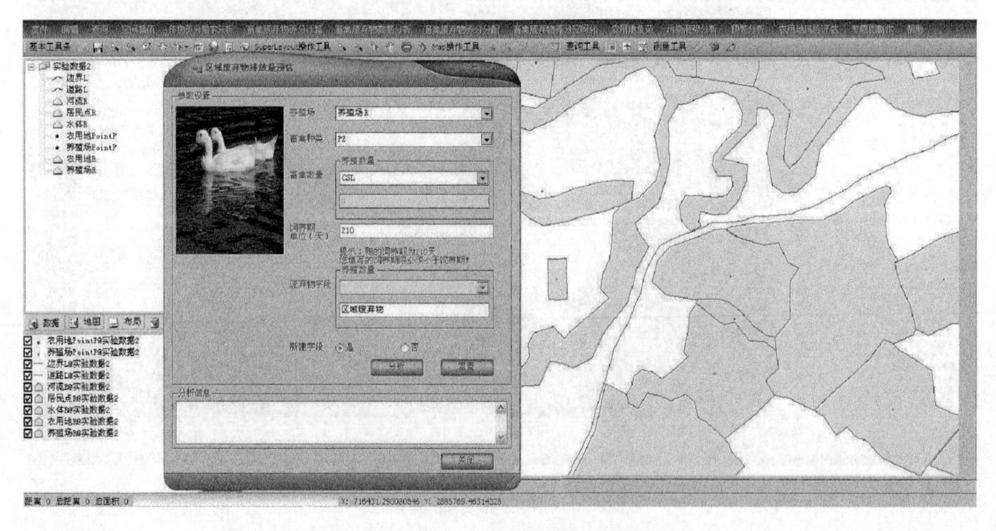

图 8-27　畜禽养殖废弃物产量预估

(2)畜禽养殖废弃物纯养分预估包括对产生的废弃物中氮养分量的估算、磷养分量的估算,同样按需求分成了三个层次:单养殖场纯养分预估、多养殖场纯养分预估、区域养殖场纯养分预估等(图 8-28)。

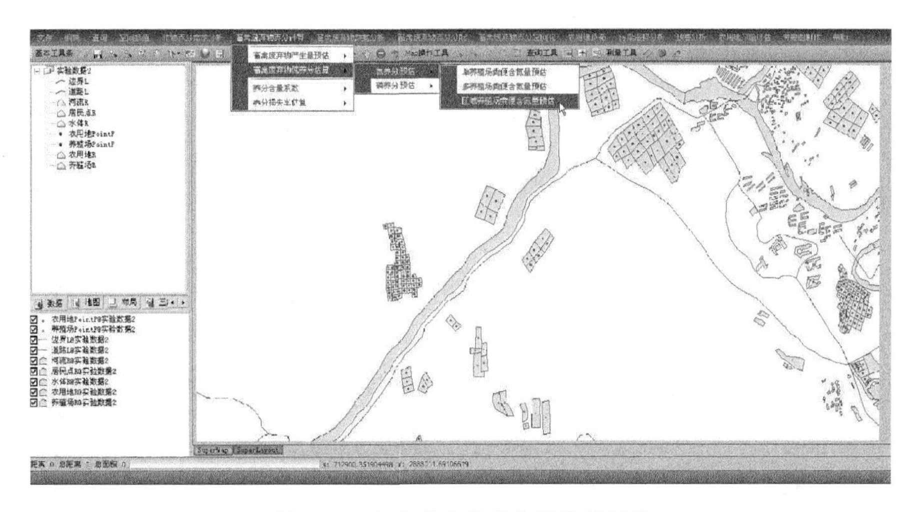

图 8-28　畜禽养殖废弃物纯养分预估

(3)养分含量系数主要用于计算废弃物中所含有的养分的量。

(4)养分损失率计算主要用于计算废弃物在施用过程中所损失的养分量。

8.9.2.8　畜禽养殖废弃物数据分析

畜禽养殖废弃物数据分析包含养分源分析、农田分析和运输成本计算分析三个子模块，是整个系统的核心模块之一。

(1)养分源分析

该模块的结构如图 8-29 所示。有两种模式：①当用户在 SuperMap 中选择一点后，本系

图 8-29　畜禽养殖废弃物养分资源分析

统会自动读取点当中的属性，用户只需正确指定相应字段，便可分析出该养分源中含有的养分 N(P、K)的含量；②在无选择点的状态下用户可以自定义相应变量，使得系统自动分析相应的养分量。操作(以 N 为例)：菜单“畜禽养殖废弃物数据分析→养分源分析→养分氮(N)含量分析”。

(2)农田分析

农田分析包括四大模块：农田面积、运输难易程度估算、氮养分最大负荷、磷养分最大负荷。

①农田面积，用于读取指定农田的面积大小。操作：菜单“畜禽养殖废弃物数据分析→农田分析→农田面积”(图 8-30)。

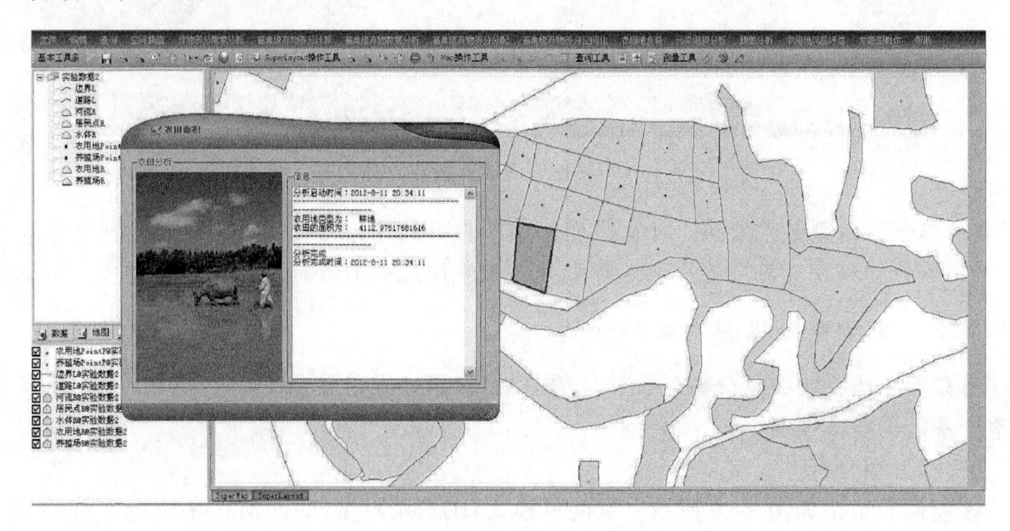

图 8-30　农田面积分析

②运输难易程度估算，用于分析计算出农用地的运输难易程度。操作：菜单“畜禽养殖废弃物数据分析→农田分析→运输难易程度”(图 8-31)。

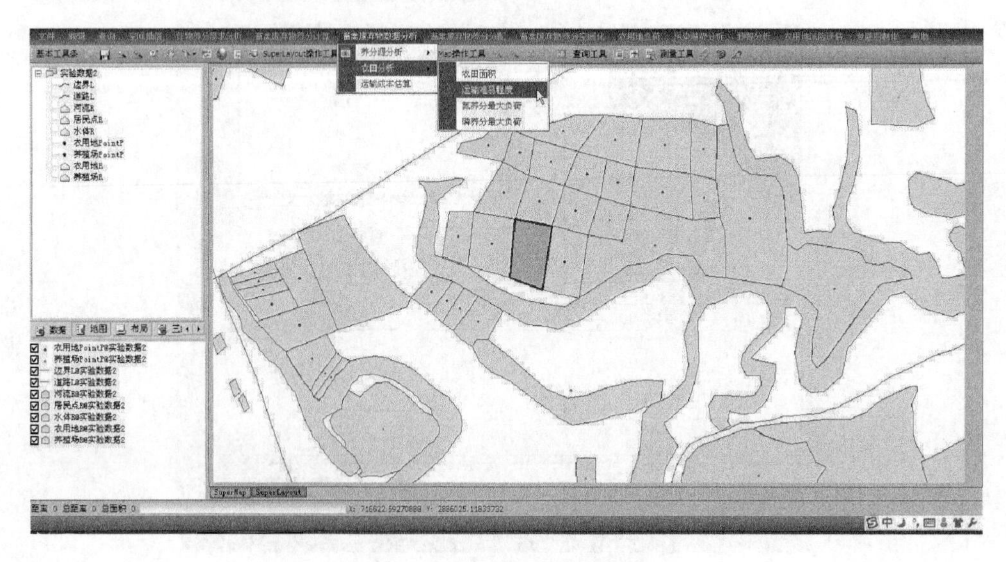

图 8-31　运输难易程度分析

③氮养分最大负荷，分析计算农用地的氮养分最大负荷。操作：菜单“畜禽养殖废弃物数据分析→农田分析→氮养分最大负荷”（图 8-32）。

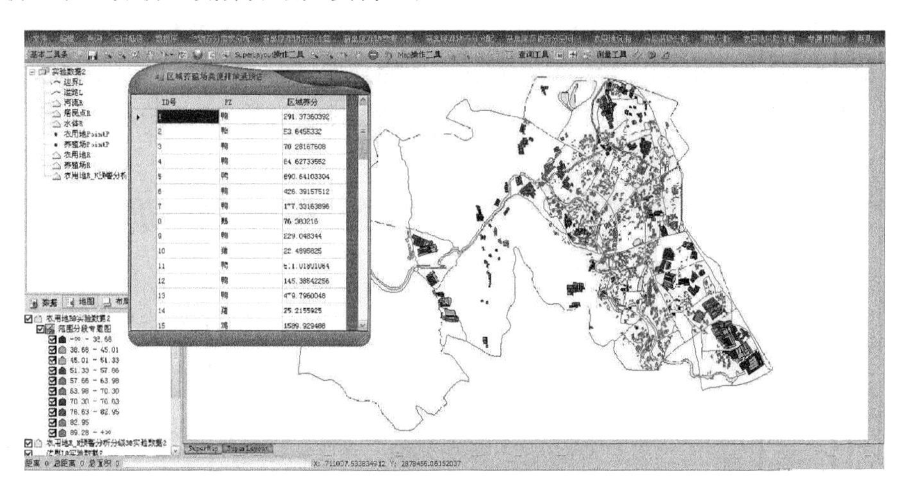

图 8-32　氮养分最大负荷分析结果

④磷养分最大负荷，分析计算农用地的磷养分最大负荷。操作：菜单“畜禽养殖废弃物数据分析→农田分析→磷养分最大负荷”。

（3）运输成本计算分析

按照系统预设的函数，用户根据实际情况输入成本参数对整个系统流程的成本进行分析。操作：菜单“畜禽养殖废弃物数据分析→运算成本计算分析”（图 8-33）。

图 8-33　运输成本估算结果

8.9.2.9　畜禽养殖废弃物养分空间分配

分析模块为本系统的最核心部分，在保证在农用地的承受范围内的条件下，用于实现将某区域或某个养殖场的养分按照分配模型分配给其最佳分配范围内的各个耕地，包含三个模块:区域畜禽养殖废弃物分配、多养殖场养分空间分配和单养殖场养分空间分配。

(1)区域畜禽养殖废弃物分配

主要用于实现区域范围内的资源分配,用户只需按照系统提示指定好相应字段,便可自动进行分配。分配结果显示在属性列表中,在分配完成的同时,系统会按照用户指定的路径自动生成一个分配结果报告(.txt 文件),供用户查阅。操作:菜单“畜禽养殖废弃物养分空间分配→区域畜禽养殖废弃物养分空间分配”(图 8-34)。

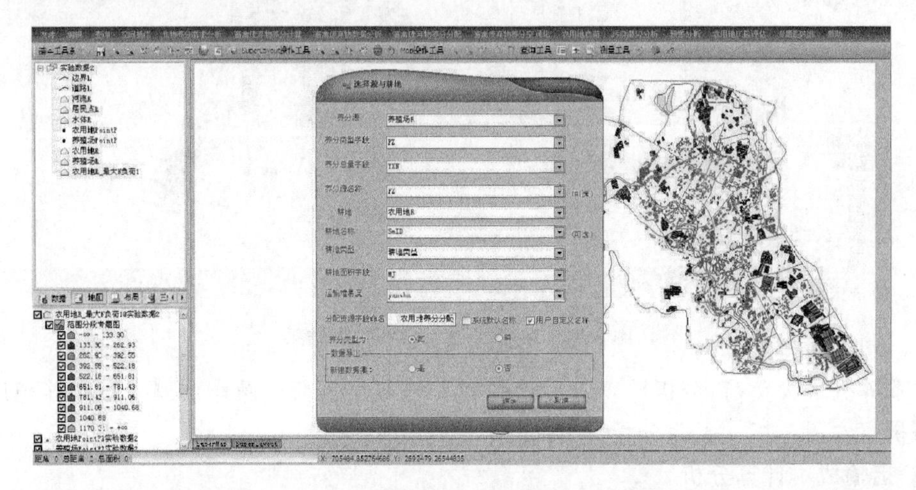

图 8-34　区域畜禽养殖废弃物养分空间分配

(2)多养殖场养分空间分配

考虑到用户可能需要对多个养分源进行资源分配,所以本系统也提供多个养分源的畜禽养殖废弃物分配命令,用户仅需选定养分源,并且按照提示进行相应的字段赋值,便可自动进行分配。分配结果显示在属性列表中,在分配完成的同时,系统会按照用户指定的路径自动生成一个分配结果报告(.txt 文件),供用户查阅。操作:菜单“畜禽养殖废弃物养分空间分配→多养殖场养分空间分配”(图 8-35)。

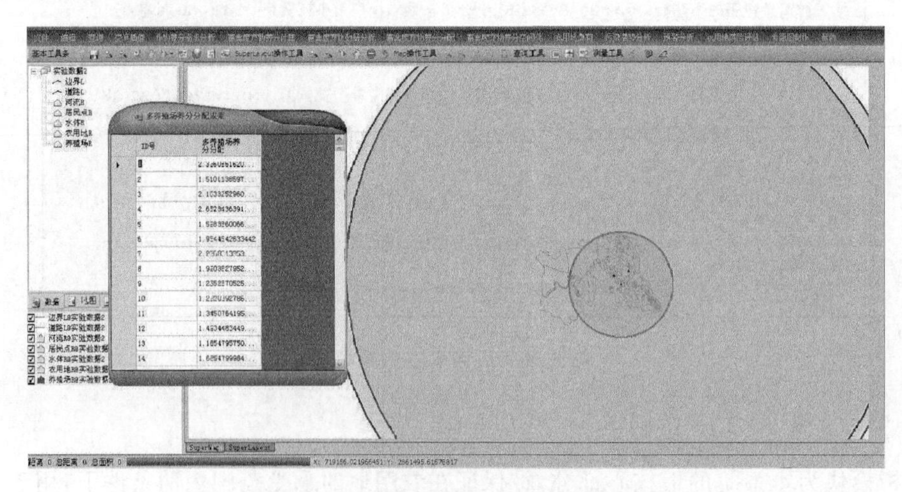

图 8-35　多养殖场养分空间分配结果

(3)单养殖场养分空间分配

考虑到用户可能仅需要对单一养殖场进行资源分配，所以本系统也提供单一养殖场的畜禽养殖废弃物分配命令，用户仅需选定养分源，并且按照提示进行相应的字段赋值，便可自动进行分配。分配结果显示在属性列表中，在分配完成的同时，系统会按照用户指定的路径自动生成一个分配结果报告(.txt 文件)，供用户查阅。操作：菜单"畜禽养殖废弃物养分空间分配→单养殖场养分空间分配"(图 8-36)。

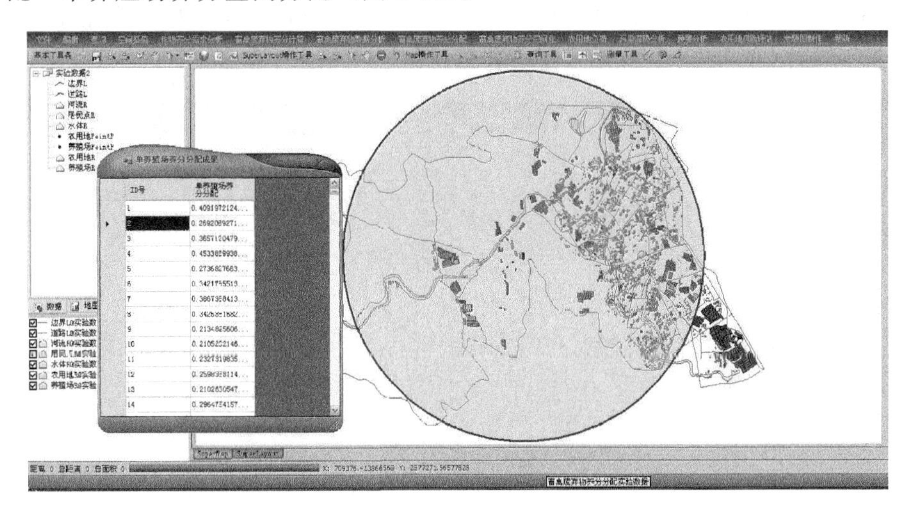

图 8-36　单养殖场养分空间分配

8.9.2.10　农用地负荷

过量的养分会给农作物的生长带来不利影响。本模块主要用于估算单位面积的农田上所分配到的养分量，便于下一步农用地风险评价的实施。这一模块主要包括农用地氮负荷分析和农用地磷负荷分析两个子模块。

(1)农用地氮负荷分析，主要对农用地分配或空间化所得的养分量进行分析，获得单位面积上的氮养分量。操作：菜单"农用地负荷→农用地氮负荷分析"(图 8-37)。

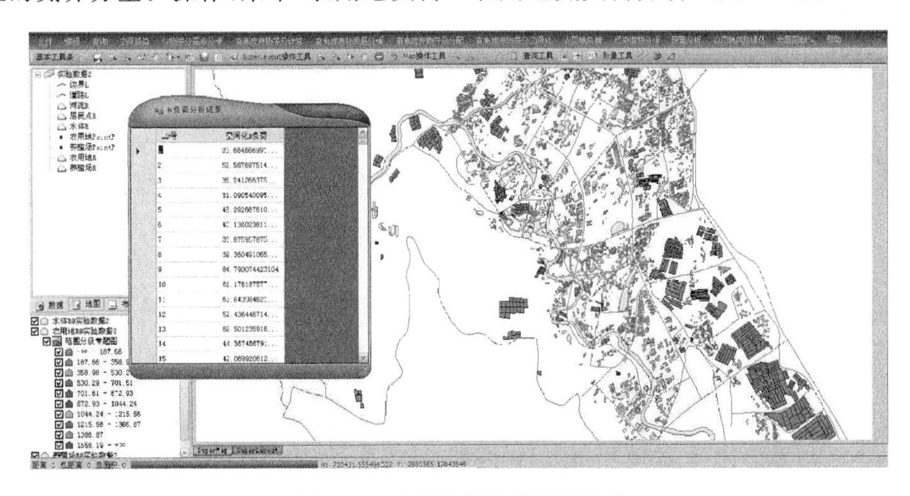

图 8-37　农用地氮负荷分析结果

(2)农用地磷负荷分析,主要对农用地分配或空间化所得的养分量进行分析,获得单位面积上的磷养分量。操作:菜单“农用地负荷→农用地磷负荷分析”。

8.9.2.11 污染潜势分析

污染潜势分析主要用于估算农用地所分配到的养分量是否超过了农田所能承受的范围。这一模块主要包括养分供给、养分消纳、氮污染潜势和磷污染潜势四个子模块。

(1)养分供给,主要用于将养分空间分配的结果以可视化的形式再现,方便用户对分析结果的把握。操作:菜单“污染潜势分析→养分供给”(图 8-38)。

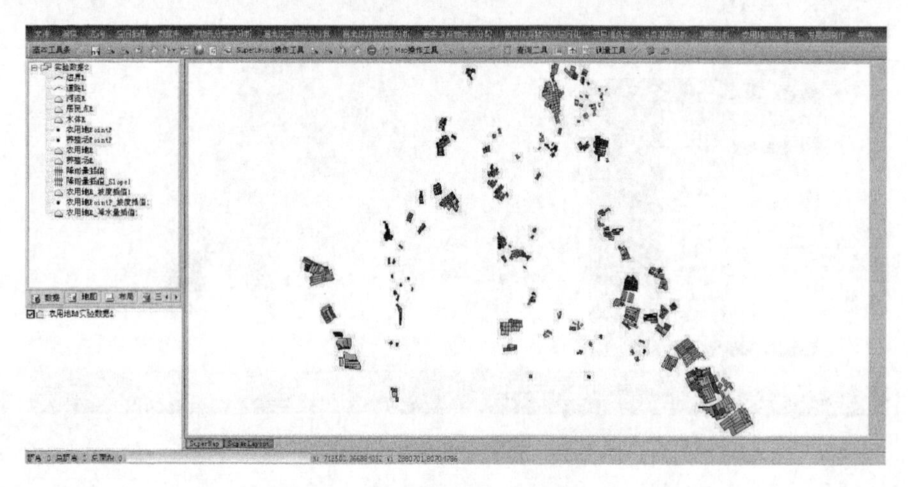

图 8-38 养分供给分析结果

(2)养分消纳,主要用于将农用地的结果以可视化的形式再现,方便用户对分析结果的把握。操作:菜单“污染潜势分析→养分消纳”(图 8-39)。

图 8-39 养分消纳工具

(3)氮污染潜势,主要用于测定农用地所分配到的氮养分量是否超过了农田所能承受的范围,若得出的结果为负值,则表示农用地无污染;若为正值,则表示农用地的污染已经超过了农用地的承受范围,值越大,污染潜势越大。操作:菜单“污染潜势分析→氮污染潜势”(图

8-40)。

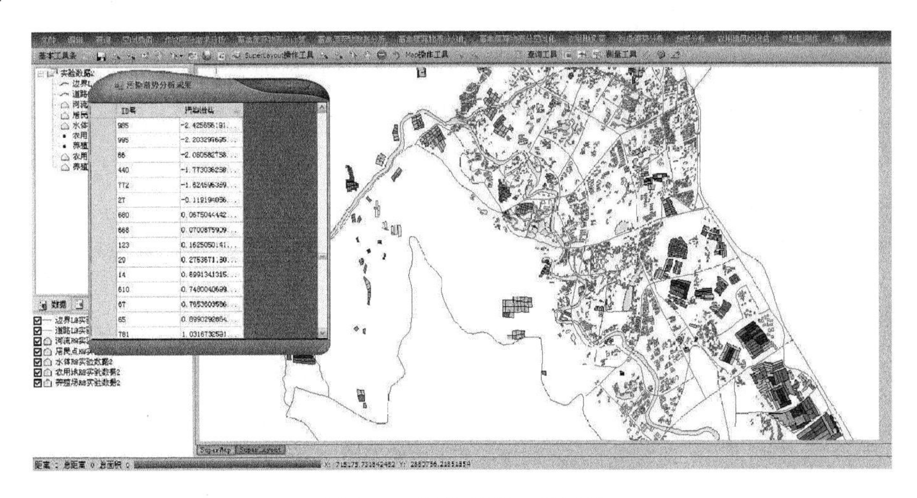

图 8-40 污染潜势分析结果

(4)磷污染潜势,主要用于测定农用地所分配到的磷养分量是否超过了农田所能承受的范围。操作:菜单“污染潜势分析→磷污染潜势”。

8.9.2.12 预警分析

预警主要用于评定农用地超过农田的所能承受范围的幅度大小,并且将结果分成五个不同等级:①无污染;②稍微污染;③有污染;④较严重污染;⑤严重污染。结果将以可视化的形式展示。该模块包括:氮预警分析、磷预警分析、预警结果分级、理论最大氮有机肥施用量、理论最大磷有机肥施用量。

(1)氮预警分析,主要用于测定农用地中氮超过农用地所能承受的氮的幅度大小。操作:菜单“预警分析→氮预警分析”(图 8-41)。

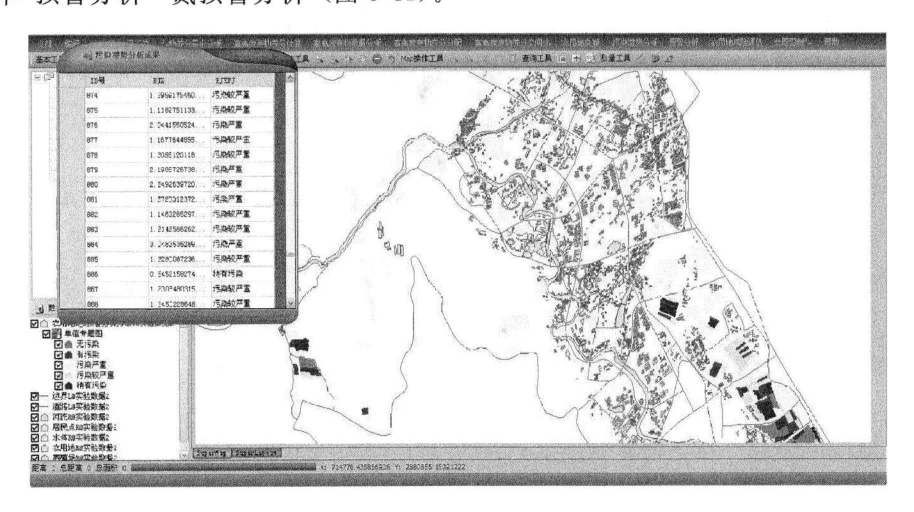

图 8-41 氮预警分析结果

(2)磷预警分析，主要用于估算农用地中磷超过农用地所能承受的磷的幅度大小。操作：菜单“预警分析→磷预警分析”。

(3)报警结果分级：对报警结果进行分级，分成无污染、稍有污染、有污染、较严重污染、严重污染五类。操作：菜单“预警分析→预警结果分级”。

(4)理论最大氮有机肥施用量，主要用于计算农用地中所能施加的氮的最大量。操作：菜单“预警分析→理论最大氮有机肥施用量”(图 8-42)。

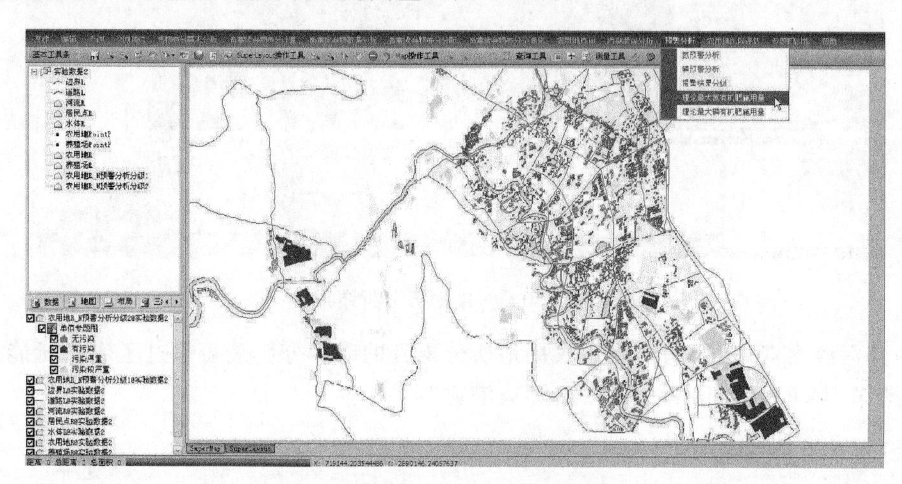

图 8-42 理论最大氮有机肥施用量

(5)理论最大磷有机肥施用量，主要用于计算农用地中所能施加的磷的最大量。操作：菜单“预警分析→理论最大磷有机肥施用量”。

8.9.2.13 农用地风险评估

农用地在获得一定量的养分后，由于自身污染潜势、农用地坡度以及区域降水量等条件的影响，处于不同条件下的农用地其污染风险不同，故而设置了此模块，用于分析不同条件下农用地的污染风险。这一模块是畜禽养殖废弃物养分空间分配系统的重要模块之一，分为三个子模块：风险评价分析、坡度计算及降水量计算。

(1)风险评价分析

主要用于评价在农用地污染潜势、农用地坡度、地区降水等三个方面的影响下，农用地对周围环境的污染风险大小。操作：菜单“农用地风险评估→风险评价分析”(图 8-43)。

(2)坡度分析

该模块主要包括坡度计算、点状数据赋值、面状数据赋值等三个模块。坡度计算主要是将空间插值后的栅格数据用于坡度分析，得出坡度大小。点状数据赋值是将结果赋值给点状数据集。面状数据赋值是将结果赋值给面状数据集。坡度计算操作：菜单“农用地风险评估→农用地坡度分析→坡度计算”(图 8-44)。

(3)降水量分析

主要用于将降水量插值的结果赋值给点状数据或者面状数据。操作：菜单“农用地风险评估→降水量分析→点状数据/面状数据”(图 8-45)。

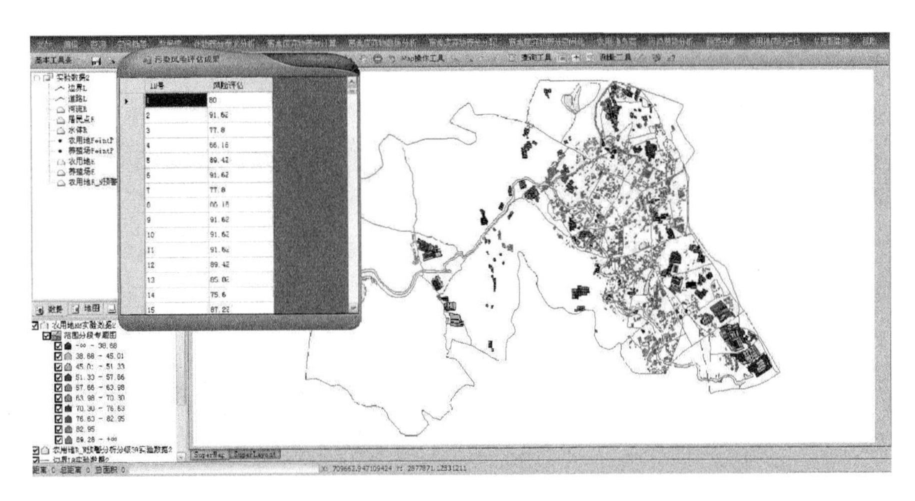

图 8-43　风险评价分析结果

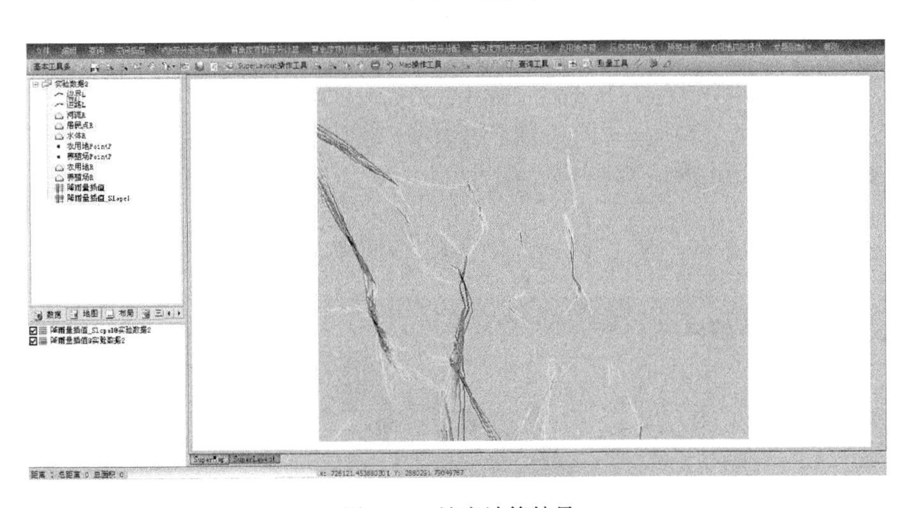

图 8-44　坡度计算结果

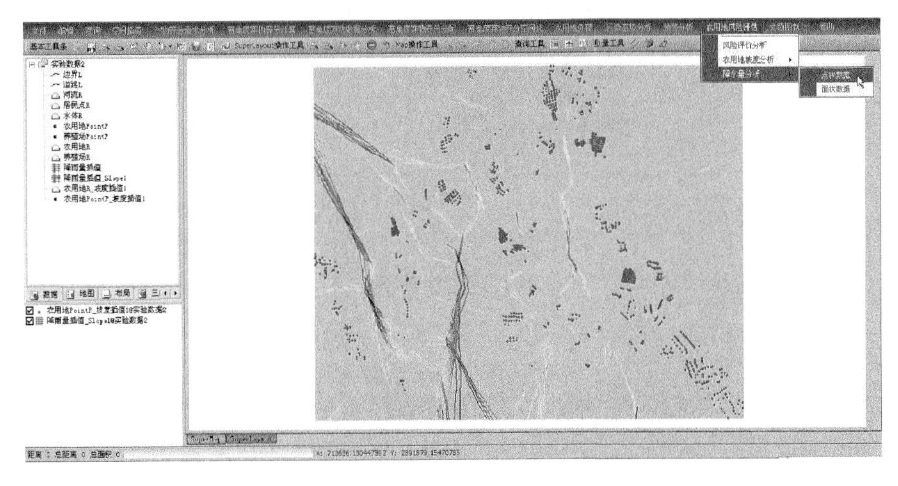

图 8-45　降水量录入

8.9.2.14 养殖场空间布局规划

确定地块的土地利用类型，计算其到居民地、市场、河流、水体、道路、市场、受污染农田、未受污染农田的距离，给各个相关因素加权，分析出最适合建造养殖场的地块。

适宜性分析：分析得出最适合建造养殖场的地块，分析界面和结果见图 8-46 和图 8-47。

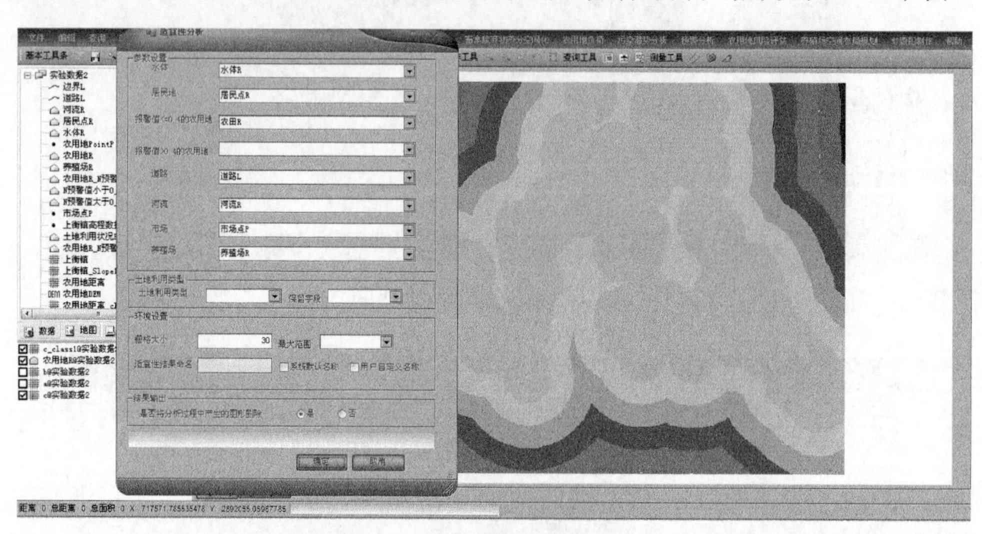

图 8-46 适宜性分析界面

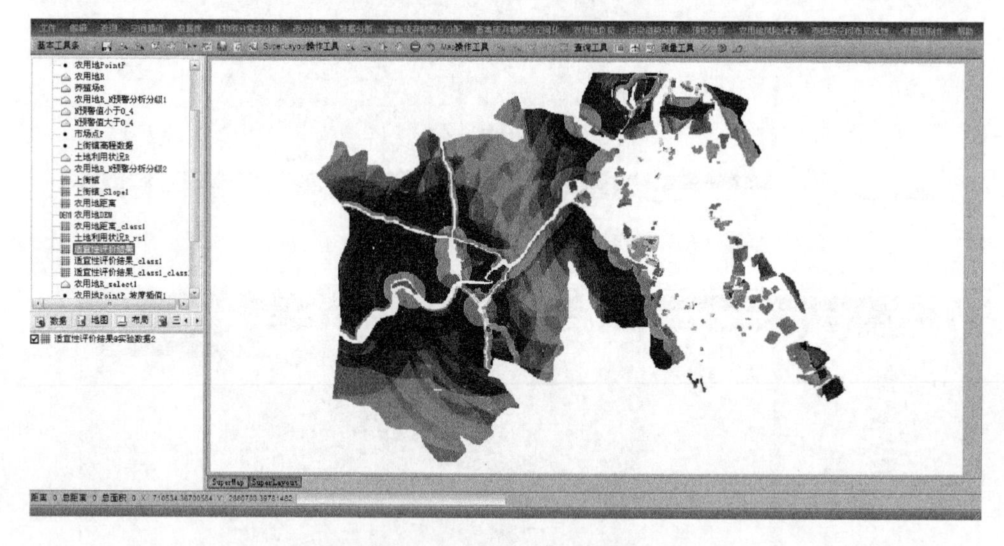

图 8-47 适宜性分析结果

8.9.2.15 专题制图模块

系统中提供了多种专题图制作的方式（图 8-48），包括单值专题图、分段专题图、统计专题图以及标签专题图等的制作。制作出专题图后，用户可以使用后面的布局专题图菜单来制作输出专题图。

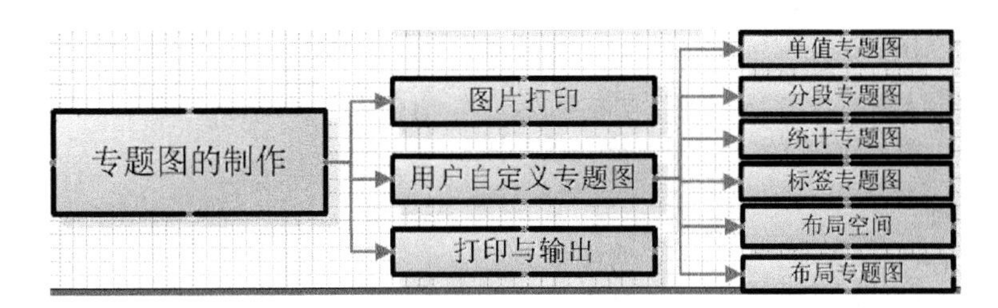

图 8-48 专题图制作

(1)单值专题图

功能:用不同的颜色表示属性表中指定字段的每一个不同的值。

操作:

◆ 打开一个数据集,把它显示在地图窗口中。

◆ 选择菜单“专题地图制作→单值专题图…”,弹出“单值专题图”对话框(图 8-49)。

◆ 选择需要渲染的字段表达式。还可以设置过滤表达式,使所有不满足过滤条件的对象不再予以专题渲染。

◆ 选择配色方案。

◆ 点击下拉菜单按钮,可以将字段所有值或者字段中的部分值添加到列表中,还可以使用上下移动按钮更改选中字段值在列表中的位置。

◆ 双击每个字段值对应的色块可以更改专题的渲染风格。

◆ 点击“完成”按钮,完成单值专题图的创建工作。

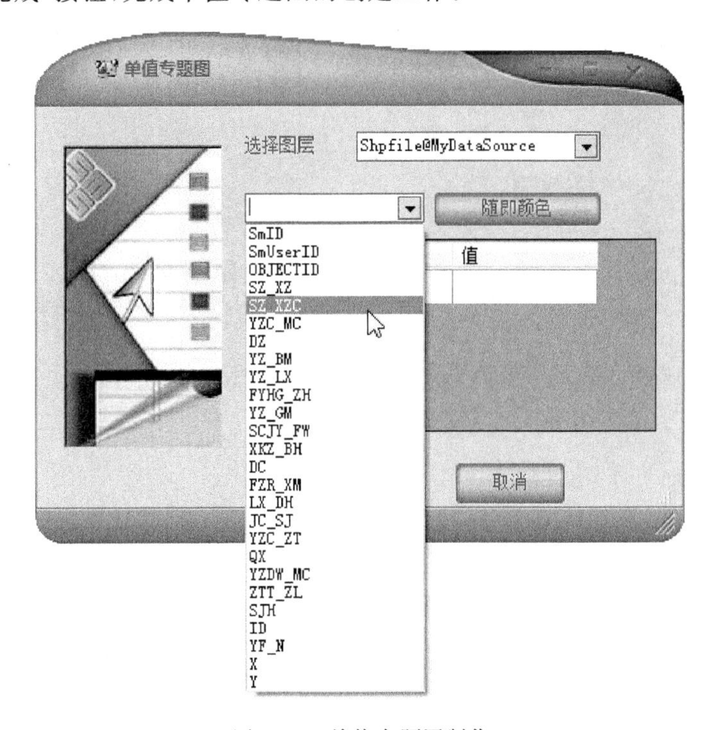

图 8-49 单值专题图制作

(2)分段专题图

对某一字段的值进行分级,不同的等级赋予不同的颜色加以表示,同一等级的字段值则为同一颜色,结果最后表现在 SuperMap 窗口中。

操作:

◆ 打开一个数据集,把它显示在地图窗口中。

◆ 选择菜单“专题地图制作→分段专题图…”,弹出“分段专题图”对话框(图 8-50)。

◆ 选择需要渲染的字段表达式。还可以设置过滤表达式,使所有不满足过滤条件的对象不再予以专题渲染。

◆ 选择配色方案。

◆ 点击下拉菜单按钮,可以将字段所有值或者字段中的部分值添加到列表中,还可以使用上下移动按钮更改选中字段值在列表中的位置。

◆ 双击每个字段值对应的色块可以更改专题的渲染风格。

◆ 点击“完成”按钮,完成分段专题图的创建工作。

图 8-50　分段专题图对话框

(3)统计专题图

功能:一次对多个数值型变量进行分析统计。

操作:

◆ 打开一个数据集,把它显示在地图窗口中。

◆ 选择菜单“专题图制作→统计专题图…”,弹出“统计专题图”对话框(图 8-51)。

◆ 选择图层与统计字段,并将其添加到右边列表框中,可以使用上下移动按钮更改选中字段在列表中的位置。

◆ 点击下一步,弹出“统计专题图设置”对话框,可以设置统计图的类型。

◆ 点击“完成”按钮，结束专题图的创建工作。

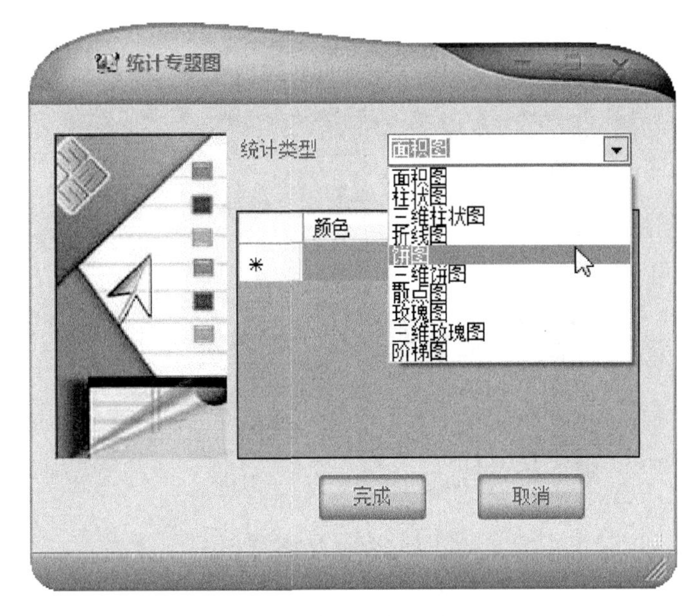

图 8-51　统计专题图对话框

(4)标签专题图

功能：用文本形式在图层上直接显示属性表中的数据。

操作

◆ 打开一个数据集，把它显示在地图窗口中。

◆ 选择菜单“专题图制作→标签专题图…”，弹出“标签专题图”对话框。

◆ 选择图层。

◆ 选择字段表达式，该字段表达式的值会以标签的形式显示在地图上。还可以设置过滤表达式，则仅对满足过滤条件的对象进行专题渲染。

◆ 在“标签风格设置”区域设置文本的风格、背景形状以及背景风格。

◆ 点击“完成”按钮，标签专题图创建完毕。

(5)布局空间

布局空间(图 8-52)包括保存布局空间、加载布局空间、锁定布局空间、浏览地图。用户可自行保存加载布局空间，设计出优美的布局页面。

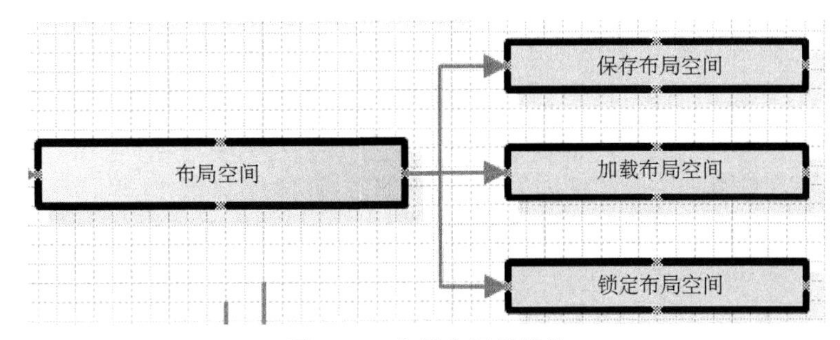

图 8-52　布局空间子模块

(6)保存布局空间

操作:菜单"专题图制作→布局空间→保存布局空间"(图 8-53)。

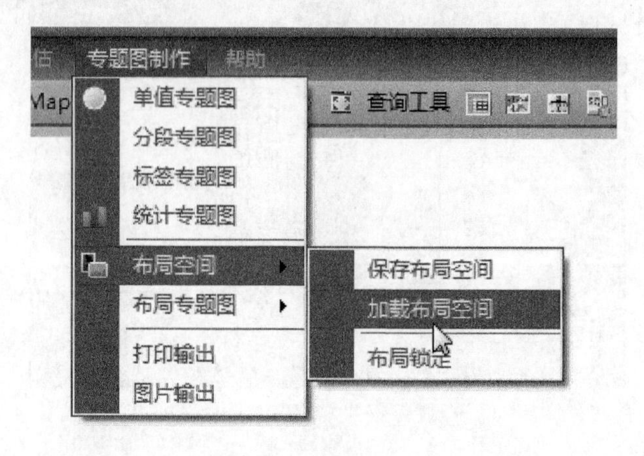

图 8-53　保存布局空间

(7)加载布局空间

操作:菜单"专题图制作→布局空间→加载布局空间"(图 8-54)。

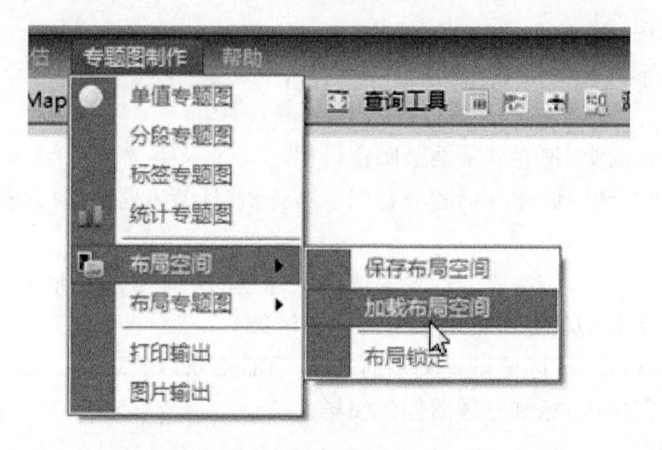

图 8-54　加载布局空间

(8)布局专题图

布局就是地图(包括专题图)、图例、地图比例尺、方向标图片、文本等各种不同地图内容的混合排版与布置,主要用于电子地图和打印地图。而布局窗口就是制作布局(布置和注释地图内容)以供打印输出的窗口。需要注意的是,布局是工作空间的一部分,要把布局保存下来,就一定要把工作空间也同时保存下来,否则布局不会真正保存下来。系统中菜单中提供了一系列制作专题图时所用到的元素,比如绘制地图、绘制比例尺、绘制指北针等,绘制地图时用户需确定本数据源中已经拥有了地图。结构如图 8-55 所示。

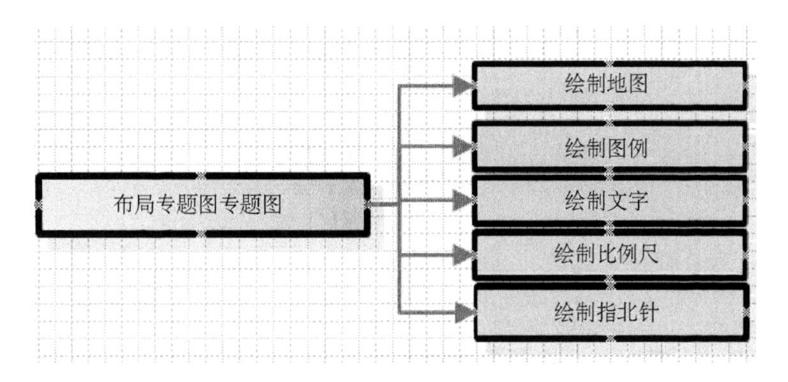

图 8-55　布局专题图子模块

(9)绘制地图

操作步骤:在 SuperLayout 中单击鼠标右键弹出快捷菜单,选择专题图制作中的绘制地图,如图 8-56 所示。在布局窗口中绘制地图占纸张的面积以及位置,绘制好后,在地图属性中指定地图,点击确定。选中布局的地图元素,右击菜单中选择锁定地图,可以对地图内容进行缩放,以控制显示的内容。可以通过选择地图要素属性,指定该地图元素所显示的地图。

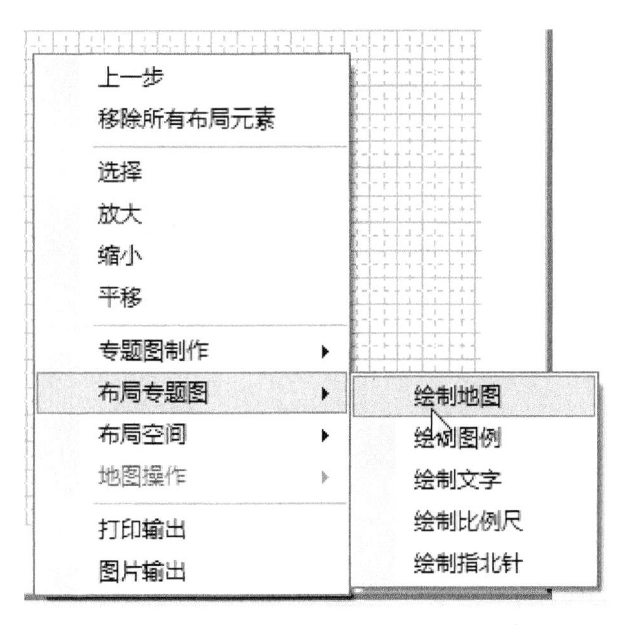

图 8-56　绘制地图

(10)绘制比例尺、绘制指北针等

保持布局窗口中的地图元素为选中状态,操作"布局→布局专题图→绘制图例"等,添加地图、图例、比例尺、专题图图例、统计图图例等内容(图 8-57)。

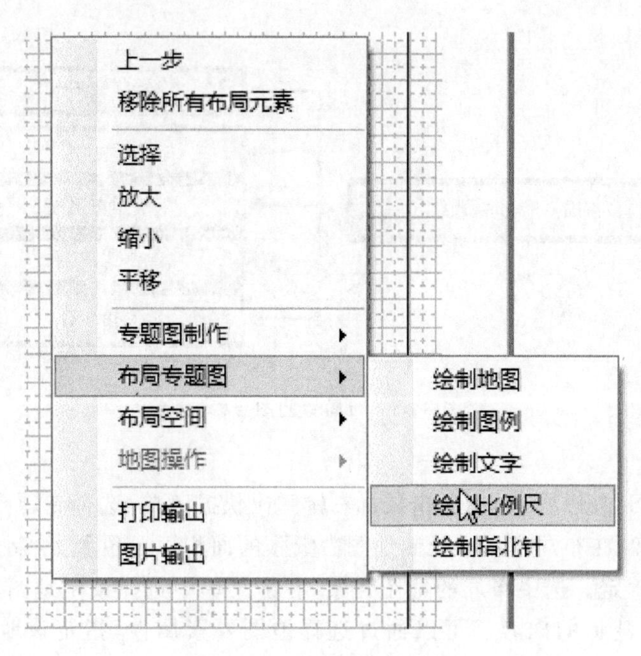

图 8-57 布局元素的选择

(11)打印输出

打印输出用于打印出当前布局窗口中的图片。

(12)图片输出

图片输出用于输出当前布局窗口中的图片。

8.9.2.16 帮助

帮助菜单包括系统介绍、帮助文档。

(1)系统介绍

介绍本系统实现的目的,用户应仔细阅读以保证对于本系统思想有充分的认识。

(2)帮助文档

介绍本系统菜单的各种功能以及作用,如遇问题用户可参考。

第9章　总结与展望

9.1　研究工作总结

本书以环境科学、农业生态学、畜禽养殖、土壤环境学和作物栽培学等基本理论为基础，系统分析了畜禽养殖场空间布局适宜性评价因素，进行区域作物养分需求计算、畜禽养殖废弃物养分空间分配及农用地畜禽养殖废弃物环境污染风险评价的研究。在此基础上，建立了畜禽养殖场空间布局适宜性评价指标体系，并结合限制性因素实现畜禽养殖场空间布局的适宜性评价；结合组件式 GIS 技术、GIS 空间分析技术、数据库技术等技术，开展了区域畜禽养殖容量估算研究，开发了畜禽养殖多用途空间数据库系统和畜禽养殖废弃物对农用地的污染决策支持系统。主要研究工作和结果如下：

(1)在大量文献的基础上，从环境影响因素、经济影响因素、公共卫生与防疫安全因素及土地利用、法律法规和政策因素出发较系统全面地分析影响畜禽养殖场空间布局适宜性评价的因素。

(2)从经济适宜性指标、安全适宜性指标、环境适宜性指标和限制性因素分析畜禽养殖场空间布局适宜性评价相关因素，构建畜禽养殖场空间布局适宜性评价的综合指标体系，并以北京市大兴区、福州市闽侯县、闽侯县上街镇为例进行畜禽养殖场空间布局适宜性评价应用。

(3)结合研究区实际各种作物的播种面积统计数据，并根据其具体的作物种类引入模拟作物作为各类农用地类别上的种植的农作物，利用作物栽培学知识确定作物在特定目标产量下所需的养分量，最后结合两者计算每个评估单元的作物养分需求量，并以北京市大兴区为例进行实际案例应用。

(4)建立格网尺度畜禽养殖废弃物养分空间分配方法和畜禽养殖场——地块尺度畜禽养殖废弃物养分空间分配方法。重点研究畜禽养殖废弃物养分空间分配模型，最后以基于网格的中国耕地畜禽养殖废弃物氮负荷估算为例实现格网尺度畜禽养殖废弃物养分空间分配方法应用，以福建省闽侯县上街镇为试验区域，实现畜禽养殖场——地块尺度畜禽养殖废弃物养分空间分配。

(5)分析以畜禽养殖密度、农用地畜禽养殖废弃物氮(磷)负荷、畜禽养殖废弃物猪粪当量负荷和农用地畜禽养殖废弃物猪粪当量负荷警报值等单一指标的农用地畜禽养殖废弃物环境污染风险评价方法，农用地畜禽养殖废弃物氮、磷负荷相结合的双指标综合的农用地畜禽养殖废弃物环境污染风险评价方法，基于多指标融合的农用地畜禽养殖废弃物环境污染风险评价以及地块尺度的农用地畜禽养殖废弃物环境污染风险评价，最后以安徽省、福建省闽侯县上街镇为例进行农用地畜禽养殖废弃物环境污染风险评价实际应用。

(6)通过畜禽养殖废弃物养分估算、畜禽养殖废弃物养分空间分配和区域农用地养分负荷估算,并基于畜禽排泄系数、养分含量系数和农用地畜禽养殖废弃物磷养分最大负荷为指标进行区域畜禽养殖容量估算研究,最后以安徽省各县(市、区)和福州市闽侯县上街镇为试验区进行实际应用。

(7)综合区域作物养分需求、畜禽养殖废弃物养分空间分配模型、农用地畜禽养殖废弃物环境污染风险评价、畜禽养殖场空间布局适宜性评价的综合指标体系、畜禽养殖多用途空间数据库等,开发畜禽养殖场空间布局规划决策支持系统。该系统能实现畜禽养殖废弃物氮负荷估算、污染潜势分析、预警分析、污染风险评价及养殖场空间布局规划等。系统可以为农业环境治理、养殖场规划布局,以及生物有机肥工程、新能源工程等畜禽养殖废弃物资源化利用等管理决策提供科学依据。

9.2 不足之处与研究展望

尽管作者取得了一些研究成果,但仍存在一定的局限性。不足之处也构成了相关领域将来的研究方向:

(1)针对农用地畜禽养殖废弃物环境污染风险评价研究,虽然进行了地块尺度的农用地畜禽养殖废弃物环境污染风险评价定量化研究,但由于时间、条件等各种条件的限制,对于大气氮素沉降、灌溉水、土壤供肥等带来的养分未进行深入的试验研究,对农用地土壤环境生态系统中营养元素的定量迁移规律的研究还不够深入,因此其计算的农用地土壤环境养分盈余量计算有一定的误差。今后应对研究区域内畜禽养殖区域的农用地土壤环境生态系统各个养分流动环节进行实地监测,以获得准确的第一手资料,如对大气氮素沉降、灌溉水、土壤供肥等带来的养分的监测,畜禽养殖废弃物的各种流失途径,营养元素的定量迁移规律等的研究。

(2)在区域作物养分计算中,以全年农作物种植情况的统计数据为基础引进模拟农作物代替了不同农用地类别上实际种植的农作物。而实际上每个农用地种植的作物是有差异的,即使是同一农用地地块在不同时期,其种植的作物可能也是不同的,因此这种以确定不同农用地类别上选择不同的模拟作物作为其实际种植作物的养分造成了区域内各农用地作物养分需求的误差。随着高光谱遥感影像应用研究的发展,今后可以利用高光谱遥感信息来提取区域农用地的作物空间分布情况,从而提高农用地作物养分量估算的准确度。

(3)在畜禽养殖场空间布局适宜性评价指标体系中,指标的选择和分值的确定采用了特尔斐法和层次分析法,一些指标由于当前很难完全定量化而采用专家打分法,但不同的专家由于知识背景的不同存在着一定的主观性,使得畜禽养殖场空间布局适宜性评价存在着一定的主观性。今后应对畜禽养殖场空间布局适宜性评价因子进行深入实际试验和大量调查研究,从而较好地确定相关规律。

参考文献

包从兴,2015.畜禽养殖业猪粪便治理及其资源化利用——以江苏申牧畜禽有限公司为例[D].苏州:苏州科技大学.

常艳萍,徐占森,2007.畜禽养殖小区建设项目环评与“三同时”重点的分析[J].安徽农学通报,**13**(15):117-118.

常玉海,程波,袁志华,2007.规模化畜禽养殖场环境影响评价与实例研究[J].农业环境科学学报,**26**(增刊):313-318.

车前进,段学军,郭垚,等,2011.长江三角洲地区城镇空间扩展特征及机制[J].地理学报,**66**(4):446-456.

陈斌玺,刘俊专,吴银宝,等,2012.海南省农地土壤畜禽粪便承载力和养殖环境容量分析[J].家畜生态学报,**33**(6):78-84.

陈杰,刘羽国,2007.北方牧区奶牛养殖小区建设的现状与思考[C].中国奶牛协会2007年会论文集(上册).

陈培阳,朱喜钢,2012.基于不同尺度的中国区域经济差异[J].地理学报,**67**(8):1085-1097.

陈同斌,陈世庆,徐鸿涛,等,1998.中国农用化肥氮磷钾需求比例的研究[J].地理学报,**53**(1):32-41.

陈微,刘丹丽,刘继军,等,2009.基于畜禽粪便养分含量的畜禽承载力研究[J].中国畜牧杂志,**45**(1):46-50.

陈晓玲,2012.苍南县规模化畜禽养殖场污染调查及治理对策研究[D].杭州:浙江大学.

陈瑶,王树进,2014.我国畜禽集约化养殖环境压力及国外环境治理的启示[J].长江流域资源与环境,**23**(6):862-868.

崔爽,苏鸿,叶良松,等,2011.一种基于空间对象的缓冲区分析算法[J].地理与地理信息科学,**27**(1):38-41.

崔小年,2014.城郊养殖业发展研究——以北京市为例[D].北京:中国农业大学.

邓先德,程勤阳,田立亚,2006.奶牛养殖小区规划设计研究与探讨.农业工程学报,**22**(s2):46-49.

段勇,张玉珍,李延风,等,2007.闽江流域畜禽粪便的污染负荷及其环境风险评价[J].生态与农村环境学报,**23**(3):55-58.

樊守伟,严艳,张少杰,等,2014.Dijkstar算法与旅游路径优化[J].西安邮电大学学报,**19**(1):121-124.

方炎,2000.规模化畜禽养殖业的污染防治与可持续发展研究[D].北京:中国农业大学.

方叶林,黄震方,陈文娣,等,2013.2001—2010年安徽省县域经济空间演化[J].地理科学进展,**32**(5):831-839.

方玉东,封志明,胡业翠,等,2007.基于GIS技术的中国农田氮素养分收支平衡研究[J].农业工程学报,**23**(7):35-41.

冯爱萍,王雪蕾,刘忠,等,2015.东北三省畜禽养殖环境风险时空特征[J].环境科学研究,**28**(6):967-974.

冯英.2001.奶牛场规划过程中需要注意的几个问题[J].中国奶牛(12):19-21.

付强,2013.中国畜养产污综合区划方法研究[D].郑州:河南大学.

付强,诸云强,孙九林,等,2012.中国畜禽养殖的空间格局与重心曲线特征分析[J].地理学报,**67**(10):1383-1398.

高定,陈同斌,刘斌,等,2006.我国畜禽养殖业粪便污染风险与控制策略[J].**25**(2):311-319.

耿维,胡林,崔建宇,等,2013.中国区域畜禽粪便能源潜力及总量控制研究[J].农业工程学报,**29**(1):171-179.

关伟,朱海飞,2011.基于ESDA的辽宁省县域经济空间差异时空分析[J].地理研究,**30**(11):2008-2016.

郭仁忠,2001.空间分析(第2版)[M].北京:高等教育出版社.

郭艳红，程艳菊，程飞，2008. 奶牛场污染的危害及处理措施[J]. 北方牧业：奶牛(3)：31-31.

国家环境保护总局，2003. 畜禽养殖业污染物排放标准(GB 18596—2001)[S]. 北京：中国标准出版社.

国家环境保护总局自然生态保护司，2002. 全国规模化畜禽养殖业污染情况调查及防治对策[M]. 北京：中国环境科学出版社.

贺建德，廖洪，2006. 北京市测土配方施肥技术指南[M]，141-143.

侯麟科，仇焕广，崔永伟，等，2011. 环境污染与畜牧业空间布局研究[J]. 长江流域资源与环境，**21**(12)：65-69.

侯彦林，李红英，赵慧明，2009. 中国农田氮肥面源污染估算方法及其实证：Ⅳ各类型区污染程度和趋势[J]. 农业环境科学学报，**28**(7)：1341-1345.

胡艳生，2007. 发展畜禽养殖小区的研究——以武汉市新洲区为例[J]. 安徽农业科学，**35**(14)：4364-4366.

环境保护部，2010. 化肥使用环境安全技术导则[S]. 北京：中国环境科学出版社.

黄爱霞，邹晓庭，2006. 集约化畜禽养殖污染的现状及解决方法[J]. 甘肃畜牧兽医，**36**(2)：42-44.

黄德林，包菲，2008. 农业环境污染减排及其政策导向[M]. 北京：中国农业科学技术出版社.

黄宏坤，董红敏，李旭源，等，2000. 猪场废水生化处理工艺研究[C]. 2000全国畜牧工程学术研讨会.

黄宇，罗智勇，杨武年，2008. 基于GIS的城市居住适宜性评价研究[J]. 测绘科学，**33**(1)：126-129.

黄志彭，2008. 养殖场畜禽粪污管理系统的研制[D]. 扬州：扬州大学.

贾伟，2014. 我国粪肥养分资源现状及其合理利用分析[D]. 北京：中国农业大学.

贾伟，李宇虹，陈清，2014. 京郊畜禽粪肥资源现状及其替代化肥潜力分析[J]. 农业工程学报，**30**(8)：156-167.

靳诚，陆玉麒，2009. 基于县域单元的江苏省经济空间格局演化[J]. 地理学报，**64**(6)：713-724.

兰勇，刘舜佳，向平安，2015. 畜禽养殖家庭农场粪便污染负荷研究——以湖南省县域样本为例[J]. 经济地理，**35**(10)：187-193.

李安萍，2006. 成都市畜禽养殖业污染治理研究[D]. 成都：四川大学.

李国庆，尹君亮，2005. 农区养殖小区的规划与构建[J]. 新疆畜牧业(4)：11-13.

李强，杨莲芳，吴璟，等，2007. 底栖动物完整性指数评价西苕溪溪流健康[J]. 环境科学，**28**(9)：2141-2147.

李庆康，吴雷，2000. 我国集约化畜禽养殖场粪便处理利用现状及展望[J]. 农业环境科学学报，**19**(4)：251-254.

李帷，李艳霞，张丰松，等，2007. 东北三省畜禽养殖时空分布特征及粪便养分环境影响研究[J]. 农业环境科学学报，**26**(6)：2350-2357.

李帷，李艳霞，杨明，等，2010. 北京市畜禽养殖的空间分布特征及其粪便耕地施用的可达性[J]. 自然资源学报，**25**(5)：746-754.

李远，2002. 我国规模化畜禽养殖业存在的环境问题与防治对策[J]. 上海环境科学，**21**(10)：597-644.

廉亚平，王宏光，张跃武，2004. 现代化奶牛场规划布局应注意的几个问题[J]. 中国奶牛(1)：56-57.

林源，马骥，秦富，2012. 中国畜禽粪便资源结构分布及发展展望[J]. 中国农学通报，**28**(32)：1-5.

刘宝存，孙明德，1999. 北京郊区粮田土壤养分与施肥[J]. 农业新技术，**17**(6)：30-34.

刘崇群，曹淑卿，陈国安，1984. 我国南亚热带闽、滇地区降雨中养分含量的研究[J]. 土壤学报(21)：438-442.

刘东，马林，王方浩，等，2007. 中国猪粪尿N产生量及其分布的研究[J]. 农业环境科学学报，**26**(4)：1591-1595.

刘俊玮，王子豪，2014. 基于模拟退火与Dijkstar算法的复杂网状结构供应链最优化研究[J]. 浙江大学学报(理工版)，**41**(2)：149-152.

刘培芳，陈振楼，许世远，等，2002. 长江三角洲城郊畜禽粪便的污染负荷及其防治对策[J]. 长江流域资源与环境,**11**(5):263-276.

刘巧芹,潘瑜春,张清军,等,2009.基于GIS的北京市城郊农村土地利用格局分析[J].农业现代化研究,**30**(4):457-460.

刘忠,段增强,2010.中国主要农区畜禽粪尿资源分布及其环境负荷[J].资源科学,**32**(5):946-950.

刘梓函,2017.苏州市畜禽养殖业空间布局优化研究[D].苏州:苏州科技大学.

柳建国,2009.畜禽粪便污染的农业系统控制模拟及系统防控对策[D].南京:南京农业大学.

柳开楼,李大明,黄庆海,等,2014.红壤稻田长期施用猪粪的生态效益及承载力评估[J].中国农业科学,**47**(2):303-313.

卢善玲,沈根祥,1994.粮区和菜区的畜禽粪便适宜施用量[J].上海农业学报,**10**(增刊):51-56.

鲁如坤,史陶钧,1979.金华地区降雨中养分含量的初步研究[J].土壤学报(16):81-84.

吕川,刘德敏,刘特,2013.辽河源头区流域农业非点源污染负荷估算[J].水资源与水工程学报,**24**(6):185-191.

吕烈武,吴琼泽,黄顺坚,2006.海南琼海市耕地施肥现状及对策[J].中国农学通报,**22**(8):520-522.

罗良国,闻大中,沈善敏,1999.北方稻田生态系统养分平衡研究[J].应用生态学报(10):301-304.

罗运祥,苏保林,杨武志,等,2012.基于SWAT的柴河水库流域非点源污染识别与评价[J].北京师范大学学报(自然科学版),**48**(5):510-514.

马林,王方浩,马文奇,等,2006.中国东北地区中长期畜禽粪尿资源与污染潜势估算[J].农业工程学报,**22**(8):170-174.

马晓冬,朱传耿,马荣华,等,2008.苏州地区城镇扩展的空间格局及其演化分析[J].地理学报,**63**(4):405-416.

孟岑,李裕元,许晓光,等,2013.亚热带流域氮磷排放与养殖业环境承载力实例研究[J].环境科学学报,**33**(2):635-643.

潘丹,孔凡斌,张雅燕,2015.基于环境要素禀赋的畜禽养殖总量控制研究——以鄱阳湖生态经济区为例[J].中国农学通报,**31**(29):1-7.

潘瑜春,刘巧芹,陆洲,等,2009.基于农用地分等的区域耕地整理规划[J].农业工程学报,**25**(s2):260-266.

潘瑜春,孙超,刘玉,等,2015.基于土地消纳粪便能力的畜禽养殖承载力[J].农业工程学报,**31**(4):232-239.

彭里,2005.畜禽粪便环境污染的产生及危害[J].家畜生态学报,**26**(4):103-106.

彭里,王定勇,2004.重庆市畜禽粪便年排放量的估算研究[J].农业工程学报,**20**(1):288-292.

彭里,古文海,魏世强,等,2006.重庆市畜禽粪便排放时空分布研究[J].中国生态农业学报,**14**(4):213-216.

彭新宇,2007.畜禽养殖污染防治的沼气技术采纳行为及绿色补贴政策研究:以养猪专业户为例[D].北京:中国农业科学院.

钱淑凤,张宝恩,王宝华,2007.奶牛饲料的加工与调配[J].今日畜牧兽医(9):63-64.

乔绿,王超,2005.奶牛场的规划设计与TMR[J].中国供销商情·乳业导刊(11):36-38.

仇焕广,廖绍攀,井月,等,2013.我国畜禽粪便污染的区域差异与发展趋势分析[J].环境科学,**34**(7):2766-2774.

全国农业技术推广服务中心,1999.中国有机肥料养分志[M].北京:中国农业出版社.

任建存,沈文正,2007.奶牛养殖小区的设计[J].养殖技术顾问(7):2-3.

单胜道,1997.农地定级估价初探[J].中国土地(10):18-19.

邵芳,2002.矿化垃圾生物反应床生物降解性能及其在猪场废水处理中的应用研究[D].上海:同济大学.

沈根祥,汪雅谷,1994.上海市郊农田畜禽粪便负荷量及其警报与分级[J].上海农业学报,**10**(增刊):6-11.

沈根祥,钱晓雍,梁丹涛,等,2006.基于氮磷养分管理的畜禽场粪便匹配农田面积[J].农业工程学报,**22**(s2):268-271.

沈健林,刘学军,张福锁,2008.北京近郊农田大气 NH_3 与 NO_2 干沉降研究[J].土壤学报,**45**(1):165-169.

沈善敏,1998.中国土壤肥力[M].北京:中国农业出版社.

石培基,王祖静,李巍,2012.石羊河流域地区城镇空间扩展格局演化[J].地理科学,**32**(7):840-845.

世国,2014.发达国家如何处理养殖污染[J].青海科技(5):92-93.

宋大平,庄大方,陈巍,2012.安徽省畜禽粪便污染耕地、水体现状及其风险评价[J].环境科学,**35**(1):110-116.

苏成国,尹斌,朱兆良,2005.农田氮素的气态损失与大气氮湿沉降及其环境效应[J].土壤,**37**(2):113-120.

苏文幸,2012.生猪养殖业主要污染源产排污量核算体系研究[D].长沙:湖南师范大学.

孙昭荣,刘秀奇,杨守春,1993.北京降雨和土壤下渗水中的氮素研究[J].土壤肥料(2):8-11.

唐春梅,王凤岐,2007.奶牛场场址选择及牛舍布局设计[J].安徽农业科学,**35**(13):3867-3868.

王方浩,马文奇,窦争霞,等,2006.中国畜禽粪便产生量估算及环境效应[J].中国环境科学,**26**(5):614-617.

王华,2011.基于 Dijkstra 算法的物流配送最短路径算法研究[J].计算机与数字工程,**39**(3):48-50.

王会,王奇,2011.基于污染控制的畜禽养殖场适度规模的理论分析[J].长江流域资源与环境,**20**(5):622-627.

王奇,陈海丹,王会,2011.基于土地氮磷承载力的区域畜禽养殖总量控制研究[J].中国农学通报(27):279-284.

王荣栋,2005.作物栽培学[M].北京:高等教育出版社.

王少平,陈满荣,俞立中,等,2001.GIS 支持下的上海畜禽业污染研究[J].农业环境保护,**20**(4):214-216.

王晓燕,汪清平,2005.北京市密云县耕地畜禽粪便负荷估算及风险评价[J].生态与农村环境学报,**21**(1):30-34.

王新谋,1997.家畜粪便学[M].上海:上海交通大学出版社.

王星,2008.区域畜禽养殖产业可持续发展研究[D].重庆:重庆大学.

王燕,2008.基于 WebGIS 的农产品产地管理信息系统设计与实现[D].北京:北京师范大学.

韦秀丽,李萍,高立洪,2007.我国畜禽养殖小区发展现状分析[J].南方农业,**1**(5):77-79.

文启孝,1983.有机肥在养分供应和保持土壤有机质含量方面的作用//中国土壤的合理利用和培肥[M].169-173.

吴刚,冯宗炜,王效科,等,1993.黄淮海平原农林生态系统 N、P、K 营养元素循环——以泡桐—小麦、玉米间作系统为例[J].应用生态学报(4):141-145.

吴涛,2012.陕西省县域城乡一体化空间分异及其影响因素研究[D].西安:西北大学.

吴云波,田爱军,邢雅囡,等,2013.江苏省畜禽养殖业污染状况分析及政策建议[J].江苏农业学报,**29**(5):1059-1064.

武兰芳,欧阳竹,2009.基于农田氮磷收支的区域养殖畜禽容量分析——以山东禹城为例[J].农业环境科学学报,**28**(11):2277-2285.

武兰芳,欧阳竹,谢小立,2013.我国典型农区耕地承载畜禽容量对比分析[J].自然资源学报,**28**(1):104-113.

武淑霞,2005.我国农村畜禽养殖业氮磷排放变化特征及其对农业面源污染的影响[D].北京:中国农业科学院.

肖桂荣,涂平,汪小钦,等,2008.多尺度空间信息服务技术及其农业应用[J].农业工程学报,**24**(3):189-192.

徐伟朴，陈同斌，刘俊良，等，2004. 规模化畜禽养殖对环境的污染及防治策略[J]. 环境科学，**25**(s1)：105-108.

徐宇鹏，朱洪光，成潇伟，等，2017. 规模化畜禽养殖布局环境敏感影响因素及区域承载力研究[J]. 安徽农业科学，**45**(28)：58-60.

闫庆武，卞正富，张萍，等，2011. 基于居民点密度的人口密度空间化[J]. 地理与地理信息科学，**27**(5)：95-98.

闫庆武，卞正富，赵华，2005. 人口密度空间化的一种方法[J]. 地理与地理信息科学，**21**(5)：45-48.

阎波杰，2009. 基于 GIS 的县城畜禽养殖场空间布局适宜性评价研究[D]. 北京：北京师范大学.

阎波杰，2011. 基于 WebGIS 的畜禽废弃物沼气潜能评估与决策系统[J]. 江南大学学报(自然科学版)，**10**(3)：268-271.

阎波杰，2017. 基于多限量标准的县域尺度畜禽养殖适度规模及潜在规模估算——以安徽省为例[J]. 环境污染与防治，**39**(5)：467-471.

阎波杰，潘瑜春，赵春江，等，2009a. 农用地土壤—作物系统对畜禽养殖废弃物的养分消纳能力研究[J]. 生态与农村环境学报，**25**(2)：59-63.

阎波杰，赵春江，潘瑜春，等，2009b. 规模化养殖畜禽粪便量估算及环境影响研究[J]. 中国环境科学，**29**(7)：733-737.

阎波杰，吴文英，潘瑜春，等，2010a. 畜禽养殖场空间布局规划评价研究[J]. 安徽农业科学，**38**(5)：2487-2490.

阎波杰，潘瑜春，赵春江，等，2010b. 县域畜禽养殖场空间布局规划适宜性评价[J]. 地理研究，**29**(7)：1214-1222.

阎波杰，潘瑜春，赵春江，等，2010c. 大兴区农用地畜禽粪便 N 负荷估算及污染风险评价[J]. 环境科学，**31**(2)：437-443.

阎波杰，潘瑜春，赵春江，2010d. 畜禽废弃物养分资源分配方法研究——以北京市大兴区为例[J]. 资源科学，**32**(5)：951-958.

阎波杰，吴文英，潘瑜春，2011a. 畜禽养殖管理信息系统研究[J]. 江南大学学报(自然科学版)，**10**(5)：529-533.

阎波杰，吴文英，潘瑜春，等，2011b. 畜禽养殖废弃物统计数据空间化方法研究[J]. 江南大学学报(自然科学版)，**10**(6)：653-657.

阎波杰，潘瑜春，2014. 规模化畜禽养殖场粪便养分数据空间化表征方法[J]. 农业机械学报，**45**(11)：154-158.

阎波杰，潘瑜春，2015a. 基于农用地作物磷养分需求的畜禽养殖废弃物消纳区域空间划分[J]. 水土保持通报，**35**(6)：316-321.

阎波杰，潘瑜春，2015b. 基于网格的中国耕地畜禽养殖废弃物氮负荷估算[J]. 水土保持通报，**35**(5)：133-137.

阎波杰，李晓歌，2016a. 基于 GIS 的畜禽养殖废弃物养分农用地施用可达性分析研究[J]. 闽江学院学报(2)：124-131.

阎波杰，潘瑜春，闫静杰，2016b. 安徽省县域耕地畜禽养殖废弃物养分负荷时空演变特征[J]. 生态与农村环境学报，**32**(3)：466-472.

阎波杰，潘瑜春，闫静杰，2016c. 基于 GIS 的安徽省耕地畜禽养殖废弃物氮负荷估算及污染潜势研究[J]. 地球与环境，**44**(5)：566-571.

阎波杰，王笔钦，李亚星，2016d. 基于 GIS 的规模化畜禽养殖场空间布局适宜性评价研究[J]. 环境污染与防治，**38**(5)：67-72.

阎波杰，史文娇，王宗，等，2017.基于多指标融合的福建省农用地畜禽粪便环境污染风险评价[J].环境科学学报，**37**(3)：1146-1152.

阎晓东，2005.常州市畜牧业发展现状与趋势分析[D].南京：南京农业大学.

杨飞，杨世琦，诸云强，等，2013.中国近30年畜禽养殖量及其耕地氮污染负荷分析[J].农业工程学报，**29**(5)：1-11.

杨宇，刘毅，金凤君，等，2012.天山北坡城镇化进程中的水土资源效益及其时空分异[J].地理研究，**31**(7)：1185-1198.

姚文捷，赵连阁，2014.畜禽养殖业环境负荷与经济增长动态耦合趋势研究——基于浙江1978—2012年的时序数据[J].中国农业大学学报，**19**(6)：242-254.

易秀，叶凌枫，刘意竹，等，2015.陕西省畜禽粪便负荷量估算及环境承受程度风险评价[J].干旱地区农业研究，**33**(3)：205-210.

银英梅，银友善，韩凤群，等，2006.关于测土配方施肥中土壤供肥性能的研究[J].黑龙江农业科学(4)：44-49.

余国平，2005.生态型养殖小区模式探索——以义乌市畜牧生态养殖特色小区规划为例[J].规划师，**21**(1)：71-72.

俞艳，何建华，袁艳斌，2008.土地生态经济适宜性评价模型研究[J].武汉大学学报(信息科学版)，**33**(3)：273-276.

虞祎，2012.环境约束下生猪生产布局变化研究[D].南京：南京农业大学.

贠天一，2018.2018年畜禽养殖及加工废弃物处理将迎来重大机遇[J].中国战略新兴产业(5)：46-48.

曾悦，2005.九龙江流域畜禽养殖污染研究及粪肥土地消纳容量评估[D].厦门：厦门大学.

曾悦，洪华生，曹文志，等，2004.畜禽养殖废弃物资源化的经济可行性分析[J].厦门大学学报(自然科学版)，**43**(增刊)：195-200.

曾悦，洪华生，曹文志，等，2005a.九龙江流域规模化养殖环境风险评价[J].农村生态环境，**21**(4)：49-53.

曾悦，洪华生，王卫平，等，2005b.基于GIS的畜禽养殖废弃物土地适宜性评价研究[J].农业环境保护学报，**24**(3)：595-599.

曾悦，洪华生，曹文志，等，2006a.地理信息系统支持下的九龙江流域规模养猪业污染研究[J].中国畜牧杂志，**42**(3)：45-46.

曾悦，洪华生，王卫平，等，2006b.基于GIS和BEHD的粪肥资源评价及其利用的空间布局优化[J].资源科学，**28**(1)：25-28.

曾昭华，2000.农业生态与土壤环境中硼元素的关系[J].湖南地质，**20**(3)：35-36.

张大弟，章家骐，汪雅谷，等，1997.上海市郊区非点源污染综合调查评价[J].上海农业学报(1)：31-36.

张鹤平，2005.养殖场及其周围环境空气中细菌播散研究[D].北京：中国农业大学.

张锦明，洪刚，文锐，等，2009.Dijkstra最短路径算法优化策略[J].测绘科学，**34**(5)：105-106.

张景书，梁伟鹏，万云兵，等，2006.南海区畜禽养殖污染现状及防治对策[J].环境科学与技术，**29**(1)：108-110.

张克强，高怀有，2004.畜禽养殖业污染物处理与处置[M].北京：化学工业出版社.

张庆东，田立亚，2006.我国畜禽养殖小区发展存在的问题及其对策[J].农业工程学报，**22**(s2)：68-70.

张世贤，1989.中国的农业发展及平衡施肥在农业上的应用[C].中国农科院土壤肥料研究所，国际平衡施肥学术讨论会论文集.北京：农业出版社.

张松林，张昆，2007.全局空间自相关Moran指数和G系数对比研究[J].中山大学学报：自然科学版，**46**(4)：93-97.

张田，卜美东，耿维，2012.中国畜禽粪便污染现状及产沼气潜力[J].生态学杂志，**31**(5)：1241-1249.

张绪美,董元华,王辉,等,2007a. 中国畜禽养殖结构及其粪便N污染负荷特征分析[J]. 环境科学,**28**(6):1311-1318.

张绪美,董元华,王辉,等,2007b. 江苏省畜禽粪便污染现状及其风险评价[J]. 中国土壤和肥料(4):12-15.

张绪美,董元华,王辉,等,2007c. 江苏省农田畜禽粪便负荷时空变化[J]. 地理科学,**27**(4):597-601.

张镱锂,张玮,摆万奇,等,2005. 青藏高原统计数据分析——以人口为例[J]. 地理科学进展,**24**(1):11-19.

张玉珍,洪华生,曾悦,等,2003. 九龙江流域畜禽养殖业的生态环境问题及防治对策探讨[J]. 重庆环境科学,**25**(7):29-31.

张正峰,赵伟,2006. 北京市大兴区耕地整理潜力模糊评价研究[J]. 农业工程学报,**22**(2):83-88.

赵安周,白凯,卫海燕,2011. 中国入境旅游重心演变与省域空间分异规律[J]. 陕西师范大学学报:自然科学版,**39**(4):97-102.

赵佩佩,2015. 黑龙江省奶牛养殖业布局研究[D]. 哈尔滨:东北农业大学.

赵润,渠清博,冯洁,等,2017. 我国畜牧业发展态势与环境污染防治对策[J]. 天津农业科学,**23**(3):9-16.

赵微,林健,王树芳,等,2013. 变异系数法评价人类活动对地下水环境的影响[J]. 环境科学,**34**(4):1277-1283.

赵小敏,CARSJENS G J,GERBER P,等,2006. GIS在环保型养猪业区域规划中的应用[J]. 农业工程学报,**22**(9):184-188.

中国农业年鉴编辑委员会,2003. 中国农业年鉴[M]. 北京:中国农业出版社.

中华人民共和国国家统计局,1986—2003. 中国统计年鉴[M]. 北京:中国统计出版社.

周爱平,2013. 县域畜禽养殖空间分布格局优化研究[D]. 南昌:南昌大学.

周力,2011. 产业集聚、环境规制与畜禽养殖半点源污染[J]. 中国农村经济(2):60-72.

周玲玲,王琳,余静,2014. 基于水足迹理论的水资源可持续利用评价体系——以即墨市为例[J]. 资源科学,**36**(5):95-100.

周培培,2013. 河北省畜牧产业布局评价与优化研究[D]. 保定:河北农业大学.

周天墨,2014. 黑龙江省畜禽粪尿氮产污特征及适宜施用量估算[D]. 北京:首都师范大学.

朱建春,张增强,樊志民,等,2014. 中国畜禽粪便的能源潜力与氮磷耕地负荷及总量控制[J]. 农村环境科学学报,**33**(3):435-445.

朱有为,段丽丽,1999. 浙江省畜牧业发展的生态环境问题及其控制对策[J]. 环境污染与防治(1):40-43.

朱兆良,文启孝,1992. 中国土壤氮素[M]. 南京:江苏科学技术出版社.

宗跃光,王蓉,汪成刚,等,2007. 城市建设用地生态适宜性评价的潜力—限制性分析—以大连城市化区为例[J]. 地理研究,**26**(6):1117-1126.

AHN T W,CHOI I S,OH J M,2008. A study on recycling capacity assessment of livestock manure[J]. Journal of Environmental Impact Assessment,**17**(5):311-320.

ANDERSEN D S. 2013. A county-level assessment of manure nutrient availability relative to crop nutrient capacity in Iowa:Analysis of spatial and temporal trends[C]. Agricultural and Biosystems Engineering Conference Proceedings and Presentations.

ANSELIN L,1995. Local Indicators of Spatial Association—LISA[J]. Geographical Analysis,**27**(2):93-115.

ARAJI A A,ABDO Z O,JOYCE P,2001. Efficient use of animal manure on cropland economic analysis[J]. Bioresource Technology(79):179-191.

BADRI B B,ARMANDO A A,STEVEN R R,2001. Selecting suitable sites for animal waste application using a raster GIS[J]. Environmental Management,**28**(4):519-531.

BADRI B B,ARMANDO A A,STEVEN R R,2002. Geographic information system based manure application plan[J]. Journal of Environmental Management,**64**(2):99-113.

BARTELT K D,BLAND W L,2007. Theoretical analysis of manure transport distance as a function of herd size and landscape fragmentation[J]. Journal of Soil and Water Conservation,**62**(5):345-352.

BASCETIN A,2007. A decision support system using analytical hierarchy process(AHP)for the optimal environmental reclamation of an open-pit mine[J]. Environmental Geology,**52**(4):663-672.

BASSANINO M,GRIGNANI C,SACCO D,et al,2007. Nitrogen balances at the crop and farm-gate scale in livestock farms in Italy[J]. Agriculture,Ecosystems and Environment,**122**(3):282-294.

BECK J,BURTON C,1998. Manure treatment techniques in Europe - result of a EU concerted action[C]. In:Proceedings of the international conference on agricultural engineering:211-212.

BENSON T,MUGARURA S,2013. Livestock development planning in Uganda:Identification of areas of opportunity and challenge[J]. Land Use Policy,**35**:131-139.

BERNAL M P,ROIG A,MADRID R,et al,1992. Salinity risks on calcareous soils following pig slurry applications[J]. Soil Use Manage,**8**(3):125-130.

BHATTACHARYYA R,PRAKASH V,KUNDU S,et al. 2006. Potassium balance as influenced by farmyard manure application under continuous soybean-wheat cropping system in a typic haplaquept[J]. Geoderma,**137**(1-2):155-160.

BROWN L,SCHOLEFIELD D,JEWKES E C,et al,2005. NGAUGE:A decision support system to optimize N fertilization of British grassland for economic and environmental goals[J]. Agriculture,Ecosystems and Environment,**109**(1-2):20-39.

CALDWELL W J,2006. Land-use planning,the environment,and siting intensive livestock facilities in the 21st Century[J]. Journal of Soil and Water Conservation,**53**(2):102-106.

CANGUSSU J W,COOPER K C,WONG E W,2006. Multi criteria selection of components using the analytic hierarchy process[C]. International Conference on Component-Based Software Engineering. Springer-Verlag:67-81.

CENTNER T J,WETZSTEIN M E,MULLEN J D,2008. Small livestock producers with diffuse water pollutants:adopting a disincentive for unacceptable manure application practices[J]. Desalination,**226**(1-3):66-71.

CHADWICK D,JIA W,TONG Y,et al,2015. Improving manure nutrient management towards sustainable agricultural intensification in China[J]. Agriculture Ecosystems & Environment(209):34-46.

CHAMINUKA P,GROENEVELD R A,VAN IERLAND E C,2014. Reconciling interests concerning wildlife and livestock near conservation areas:A model for analysing alternative land uses[J]. Ecological Economics(98):29-38.

CHASTAIN,J P,WOLAK,F J,2000. Application of a gaussian plume model of odor dispersion to select a site for livestock facilities[J]. ? Proceedings of the Water Environment Federation(3):745-758.

DAGNALL S,HILL J,PEGG D,2000. Resource mapping and analysis of farm livestock manures-assessing the opportunities for biomass-to-energy schemes[J]. Bioresource Technology,**71**(3):225-234.

DONALD L V D,CONRAD B G,1979. Estimated inventory of livestock and poultry manure resources in the United States[J]. Agricultural Wastes,**1**(4):259-266.

FISCHER G,ERMOLIEVA T,ERMOLIEV Y,et al,2006. Livestock production planning under environmental risks and uncertainties[J]. Journal of Systems Science and Systems Engineering,**15**(4):399-418.

FLAMANT J C,BERANGER C,GIBON A,1999. Animal production and land use sustainability an approach from the farm diversity at territory level[J]. Livestock Production Science,**61**(2-3):275-286.

FU Q,ZHU Y,KONG Y,et al,2012. Spatial analysis and districting of the livestock and poultry breeding in

China[J]. Journal of Geographical Sciences,**22**(6):1079-1100.

GERBER P,CHILONDA P,FRANCESCHINI G,et al,2005. Geographical determinants and environmental implications of livestock production intensification in Asia[J]. Bioresource Technology,**96**(2):263-76.

GERBER P J,CARSJENS G J ,PAK-UTHAI T,et al,2008. Decision support for spatially targeted livestock policies:Diverse examples from Uganda and Thailand[J]. Agricultural Systems,**96**(1-3):37-51.

GORDON A,2007. Wells economic overview of manure handing and processing option[J]. Advance in Pork Production,**18**:251-253.

HAINING R,LAW J,GRIFFITH D,2009. Modelling small area counts in the presence of overdispersion and spatial autocorrelation[J]. Computational Statistics & Data Analysis,**53**(8):2923-2937.

HANS E A,BRIAN K,Søren E L,1999. Agricultural practices and diffuse nitrogen pollution in Denmark: Empirical leaching and catchment models[J]. Water Science and Technology,**39**(12):257-264.

HARUN S M,OGNEVA-HIMMELBERGER Y,2013. Distribution of Industrial Farms in the United States and Socioeconomic,Health,and Environmental Characteristics of Counties[J]. Geography Journal:1-12.

HATANO R,SHINANO T,ZHENG T,et al,2002. Nitrogen budgets and environmental capacity in farm systems in a large-scale karst region,southern China[J]. Nutrient Cycling in Agroecosystems,**63**(2-3): 139-149.

HENKENS P,VAN KEULEN H,2001. Mineral policy in the Netherlands and nitrate policy within the European Community[J]. NJAS-Wageningen Journal of Life Sciences,**49**(2):117-134.

HODGE I,1978. An application of discriminant analysis for the evaluation of the local environmental impact of livestock production[J]. Agriculture & Environment,**4**(2):111-121.

HOODA P S,EDWARDS H A,ANDERSON A M,2000. A review of water quality concerns in livestock farming areas[J]. The Science of the Total Environment,**250**(1-3):143-167.

HOODA P S,TRUESDALE V W,EDWARDS A C,et al,2001. Manuring and fertilization effects on phosphorus accumulation in soils and potential environmental implications[J]. Advances in Environmental Research,**5**(1):13-21.

HUIJSMANS J F M,HOL J M G,VERMEULEN G D,2003. Effect of application method,manure characteristics,weather and field conditions on ammonia volatilization from manure applied to arable land[J]. Atmospheric Environment,**37**(26):3669-3680.

ISRAEL D W,OSMOND D L,ROBERTS L C,2007. Potential impacts of implementation of the phosphorus loss assessment tool(PLANT)on the poultry industry in North Carolina:Case studies[J]. Journal of Soil and Water Conservation,**62**(1):48-54.

JACOBSON L D,GUO H,SCHMIDT D R,et al,2005. Development of the OFFSET model for determination of odor-annoyance-free setback distances from animal production sites: Part I. Review and experiment [J]. Transactions of the ASAE,**48**(6):2259-2268.

JAIN D K,TIM U S,JOLLY R,1995. A spatial decision support system for livestock production planning and environmental management[J]. Journal of Applied Engineering in Agariculture,**19**(1):57-75.

JORDAN C,HIGGINS A,WRIGHT P,2007. Slurry acceptance mapping of Northern Ireland for run-off risk assessment[J]. Soil Use and Management,**23**(3):245-253.

KARMAKAR S,NKETIA M,LAGUE C,2010. Development of expert system modeling based decision support system for swine manure management[J]. Computers and Electronics in Agriculture,**71**(1):88-95.

KELLOGG R L,LANDER C H,MOFFITT D C,et al,2000. Manure nutrients relative to the capacity of cropland and pastureland to assimilate nutrients:spatial and temporal trends for the United States[R].

United States Department of Agriculture, Natural Resources Conservation Service and Economic Research Service.

KHALEDA S, MURAYAMA Y, 2013. Geographic concentration and development potential of poultry microenterprises and value chain: a study based on suitable sites in Gazipur, Bangladesh[J]. Social Sciences, **2**(3): 147-167.

KIM J W, LEE J Y, YI M J, et al, 2007. Allocating local groundwater monitoring stations for South Korea using an analytic hierarchy process[J]. Hydrogeology Journal, **15**(3): 615-632.

KUHLMANN F, BRODERSEN C, 2001. Information technology and farm management: development and perspectives[J]. Computer and Electronics in Agriculture(30): 71-83.

LEMAIRE G, FRANZLUEBBERS A, CARVALHO P C D F, et al, 2014. Integrated crop-livestock systems: Strategies to achieve synergy between agricultural production and environmental quality[J]. Agriculture Ecosystems & Environment, **190**(2): 4-8.

LENHARDT J, OGNEVA-HIMMELBERGER Y, 2013. Environmental injustice in the spatial distribution of concentrated animal feeding operations in Ohio[J]. Environmental Justice, **6**(4): 133-139.

LIBBY S, JOHN R D, 2007. Using grazing systems models to evaluate business options for fattening dairy bulls in a region with a highly variable feed supply[J]. Animal Feed Science and Technology, **143**(1-4): 1-8.

LIBBY S, JOHNR D, 2008. Using grazing systems models to evaluate business options for fattening dairy bulls in a region with a highly variable feed supply[J]. Animal Feed Science & Technology, **143**(1): 296-313.

MÈDOC J M, GUERRIN F, COURDIER R. et al, 2004. A multi-modelling approach to help agricultural stakeholders design animal wastes management strategies in the reunion island[C]. Actes IEMS 2004, International Environmental Modelling and Software Society Conference on Complexity and Integrated Resources Management, Osnabrück, Germany.

MONICA G, ANTONIO L P, RENZO M, et al, 1998. Integrated use of GLEAMS and GIS to prevent groundwater pollution caused by agricultural disposal of animal waste[J]. Environmental Management, **22**(5): 747-756.

NICHOLSON F A, BHOGAL A, CHADWICK D, et al, 2013. An enhanced software tool to support better use of manure nutrients: MANNER - NPK[J]. Soil Use & Management, **29**(4): 473-484.

OENEMA O, 2004. Governmental policies and measures regulating nitrogen and phosphorus from animal manure in European agriculture[J]. Journal of Animal Science, **82**(13): 196-206.

OUYANG W, HAO F, WEI X, et al, 2013. Spatial and temporal trend of Chinese manure nutrient pollution and assimilation capacity of cropland and grassland[J]. Environmental Science and Pollution Research, **20**(7): 5036-5046.

PENG L, YU B, 2013. Numerical study of regional environmental carrying capacity for livestock and poultry farming based on planting-breeding balance[J]. Journal of Environmental Sciences, **25**(9): 1882-1889.

PENG L H, CHEN W W, LI M, et al, 2014. GIS-based study of the spatial distribution suitability of livestock and poultry farming: The case of Putian, Fujian, China[J]. Computers & Electronics in Agriculture (108): 183-190.

PETERSEN S O, SOMMER S G, LINE F, et al, 2007. Recycling of livestock manure in a whole-farm perspective[J]. Livestock Science, **112**(3): 180-191.

PLANNING M O F C, 2009. Reducing conflict between rural residential developments and hog operations: a decision support tool for the Selkirk and District Planning Area, Manitoba[D]. Winnipeg: University of Manitoba.

PROVOLO G, 2005. Manure management practices in Lombardy(Italy)[J]. Bioresource Technology, **96**(2): 145-152.

QIAN X, SHEN G, ZHENG Y, et al, 2012. Town-based spatial heterogeneity of nutrient balance and potential pollution risk of land application of animal manure and fertilizer in Shanghai, China[J]. Nutrient Cycling in Agroecosystems, **92**(1): 67-77.

ROE B, IRWIN E G, SHARP J S, 2002. Pigs in space: modeling the spatial structure of hog production in traditional and nontraditional production regions[J]. American Journal of Agricultural Economics, **84**(2): 259-278.

RUFINO M C, DURY J, TITTONELL P, et al, 2011. Competing use of organic resources, village-level interactions between farm types and climate variability in a communal area of NE Zimbabwe[J]. Agricultural Systems, **104**(2): 175-190.

SAAM H, POWELL J M, JACKSON-SMITH D B, et al, 2005. Use of animal density to estimate manure nutrient recycling ability of Wisconsin dairy farms[J]. Agricultural Systems, **84**(3): 343-357.

SARR J H, GOÏTA K, DESMARAIS C, 2010. Analysis of air pollution from swine production by using air dispersion Model and GIS in Quebec[J]. Journal of environmental quality, **39**(6): 1975-1983.

SCHRÖDER J J, AARTS H F M, BERGE H F M T, et al, 2003. An evaluation of whole-farm nitrogen balances and related indices for efficient nitrogen use[J]. European Journal of Agronomy, **20**(1-2): 33-44.

SMITH K A, CHARLES D R, MOORHOUSE D, 2000. Nitrogen excretion by farm livestock with respect to land spreading requirements and controlling nitrogen losses to ground and surface waters[J]. Bioresource Technology, **71**(2): 173-181.

SMITS M C J, MONTENY G J, DUINKERKEN G V, 2003. Effect of nutrition and management factors on ammonia emission from dairy cow herds: models and field observations[J]. Livestock Production Science, **84**(2): 113-123.

SONG J H, 2005. Regional livestock quota system under environmental capacity in Korea[J]. Journal of Rural Development(28): 65-84.

SONG K Y, LI Y, OUYANG W, et al, 2012. Manure nutrients of pig excreta relative to the capacity of cropland to assimilate nutrients in China[J]. Procedia Environmental Sciences(13): 1846-1855.

SØRENSEN P, RUBÆK G H, 2012. Leaching of nitrate and phosphorus after autumn and spring application of separated solid animal manures to winter wheat[J]. Soil Use and Management, **28**(1): 1-11.

STANFORD G, LEGG J O, SMITH S J, 1973. Soil nitrogen availability evaluations based on nitrogen mineralization potentials of soils and uptake of labeled and unlabeled nitrogen by plants[J]. Plant and Soil, **39**(1): 113-124.

STEINFELD H, WASSENAAR T, 2007. The Role of Livestock Production in Carbon and Nitrogen Cycles [J]. Annual Review of Environment & Resources, **32**(1): 271-294.

SULLIVAN J, VASAVADA U, 2000, Smith M. Environmental regulation & location of hog production[J]. Agricultural Outlook(274): 19-23.

TAMMINGA S, 2003. Pollution due to nutrient losses and its control in European animal production[J]. Livestock Production Science(84): 101-111.

TEIRA E M R, FLOTATS X, 2003. A method for livestock waste management planning in NE Spain[J]. Waste Management, **23**(10): 917-32.

THAPA G B, PAUDEL G S, 2000. Evaluation of the livestock carrying capacity of land resources in the Hills of Nepal based on total digestive nutrient analysis[J]. Agriculture Ecosystems & Environment, **78**(99): 223-235.

VARBURG P H, KEULEN H V, 1999. Exploring changes in the spatial distribution of livestock in China [J]. Agricultural Systems, **62**(1): 51-67.

VELTHOF G L, HOU Y, OENEMA O, 2015. Nitrogen excretion factors of livestock in the European Union: a review: Nitrogen excretion factors of livestock in EU[J]. Journal of the Science of Food & Agriculture, **95**(15): 3004-3014.

VIZZARI M, MODICA G, 2013. Environmental effectiveness of swine sewage management: a multicriteria AHP-Based model for a reliable quick assessment[J]. Environmental Management, **52**(4): 1023-1039.

VU D T, TANG C, ARMSTRONG R D, 2008. Changes and availability of P fractions following 65 years of P application to a calcareous soil in a Mediterranean climate[J]. Plant & Soil, **304**(1-2): 21-33.

VU T K, VU C C, M? DOC J M, et al, 2012. Management model for assessment of nitrogen flow from feed to pig manure after storage in Vietnam[J]. Environmental Technology, **33**(6): 725-731.

WEERSINK A, EVELAND C, 2006. The siting of livestock facilities and environmental regulations[J]. Canadian Journal of Agricultural Economics/revue Canadienne Dagroeconomie, **54**(1): 159-173.

WEERSINK A, BROUWER F, FOX G, et al, 2012. The pollution haven hypothesis and the location of livestock production: two North American case studies[M]. The Economics of Regulation in Agriculture: Compliance With Public and Private Standards.

YAN B J, WU W Y, PAN Y C, et al, 2009. Planning Evaluation on Spatial Layout of Livestock and Poultry Farms[J]. Animal Husbandry and Feed Science, **1**(11-12): 37-41.

YAN B, QIAN Y, PAN Y, 2016. A method to estimate farmland pollution load of livestock manure nutrient in field patch scale[J]. Fresenius Environmental Bulletin, **25**(6): 1942-1949.

YAN B, SHI W, YAN J, et al, 2017. Spatial distribution of livestock and poultry farm based on livestock manure nitrogen load on farmland and suitability evaluation[J]. Computers & Electronics in Agriculture (139): 180-186.

YAN Z, LIU P, LI Y, et al, 2013. Phosphorus in China's Intensive Vegetable Production Systems: Overfertilization, Soil Enrichment, and Environmental Implications[J]. Journal of Environmental Quality, **42**(4): 982-989.

YANG J Y, HUFFMAN E C, DRURY C F, et al, 2011. Estimating the impact of manure nitrogen losses on total nitrogen application on agricultural land in Canada[J]. Canadian Journal of Soil Science, **91**(1): 107-122.

YANG Q, TIAN H, LI X, et al, 2016. Spatiotemporal patterns of livestock manure nutrient production in the conterminous United States from 1930 to 2012[J]. Science of the Total Environment(541): 1592-1602.

ZENG Y, HONG H, 2008. Selecting suitable sites for pig production using a raster GIS in Xinluo Watershed in Southeast China[C]. Bioinformatics and Biomedical Engineering, ICBBE 2008. The 2nd International Conference on IEEE: 2813-2816.